Hanfried Kerle, Reinhard Pittschellis, Burkhard Corves

Einführung in die Getriebelehre

Analyse und Synthese ungleichmäßig übersetzender Getriebe

Hanfried Kerle, Reinhard Pittschellis, Burkhard Corves

Einführung in die Getriebelehre

Analyse und Synthese ungleichmäßig übersetzender Getriebe

3., bearbeitete und ergänzte Auflage

Mit 190 Abbildungen und 23 Tafeln
sowie 29 Aufgaben mit Lösungen

Bibliografische Information der Deutschen Bibliothek
Die Deutsche Bibliothek verzeichnet diese Publikation in der Deutschen Nationalbibliografie; detaillierte bibliografische Daten sind im Internet über <http://dnb.d-nb.de> abrufbar.

Akad. Direktor i.R. Dr.-Ing. Hanfried Kerle, geb. 1941 in Kiel, von 1961 bis 1967 Studium des Maschinenbaus mit dem Schwerpunkt Mechanik und Werkstoffkunde an der Technischen Hochschule Braunschweig, von 1967 bis 1973 wissenschaftlicher Assistent am Institut für Getriebelehre und Maschinendynamik der umbenannten Technischen Universität Braunschweig, 1973 Promotion mit einer Dissertation über Kurvengetriebe, von 1973 bis 1990 Oberingenieur bzw. Akadem. Oberrat am selben Institut, von 1990 bis 1999 am neu errichteten Institut für Fertigungsautomatisierung und Handhabungstechnik, von 1999 bis 2004 Leiter der Abteilung „Fertigungsautomatisierung und Werkzeugmaschinen" am Institut für Werkzeugmaschinen und Fertigungstechnik der TU Braunschweig.
Dr.-Ing. Dipl.-Wirtsch.-Ing. Reinhard Pittschellis, geb. 1968 in Arolsen, Studium des Maschinenbaus an der TU Braunschweig, dort von 1993 bis 1998 wissenschaftlicher Mitarbeiter am Institut für Fertigungsautomatisierung und Handhabungstechnik, wirtschaftswissenschaftliches Aufbaustudium, 1998 Promotion über das Thema „Mechanische Miniaturgreifer mit Formgedächtnisantrieb". Er ist heute Leiter Produktmanagement bei der Fa. FESTO Didactic GmbH & Co. KG in Denkendorf bei Stuttgart.
Univ.-Prof. Dr.-Ing. Burkhard Corves, geb. 1960 in Kiel, von 1979 bis 1984 Studium des Maschinenbaus, Fachrichtung Kraftfahrwesen, an der RWTH Aachen, dort von 1984 bis 1991 wissenschaftlicher Mitarbeiter und Oberingenieur am Institut für Getriebetechnik und Maschinendynamik, 1989 Promotion auf dem Gebiet der Kinematik und Dynamik von Handhabungsgeräten, von 1991 bis 2000 Projektleiter im Bereich Forschung und Entwicklung für Hohlglasproduktionsanlagen bei der Fa. Emhart Glass SA, Schweiz, 2000 Berufung zum Universitätsprofessor und Direktor des Instituts für Getriebetechnik und Maschinendynamik der RWTH Aachen.

1. Auflage 1998
2. Auflage 2002
3., bearbeitete und ergänzte Auflage Januar 2007

Alle Rechte vorbehalten
© B.G. Teubner Verlag / GWV Fachverlage GmbH, Wiesbaden 2007

Der B.G. Teubner Verlag ist ein Unternehmen von Springer Science+Business Media.
www.teubner.de

Das Werk einschließlich aller seiner Teile ist urheberrechtlich geschützt. Jede Verwertung außerhalb der engen Grenzen des Urheberrechtsgesetzes ist ohne Zustimmung des Verlags unzulässig und strafbar. Das gilt insbesondere für Vervielfältigungen, Übersetzungen, Mikroverfilmungen und die Einspeicherung und Verarbeitung in elektronischen Systemen.

Die Wiedergabe von Gebrauchsnamen, Handelsnamen, Warenbezeichnungen usw. in diesem Werk berechtigt auch ohne besondere Kennzeichnung nicht zu der Annahme, dass solche Namen im Sinne der Warenzeichen- und Markenschutz-Gesetzgebung als frei zu betrachten wären und daher von jedermann benutzt werden dürften.

Umschlaggestaltung: Ulrike Weigel, www.CorporateDesignGroup.de
Druck und buchbinderische Verarbeitung: Strauss Offsetdruck, Mörlenbach
Gedruckt auf säurefreiem und chlorfrei gebleichtem Papier.
Printed in Germany

ISBN 978-3-8351-0070-1

Vorwort zur 1. Auflage

Als mit dem raschen Fortschreiten der Elektronik und der Datenverarbeitung das Zeitalter der Automatisierung anbrach, glaubten viele Ingenieure in der ersten Euphorie, daß der gesteuerte Antrieb und die Leistungen der Rechentechnik die Getriebelehre und ihre Grundlagen überflüssig machen würden wie die mechanische Uhr oder Schreibmaschine. Inzwischen ist man zu einer nüchternen Betrachtung der Dinge zurückgekehrt und hat erkannt, daß der Getriebelehre ein gleichrangiger Platz zwischen der Antriebstechnik und der Konstruktion gebührt. Dies wird auch häufig mit dem Begriff Mechatronik umschrieben.

Der Begriff Getriebelehre mag manchem erneuerungsbedürftig erscheinen. Wir haben uns jedoch bewußt an diesen Begriff gehalten, weil er in einer langen Braunschweiger Tradition steht, die eng verknüpft ist mit den Namen Bekir Dizioglu und Kurt Hain und ihren Lehrbüchern „Getriebelehre" und „Angewandte Getriebelehre".

Genau genommen existiert zum Fach „Getriebelehre" bereits eine Reihe guter Lehrbücher. Wir sind dennoch der Meinung, daß für das vorliegende Buch ein Bedarf besteht. Im Zuge der allgemeinen Entwicklung von Rechnern, Rechnerleistung und Rechenprogrammen hat es in den letzten Jahren einen starken Wandel von den zeichnerisch-rechnerischen Methoden und Hilfsmitteln zur vorwiegend rechnergestützten Auswertung mit zusätzlicher grafischer Visualisierung der theoretischen Aussagen und Gleichungen der Getriebelehre gegeben. Diesem Wandel wurde in deutschen Lehrbüchern nur ansatzweise entsprochen. Wir haben deshalb ein ganzes Kapitel dieses Buches den numerischen Methoden gewidmet und begleitend zum Buch ein Programm für die kinematische Analyse ebener Getriebe entwickelt, das gegen eine geringe Versandgebühr auf dem Postweg oder kostenlos über das Internet zu beziehen ist.

Es genügt für ein Lehrbuch aber nicht, nur auf die Produktion numerischer Ergebnisse in Form von Tabellen oder Grafiken hinzuwirken; der Student oder die Studentin müssen erkennen und beurteilen können, ob ihre erreichten Ergebnisse nicht nur plausibel sind, sondern auch mit den Gesetzen der Mechanik übereinstimmen. Daher werden auch in diesem Buch die theoretischen Grundlagen ausführlich dargestellt, jedoch mußten wir einige klassische Verfahren der Getriebelehre auslassen, die heute weitestgehend durch numerische Verfahren abgelöst werden können.

Diese Beschränkung ermöglicht eine kompakte Darstellung der wichtigsten Grundlagen der Getriebelehre zu einem günstigen Preis. Der Inhalt dieses Buches bildet unserer Meinung nach den Grundstock für die Ausbildung im Fach „Getriebelehre" an Fachhochschulen und Universitäten.

Das Buch ist in 7 Kapitel gegliedert; jedes Kapitel enthält am Anfang eine Übersicht, die den Leser oder die Leserin auf den zu erwartenden Lernstoff vorbereiten soll. Die Kapitel 2 bis 6 enden mit einer Reihe von Übungsaufgaben, die der Lernkontrolle dienen. Die Lösungen zu den Übungsaufgaben finden sich im Anhang; dabei ist der erläuternde Text bewußt knapp gehalten, da die entsprechenden Lösungswege durch eingestreute Lehrbeispiele pro Kapitel bereits ausführlich beschrieben werden.

Das Buch ist nach einigen Jahren Lehr- und Übungserfahrung am Institut für Fertigungsautomatisierung und Handhabungstechnik (IFH) der TU Braunschweig aus einem Vorlesungsskript entstanden. Wir danken dem Leiter des Instituts, Herrn Prof. Dr.-Ing. J. Hesselbach, für seine wohlwollende Unterstützung und Förderung.

Eine engagierte Schar von Studenten hat die Bürde der Arbeit beim Schreiben und Zeichnen sowie bei der Entwicklung des Rechenprogramms mitgetragen: Yannick Bastian, Peter Bohnenstengel, Christoph Herrmann, Nikolai Hille, Uwe Jürgens, Stefan Scholz, Sven Olaf Siems und Gerald Männer als Koordinator. Ihnen allen gilt unser herzlicher Dank für ihre Motivation und Ausdauer.

Dem Teubner-Verlag, vertreten durch Herrn Dr. rer. nat. J. Schlembach, gebührt unser besonderer Dank für die angenehme Zusammenarbeit und gute Ausstattung des Buches.

Braunschweig, im November 1997

Hanfried Kerle

Reinhard Pittschellis

Vorwort zur 2. Auflage

Franz Reuleaux
1829-1905

Mit Franz REULEAUX begann die Entwicklung der Getriebelehre als Ingenieurwissenschaft in Deutschland. Er war der Vater der Zwanglauflehre oder der Lehre von den Maschinengetrieben. In seinem 1875 im Verlag F. Vieweg & Sohn in Braunschweig erschienenen Hauptwerk „Lehrbuch der Kinematik, Bd. 1: Theoretische Kinematik – Grundzüge einer Theorie des Maschinenwesens" leitet er die Maschine aus einer geschlossenen kinematischen Kette – einem Mechanismus – mit einem einzigen Antrieb ab und definiert folgendermaßen:

Eine Maschine ist eine Verbindung widerstandsfähiger Körper, welche so eingerichtet ist, dass mittelst ihrer mechanische Naturkräfte genöthigt werden können, unter bestimmten Bewegungen zu wirken.

Wenn sich Getriebewissenschaftler heute trauen, einen HEXA-Parallelroboter mit sechs Antrieben geometrisch zu erfassen und rechnergestützt kinematisch zu untersuchen, hat das auch mit den systematischen Vorarbeiten des genialen Kinematikers F. REULEAUX zu tun, der die Aufbauelemente der Getriebe beschrieb, die daraus zu entwickelnden Getriebe klassifizierte und bereits die technisch interessanten Bahnen bestimmter Gelenk- und Koppelpunkte skizzierte. Andere, wie z.B. F. GRASHOF, L. BURMESTER, F. WITTENBAUER, R. MEHMKE, K. KUTZBACH, H. ALT und R. BEYER, setzten auf diesen Vorarbeiten auf und lieferten die wissenschaftlichen Grundlagen der Getriebelehre oder Technischen Kinematik.

Bereits die erste Auflage des vorliegenden Buches, die inzwischen vergriffen ist, stand in der Tradition der vorgenannten Namen. Die Autoren hatten sich das Ziel vorgegeben, den Studierenden an Fachhochschulen und Universitäten die Grundlagen der Getriebelehre in gedrängter Form, aber anhand von zahlreichen Beispielen nahe zu bringen und für eine rechnergestützte Anwendung aufzubereiten. Die Resonanz auf dieses Vorhaben war ermutigend und hat Autoren und Verlag dazu bewogen, eine zweite Auflage herauszugeben, in der alle Anregungen für Verbesserungen und Ergänzungen so weit wie möglich berücksichtigt wurden. Insbesondere ist ein Kapitel über „Ebene Kurvengetriebe" hinzugekommen. Soweit Fehler zu korrigieren waren, sind diese Korrekturen eingearbeitet worden. Die Autoren bedanken sich ausdrücklich bei allen Lesern, die hier kritisch durchgesehen und Anmerkungen gemacht haben.

Das Institut für Fertigungsautomatisierung und Handhabungstechnik (IFH) an der TU Braunschweig, an dem beide Autoren die erste Auflage bearbeiteten, existiert nicht mehr; es ist 1999 mit dem Institut für Werkzeugmaschinen und Fertigungstechnik (IWF) vereinigt worden. Der zweite Autor, Herr Dr.-Ing. R. Pittschellis, hat inzwischen die TU Braunschweig verlassen. Die Autoren danken dem Leiter des IWF, Herrn Prof. Dr.-Ing. Dr. h.c. J. Hesselbach, erneut für seine wohlwollende Unterstützung beim Entstehen der zweiten Auflage.

Weiterhin sei an dieser Stelle Herrn Dr. M. Feuchte vom Lektorat Technik des Teubner Verlags herzlich gedankt für seine Mitwirkung und für die gewohnt gute Ausstattung des Buches.

Braunschweig, im Juni 2002

Hanfried Kerle

Reinhard Pittschellis

Vorwort zur 3. Auflage

P. L. Tschebyschew
1821-1894

Im Jahre 1900 erschien im Verlag von B.G. Teubner in Leipzig ein erstes Buch zum Thema „Getriebelehre". Die beiden Verfasser A. WASSILIEW und N. DELAUNAY beschrieben die wissenschaftlichen Leistungen des P. L. TSCHEBYSCHEW, Professor für Angewandte Mathematik in St. Petersburg (Russland). Im Mittelpunkt der Beschreibungen standen die Lösungen kinematischer Probleme mit Hilfe mathematischer Approximationen, als technisch sehr interessante Anwendungen hatte TSCHEBYSCHEW Gelenkgetriebe einfachster Bauart gewählt, wie beispielsweise Geradführungen durch das Gelenkviereck.

Es war zu dieser Zeit nicht ungewöhnlich, dass sich zunächst Mathematiker des anspruchsvollen Wissenschaftsgebiets der Getriebelehre annahmen. Die Aufbereitung der Getriebelehre als Ingenieurwissenschaft mussten dann die Ingenieure selbst übernehmen, nachdem sie und ihr Umfeld den großen Nutzen dieser „Hebelgetriebe" für das aufkommende Zeitalter der Mechanisierung erkannt hatten. Hier sind besonders die systematischen Vorarbeiten der Protagonisten in Deutschland F. REDTENBACHER (1809 - 1863) und F. REULEAUX (1828 - 1905) hervorzuheben.

Die vorliegende dritte Auflage des Buches „Einführung in die Getriebelehre" ist zeitlich nun als bislang letztes Glied in der Kette des Verlags B. G. Teubner für die Getriebelehre bzw. Getriebetechnik zu sehen. Die wissenschaftlichen Grundlagen der Getriebelehre sind durch eine Reihe hoch begabter Lehrer und Forscher in der Vergangenheit gelegt worden, die Methoden zur Lösung geometrisch-kinematischer und auch getriebedynamischer Probleme sind bekannt, den Autoren des Buches bleibt eigentlich nur noch die Aufgabe, dafür zu sorgen, dass das von Generationen von Wissenschaftlern zuvor ererbte Wissen auf dem Gebiet der Getriebelehre für die Ingenieure von heute nicht in Vergessenheit gerät; zu diesem Zweck sind die Methoden mit Rechnerunterstützung anwendungsgerecht aufzubereiten. Nicht jede Mechanik muss zwangsläufig durch eine (oft auch teurere und störungsanfälligere) elektronische Lösung ersetzt werden; andererseits eröffnen moderne Technologien, wie Mikrotechnologie oder Biomechatronik, neue, angepasste Anwendungsfelder für die Getriebelehre als *die* Wissenschaft für Aufgaben der Bewegungsübertragung und -umwandlung.

Die dritte Auflage ist gegenüber der zweiten Auflage wesentlich erweitert bzw. verändert worden: Dem Kapitel 3 wurde ein Abschnitt über die Krümmungen von Bahnkurven hinzugefügt; Kapitel 6 enthält jetzt auch die BURMESTERschen Kurven als Basis für die Mehrlagen-Synthese sowie die Theorie der mehrfachen Erzeugung von Koppelkurven nach ROBERTS für viergliedrige Gelenkgetriebe; das Kapitel 7 über Kurvengetriebe ist hinsichtlich der zeichnerischen und rechnerischen Bestimmung der Hauptabmessungen sowie des Kurvenprofils wesentlich umfangreicher gestaltet und auch um die Typen „Kurvengetriebe mit Tellerstößel" und „Kurvengetriebe mit Tellerhebel" ergänzt worden. Auf das Programm „MGA (Modulare Getriebeanalyse)" – eine Eigenentwicklung der beiden Autoren der ersten und zweiten Auflage – wurde jetzt verzichtet, da es zunehmend Kompatibilitätsprobleme mit den neueren WINDOWS-Betriebssystemen gab und auch neuere Programme mehr Leistung und Komfort bieten. Ersatzweise wird das kommerziell und preiswert erhältliche Geometrieprogramm CINDERELLA eingeführt, mit dem eine große Zahl der im Buch beschriebenen Übungsaufgaben interaktiv gelöst werden kann. Für weitere Informationen wird dem Leser angeraten, auf die entsprechende Webseite des Instituts für Getriebetechnik und Maschinendynamik der RWTH Aachen zu gehen.

Die aufgeführten Änderungen gehen hauptsächlich darauf zurück, dass mit den Arbeiten an der dritten Auflage ein neuer Fachkollege das bisherige Autorenduo zum Trio erweitert hat: Univ.-Prof. Dr.-Ing. B. Corves, seit Juli 2000 Direktor des oben genannten Instituts, brachte neue Ideen und damit auch neuen Schwung in das Team ein und steht somit auch in gewissem Sinne für die Einleitung eines Generationswechsels.

Herrn Peter Markert, Techniker am Institut für Getriebetechnik und Maschinendynamik der RWTH Aachen, sei für seine Sorgfalt und Geduld bei der Erstellung der Bilder sowie bei der Layout-Gestaltung von Texten und Bildern insbesondere der neu hinzugekommenen Abschnitte herzlich gedankt. Der Dank gilt auch Herrn Dipl.-Ing. Sung-Won Choi, wiss. Mitarbeiter am Institut für Getriebetechnik und Maschinendynamik der RWTH Aachen, für seine Unterstützung bei der Erstellung neuer Aufgaben und deren Realisierung mit dem Programm CINDERELLA in den zuvor erwähnten neu hinzugekommenen Abschnitten.

Herrn Dr. M. Feuchte, Lektor für Maschinenbau/Elektrotechnik im Verlag Teubner, sei erneut für seine kompetente, organisatorische und innovative Mitwirkung bei dieser Auflage gedankt, insbesondere auch für seine große Geduld im Entstehungsstadium.

Aachen und Braunschweig, im September 2006

Burkhard Corves

Hanfried Kerle

Reinhard Pittschellis

Inhalt

1 **Einführung** 1
   1.1 Aufgaben und Inhalt der Getriebelehre 1
   1.2 Anwendungsgebiete der Getriebelehre 3
   1.3 Beispiel einer getriebetechnischen Aufgabe 10
   1.4 Hilfsmittel 11
      1.4.1 VDI-Richtlinien 11
      1.4.2 Arbeitsblätter (Kurzrichtlinien) 13
      1.4.3 Getriebetechniksoftware 13

2 **Getriebesystematik** 14
   2.1 Grundbegriffe 14
      2.1.1 Übertragungsgetriebe 15
      2.1.2 Führungsgetriebe 17
      2.1.3 Lage der Drehachsen 17
   2.2 Aufbau der Getriebe 20
      2.2.1 Getriebeglieder 20
      2.2.2 Gelenke 22
   2.3 Getriebefreiheitsgrad (Laufgrad) 25
   2.4 Struktursystematik 31
      2.4.1 Kinematische Ketten 32
      2.4.2 Ebene Getriebe 37
         2.4.2.1 Getriebe der Viergelenkkette 37
         2.4.2.2 Kurvengetriebe 46
         2.4.2.3 Räumliche Getriebe 49
   2.5 Übungsaufgaben 52

3 Geometrisch-kinematische Analyse ebener Getriebe 57

   3.1 Grundlagen der Kinematik 58

      3.1.1 Bewegung eines Punktes 58

      3.1.2 Bewegung einer Ebene 60

         3.1.2.1 Geschwindigkeitszustand 61

         3.1.2.2 Momentan- oder Geschwindigkeitspol 63

         3.1.2.3 Beschleunigungszustand 64

         3.1.2.4 Beschleunigungspol 66

      3.1.3 Graphische Getriebeanalyse 68

         3.1.3.1 Maßstäbe 68

         3.1.3.2 Geschwindigkeitsermittlung 70

         3.1.3.3 Beschleunigungsermittlung 73

         3.1.3.4 Rastpolbahn und Gangpolbahn 74

   3.2 Relativkinematik 76

      3.2.1 Geschwindigkeitszustand 77

      3.2.2 Beschleunigungszustand 80

   3.3 Krümmung von Bahnkurven 84

      3.3.1 Grundlagen 84

      3.3.2 Polbahntangente und Polbahnnormale 86

      3.3.3 Gleichung von EULER-SAVARY 87

      3.3.4 Satz von BOBILLIER 88

      3.3.5 Polwechselgeschwindigkeit und HARTMANNsche Konstruktion 89

      3.3.6 Wendepunkt und Wendekreis 92

   3.4 Übungsaufgaben 96

4 Numerische Getriebeanalyse 100

   4.1 Analytisch-vektorielle Methode 101

      4.1.1 Iterative Lösung der Lagegleichungen 103

      4.1.2 Erweiterung auf den mehrdimensionalen Fall 104

      4.1.3 Berechnung der Geschwindigkeiten 105

      4.1.4 Berechnung der Beschleunigungen 107

- 4.1.5 Berechnung von Koppel- und Vektorkurven 110
- 4.1.6 Die Bedeutung der JACOBI-Matrix 111
- 4.2 Modulmethode 113
- 4.3 Übungsaufgaben 119

5 Kinetostatische Analyse ebener Getriebe 122
- 5.1 Einteilung der Kräfte 122
  - 5.1.1 Trägheitskräfte 124
  - 5.1.2 Gelenk- und Reibungskräfte 125
- 5.2 Grundlagen der Kinetostatik 128
  - 5.2.1 Gelenkkraftverfahren 129
    - 5.2.1.1 Kraft- und Seileckverfahren 131
    - 5.2.1.2 CULMANN-Verfahren 132
    - 5.2.1.3 Kräftegleichgewicht an der Elementargruppe II. Klasse 133
    - 5.2.1.4 Kräftegleichgewicht an der Elementargruppe III. Klasse 134
  - 5.2.2 Synthetische Methode (Schnittprinzip) 139
  - 5.2.3 Prinzip der virtuellen Leistungen (Leistungssatz) 143
    - 5.2.3.1 JOUKOWSKY-Hebel 144
- 5.3 Übungsaufgaben 147

6 Grundlagen der Synthese ebener viergliedriger Gelenkgetriebe 151
- 6.1 Totlagenkonstruktion 151
  - 6.1.1 Totlagenkonstruktion nach ALT 154
  - 6.1.2 Schubkurbel 157
  - 6.1.3 Auswahlkriterien 159
    - 6.1.3.1 Übertragungswinkel 159
    - 6.1.3.2 Beschleunigungsgrad 163
- 6.2 Lagensynthese 166
  - 6.2.1 Wertigkeitsbilanz 167
  - 6.2.2 Zwei-Lagen-Synthese 168
    - 6.2.2.1 Beispiel eines Führungsgetriebes 168
    - 6.2.2.2 Beispiel eines Übertragungsgetriebes 170

6.2.3 Drei-Lagen-Synthese 171
    6.2.3.1 Getriebeentwurf für drei allgemeine Gliedlagen................................171
    6.2.3.2 Getriebeentwurf für drei Punkte einer Koppelkurve..........................173
    6.2.3.3 Getriebeentwurf für drei Punkte einer Übertragungsfunktion 174
    6.2.3.4 Beispiel eines Drehgelenkgetriebes als Übertragungsgetriebe 176
    6.2.3.5 Beispiel eines Schubkurbelgetriebes als Übertragungsgetriebe..........177
6.2.4 Mehrlagen-Synthese 178
    6.2.4.1 Getriebeentwurf für vier allgemeine Gliedlagen
        (Kreis- und Mittelpunktkurve)..178
    6.2.4.2 Getriebeentwurf für fünf allgemeine Gliedlagen
        (BURMESTERsche Kreis- und Mittelpunkte) 181
6.3 Mehrfache Erzeugung von Koppelkurven 184
  6.3.1 Ermittlung der ROBERTSschen Ersatzgetriebe 185
  6.3.2 Ermittlung fünfgliedriger Ersatzgetriebe
      mit zwei synchron laufenden Kurbeln 189
  6.3.3 Parallelführung eines Gliedes entlang einer Koppelkurve 191
6.4 Übungsaufgaben 194

7 Ebene Kurvengetriebe 198

7.1 Vom Bewegungsplan zum Bewegungsdiagramm 199
  7.1.1 Kennwerte der normierten Bewegungsgesetze 201
  7.1.2 Anpassung der Randwerte 202
7.2 Bestimmung der Hauptabmessungen 204
  7.2.1 Hodographenverfahren 205
  7.2.2 Näherungsverfahren von FLOCKE 209
7.3 Ermittlung der Führungs- und Arbeitskurve der Kurvenscheibe 210
  7.3.1 Graphische Ermittlung der Führungs- und Arbeitskurve 212
  7.3.2 Rechnerische Ermittlung der Führungs- und Arbeitskurve 213
7.4 Übungsaufgaben 221

8 Räumliche Getriebe 223

8.1 Der räumliche Geschwindigkeitszustand eines starren Körpers 224
8.2 Der relative Geschwindigkeitszustand dreier starrer Körper 227

8.3 Vektorielle Iterationsmethode 230
8.4 Koordinatentransformationen 235
    8.4.1 Elementardrehungen 235
    8.4.2 Verschiebungen 239
    8.4.3 Kombination mehrerer Drehungen 239
    8.4.4 Homogene Koordinaten 244
    8.4.5 HARTENBERG-DENAVIT-Formalismus (HD-Notation) 245

Anhang **252**
    Lösungen zu den Übungsaufgaben 252
    Lösungen zu Kapitel 2 253
    Lösungen zu Kapitel 3 260
    Lösungen zu Kapitel 4 273
    Lösungen zu Kapitel 5 277
    Lösungen zu Kapitel 6 286
    Lösungen zu Kapitel 7 293

Literaturverzeichnis **297**
Sachverzeichnis **301**

Formelzeichen und Einheiten

In diesem Buch werden Vektoren als gerichtete Größen, wie z.B. Kräfte $\vec{F}$, Geschwindigkeiten $\vec{v}$ und Beschleunigungen $\vec{a}$, mit einem obenliegenden Pfeil gekennzeichnet; gelegentlich verbindet ein solcher Pfeil zwei Punkte A und B und gibt dadurch Anfangs- und Endpunkt des Vektors an: $\overrightarrow{AB}$. Mit $\overline{AB}$ ist dann der Betrag dieses Vektors (Strecke zwischen A und B) gemeint. Matrizen werden durch Fettdruck hervorgehoben. Für Matrizen und Vektoren bedeutet ein „T" als Hochindex, z. B $\mathbf{J}^T$, die transponierte oder Zeilenform; mit $\mathbf{J}^{-1}$ wird die Inverse (Kehrmatrix) von $\mathbf{J}$ bezeichnet.

Die Maßeinheiten richten sich nach dem SI-Einheitensystem mit den Grundeinheiten m für die Länge, kg für die Masse und s für die Zeit; abgeleitete kohärente Einheiten sind dann z.B. 1 N = 1 kgm/s^2 für die Kraft, 1 Pa = 1 N/m^2 für den Druck und 1 W = 1 Nm/s für die Leistung.

Geometrieprogramm Cinderella

CINDERELLA ist ein Programm für Geometrie auf dem Computer, entwickelt mit dem Anspruch, mathematisch robust und dennoch einfach zu benutzen zu sein.

Um beim Einstieg in die Getriebetechnik einen Eindruck von den Möglichkeiten graphischer Verfahren vermitteln zu können, bietet sich die Darstellung mit Hilfe des Geometrieprogrammes CINDERELLA an [24]. Dieses Programm erlaubt auf einfache, intuitive Weise die Erstellung geometrischer Konstruktionen auf dem Rechner. Es ist ein mausgeführtes, interaktives Geometrieprogramm, bei dem nach erfolgter Konstruktion die Basiselemente der Konstruktion mit der Maus "gegriffen" und bewegt werden können. Dabei folgt die ganze Konstruktion der Bewegung in konsistenter Weise, so dass auf sehr anschauliche Art und Weise das "dynamische" Verhalten der geometrischen Konstruktion erkundet werden kann. Außerdem können mit Hilfe des Geometrieprogrammes Ortskurven dargestellt werden, eine Eigenschaft, die gerade für die Anwendung in der Getriebetechnik von großer Bedeutung ist. So können im einfachsten Fall mit dieser Funktionalität die Koppelkurven von Getrieben dargestellt werden. Ein wesentlicher Vorteil der Darstellung mit Hilfe des Geometrieprogrammes CINDERELLA besteht darin, dass auch außerhalb der CINDERELLA-Umgebung wahlweise in einer animierten Version, die die Bewegung eines Getriebes zeigt, oder als interaktive Version, die das Verändern verschiedener kinematischer Abmessungen des Getriebes erlaubt, die geometrische Konstruktion als HTML-File gespeichert werden kann.

Die Bedienung des Programms CINDERELLA wird in Kapitel 3 an zwei Aufgaben gezeigt. Außerdem stehen für einen Teil der in diesem Buch präsentierten Aufgaben entsprechende Datensätze sowohl als CINDERELLA-File als auch als HTML-Version zur Verfügung. Diese Datensätze können auf der Internetseite

http://www.igm.rwth-aachen.de/index.php?id=cinderella

zusammen mit einer kurzen Gebrauchsanleitung heruntergeladen werden. Die HTML-Versionen können mit üblichen JAVA-fähigen Browsern verwendet werden. Für die weitergehende Verwendung von CINDERELLA-Files ist es erforderlich, eine lauffähige Version des CINDERELLA-Programms zu installieren. Informationen hierzu sind unter der Web-Adresse

http://www.cinderella.de/

zu finden.

1 Einführung

Dieses Kapitel grenzt die gleichmäßig übersetzenden Getriebe, z.B. Zahnradgetriebe, von den ungleichmäßig übersetzenden Getrieben ab, die Thema dieses Buches sind. Die Getriebelehre wird in drei Hauptgebiete unterteilt: Getriebesystematik, Getriebeanalyse und Getriebesynthese. Der Leser erhält anhand von Bildern einen Einblick in Technikbereiche, in denen Getriebe als Bewegungs- und Kraftübertragungsbaugruppen eine große Rolle spielen. Am Beispiel einer getriebetechnischen Aufgabe werden grundlegende Fragen erörtert und für die Antworten auf die entsprechenden Kapitel des Buches verwiesen. Hinweise auf weitere Hilfsmittel schließen das Kapitel ab.

1.1 Aufgaben und Inhalt der Getriebelehre

Die Getriebelehre oder Getriebetechnik ist eine grundlegende Ingenieurwissenschaft, die eine breite Anwendung im Maschinen- und Gerätebau findet. Sie ist einerseits eine Querschnittswissenschaft für viele Ingenieurzweige, andererseits ordnet sie sich noch am besten zwischen der Mechanik und der Konstruktion ein: Mit Hilfe getriebetechnischer Methoden werden technologische Aufgabenstellungen – z.B. in der Produktionstechnik – im Bereich der Bewegungs- und Kraftübertragungen in Konstruktionen umgesetzt, d.h. es werden Getriebe analysiert und entwickelt und das Zusammenwirken einzelner, miteinander beweglich verbundener Funktionsteile von Maschinen und Geräten erforscht. Die Getriebelehre hat die Aufgabe, die vielfältigen Erscheinungsformen der Getriebe zusammenzufassen, systematisch zu ordnen und Gesetzmäßigkeiten herauszuarbeiten. Sie bietet Methoden und Verfahren zur Analyse der Eigenschaften und des Verhaltens der Getriebe, verallgemeinert dabei die gewonnenen Erkenntnisse und gibt wissenschaftlich begründete Anleitungen für die Verbesserung und die Neuentwicklung von Getrieben [10].

Grundsätzlich wird unterschieden zwischen gleichförmig oder **gleichmäßig übersetzenden Getrieben** (G-Getriebe), z.B. Zahnrad-, Schnecken- oder Riemengetriebe, und ungleichförmig oder **ungleichmäßig übersetzenden** oder periodischen **Getrieben**

(U-Getriebe), z.B. Schubkurbelgetriebe oder Kurvengetriebe. Die Gruppe der U-Getriebe soll hier vorrangig behandelt werden.

Der Zweck von Getrieben ist die Umwandlung einer gegebenen in eine gewünschte Bewegung und die Übertragung bestimmter Kräfte und (Dreh-) Momente (Kräftepaare). So wird z.B. bei einem Schubkurbelgetriebe eine Drehung (Rotation) in eine Schiebung (Translation) umgewandelt oder umgekehrt.

Entsprechend den zu lösenden Aufgaben lässt sich die Getriebelehre in drei Hauptgebiete unterteilen (Bild 1.1).

Die **Getriebesystematik** als Aufbaulehre behandelt den strukturellen Aufbau und die Aufbauelemente der Getriebe. Gegenstand der **Getriebeanalyse** ist es, Getriebe, deren Aufbau und Abmessungen bekannt sind, zu untersuchen, d.h. zu berechnen, wobei entweder die Bewegungen oder die wirkenden Kräfte im Vordergrund stehen: **Getriebekinematik** oder **Getriebedynamik**. In der Lehre vermittelt die Getriebeanalyse eine geordnete Menge von Gesetzmäßigkeiten, die als Grundlage für die Getriebesynthese benutzt werden [6].

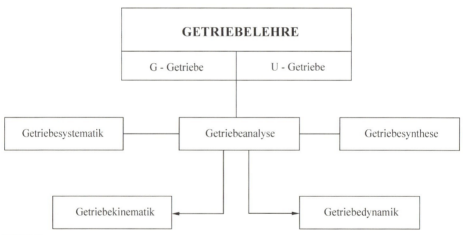

Bild 1.1
Einteilung der Getriebelehre

Die **Getriebesynthese** umfasst die Entwicklung von Getrieben aus bekannten Aufbauelementen für vorgegebene Forderungen. Hierzu gehören z.B. die Festlegung der Getriebestruktur (Typensynthese), die Bestimmung kinematischer Abmessungen (Maßsynthese) und die konstruktive Gestaltung der Getriebeglieder und Gelenke unter Berücksichtigung statischer und dynamischer Beanspruchungen. Da die Getriebesynthese insofern Kenntnisse in Technischer Mechanik, Maschinendynamik, Werkstoffkunde,

Konstruktions- und Fertigungstechnik voraussetzt, ist sie im Allgemeinen schwieriger zu handhaben als die Getriebeanalyse.

Im Zuge einer ständig wachsenden Rechnerleistung und der damit gekoppelten Entwicklung von Programmen konnten die numerischen Schwierigkeiten relativiert, wenn nicht sogar erst durch den Rechnereinsatz bewältigt werden. Eine Reihe von Syntheseverfahren beruhen auf der wiederholten Analyse mit systematisch geänderten Abmessungen von Getriebegliedern. Aus einer Vielzahl von Lösungen wird automatisch oder manuell das beste Getriebe anhand der vorgegebenen Forderungen ausgewählt. Man bezeichnet diese Verfahrensweise als **Synthese durch iterative** (systematisch wiederholte) **Analyse** [10].

1.2 Anwendungsgebiete der Getriebelehre

Die Getriebelehre umfasst viele Bereiche des Maschinenbaus wie Feingerätetechnik, Fahrzeugtechnik, Textiltechnik, Verpackungsmaschinen, Land-, Druck-, Schneid-, Stanz- und Handhabungstechnik.

Mechanische Robustheit, Zuverlässigkeit und Wirtschaftlichkeit sprechen dafür, Baugruppen und komplette Maschinen für die vorgenannten Bereiche mit den Mitteln der Getriebelehre zu entwerfen und auszulegen. Die wachsende Bedeutung elektrischer, elektronischer und anderer Bauelemente steht dazu nicht im Gegensatz, sondern erweitert und ergänzt die Palette der Lösungsmöglichkeiten für den Ingenieur im Maschinen- und Gerätebau. Durch den Einsatz zusätzlicher elektrischer, hydraulischer, pneumatischer und anderer Antriebselemente (z.B. **Formgedächtnisaktoren**) bei der Lösung von Bewegungsaufgaben entsteht oft erst die gewünschte Flexibilität. Ein von einem Rechner gesteuerter Antrieb kann sensorgeführt als Hauptantrieb unterschiedlichen Belastungen angepasst werden, ein Vorschaltgetriebe ersetzen oder als Nebenantrieb den Bewegungsbereich eines Getriebes verändern. Für gesteuerte (sensorgeführte) Bewegungen dieser Art wird heute der Begriff **Mechatronik** verwendet. In der Kombination von Mechanik, Elektrotechnik, Elektronik, Hydraulik und Pneumatik wird die Getriebelehre stets einen wichtigen Platz in den Ingenieurwissenschaften einnehmen.

Einen Eindruck von den vielen Anwendungen unterschiedlicher Getriebe im Maschinenbau vermitteln die Bilder 1.2 bis 1.10.

In Bild 1.2 ist ein **Pkw-Ottomotor** zu sehen. Das Herz dieses Motors bilden drei sechsgliedrige (ebene) Getriebe auf der Basis jeweils zweier gekoppelter Schubkurbelgetriebe, deren Kolbenbahnen V-förmig angeordnet sind (**V6-Motor**). Die von der Nockenwelle gesteuerten Ein- und Auslassventile für den Gaswechsel stellen spezielle federkraftschlüssige (ebene) Kurvengetriebe dar.

Ebenfalls einem Verbrennungsmotor zuzuordnen ist der in Bild 1.3 gezeigte **Schraubenkompressor** zur Verdichtung der Ansaugluft; die sichtbaren beiden „Schrauben" sind nach einem räumlichen Verzahnungsgesetz konjugiert zueinander gefertigt und bilden mehrfach im Eingriff stehende räumliche Kurvengelenke, die hochgenau gefertigt werden müssen.

Bild 1.4 zeigt eine **Pkw-Vorderachse**, bei der sowohl die Lenkung als auch die beiden Vorderradaufhängungen räumliche Getriebe darstellen, d.h. Getriebe mit windschiefen Bewegungsachsen. Im vorliegenden Fall besitzen die Getriebe einen Freiheitsgrad $F > 1$, um neben der Hauptbewegung „Lenken" bzw. „Einfedern in vertikaler Richtung" noch weitere Einstell- oder Ausgleichsbewegungen zu ermöglichen.

Die automatisierte Montage von Automobilen erfolgt heute größtenteils mit Hilfe von **Industrierobotern**. Industrieroboter sind ebenfalls räumliche Getriebe, deren Bewegungsachsen vorzugsweise senkrecht oder parallel zueinander liegen oder sich sogar in einem Punkt schneiden. Sie haben als Basis eine sog. **offene kinematische Kette** wie der menschliche Arm, die einzelnen Glieder sind über Dreh- oder Schubgelenke miteinander verbunden. Bild 1.5 zeigt einen Roboter mit sechs Bewegungsachsen (Freiheitsgrad $F = 6$) A1 bis A6, die sämtlich Drehachsen darstellen. Die Achsen A1 bis A3 dienen im Wesentlichen der **Positionierung**, die Achsen A4 bis A6 im Wesentlichen der **Orientierung** des Endglieds mit dem Greifer oder Werkzeug im x-y-z-Raum. Dadurch, dass die Achsen A2 und A3 parallel sind und sich die Achsen A4 bis A6 in einem Punkt schneiden, reduziert sich der Rechenaufwand für die Kinematik des Roboters.

Mechanische Greifer für die Mikromontage, d.h. für die Montage kleiner und kleinster Teile im μm-Bereich, verlangen zwar nur geringe Bewegungen der Greifglieder, diese Bewegungen müssen jedoch synchron und mit höchster Präzision ablaufen. Am ehemaligen Institut für Fertigungsautomatisierung und Handhabungstechnik (IFH) der TU Braunschweig wurde 1997 ein reinraumtauglicher **Mikrogreifer** aus Kunststoff oder superelastischem Metall mit abriebfreien **stoffschlüssigen Gelenken** entwickelt und auf einer CNC-Präzisionswerkzeugmaschine gefräst, dessen Greifglieder von neuartigen Aktoren auf der Basis von **Formgedächtnislegierungen** (FGL) bewegt werden, Bild 1.6. Die stoffschlüssigen Gelenke entstehen durch gezieltes Schwächen von Materialquerschnitten. Die Abstände zwischen diesen Gelenken sind mit Rechnerunterstützung so gewählt worden, dass sich die Greifglieder im Greifbereich synchron gegeneinander bewegen (**Übersetzungsverhältnis** $i = -1$) [1.1]. Insgesamt entstand ein sog. **Parallelgreifer** mit zwei alternativ zum Öffnen und Schließen des Greifers wirkenden FGL-Antrieben zwischen den bewegten Gliedern [1.2].

Bei den Kurvengetrieben sind **Rundtaktautomaten** als **Schrittgetriebe** in der Handhabungstechnik als Anwendungen zu nennen [1.3], die nach Katalog in verschiedenen Baugrößen ausgewählt werden können, Bild 1.7. Zwischen den einzelnen Stillständen (Rasten) des Abtriebsglieds (hier: Rollenstern) lässt sich durch eine geeignete Formgebung des angetriebenen Kurvenkörpers (hier: Globoid) fast jedes nach kinematischen und dynamischen Gesichtspunkten günstige Übergangsgesetz verwirklichen. Bei dem

1.2 Anwendungsgebiete der Getriebelehre

skizzierten sehr kompakt aufgebauten Kurvengetriebe sind die Antriebs- und Abtriebsdrehachse räumlich zueinander mit einem **Kreuzungswinkel** von 90° versetzt.

Derartige Getriebe dienen entweder mit **Wulstkurve** und Rollenstern oder **Nutkurve** und Einzelrolle als Bausteine für zusammengesetzte **mechanische Mehrachsensysteme** (Bild 1.8), die im Unterschied zu frei programmierbaren Industrierobotern durch die Bewegungsgesetze der Kurvenkörper festprogrammiert sind. Es ist nur noch eine Ablaufsteuerung zwischen den einzelnen Antrieben erforderlich. Bei dem im Bild skizzierten System werden mindestens drei Tischbewegungen kurvengesteuert: die beiden Schiebungen in horizontaler und vertikaler Richtung und die Drehung um die vertikale Achse.

In Bild 1.9 ist eine **Kniehebelpresse** auf der Grundlage eines sechsgliedrigen Getriebes dargestellt. Die vertikal arbeitende Baugruppe enthält den „Kniehebel" mit dem Druckkörper als Gleitstein wie bei einem Schubkurbelgetriebe; horizontal ist der Drehantrieb mit Zwischenglied für den Kniehebel angeordnet. Die Kniehebelwirkung entsteht in der oberen Stillstandslage („Totlage") des Druckkörpers bei gleichmäßig rotierendem Antrieb. Ein Niederhalter beim Pressvorgang kann ebenfalls über den Hauptantrieb gesteuert werden.

Bild 1.10 zeigt einen **Schaufellader** mit zwei Hubzylindern zum Heben und Schwenken der Schaufel. Die Grundlage dieses Getriebes ist eine kinematische Kette (s. Abschnitt 2.4.1), die aus neun Gliedern besteht, einschließlich des Fahrzeugs als Gestell.

Bild 1.2
V6-Motor mit Ventilsteuerung (Werkbild: Mercedes-Benz AG, Stuttgart)

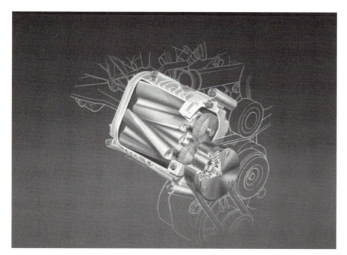

Bild 1.3
Schraubenkompressor mit räumlicher Verzahnung (Werkbild: Mercedes-Benz AG, Stuttgart)

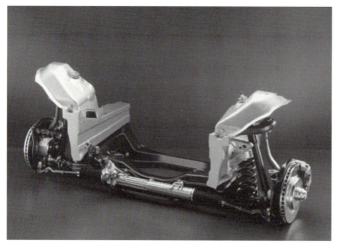

Bild 1.4
Pkw-Vorderachse (Werkbild: Mercedes-Benz AG, Stuttgart)

1.2 Anwendungsgebiete der Getriebelehre

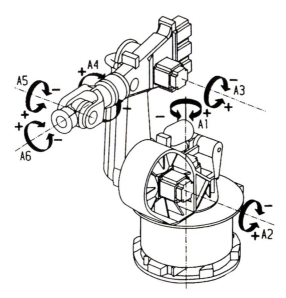

Bild 1.5
Industrieroboter mit sechs Bewegungsachsen (Werkbild: KUKA Roboter GmbH, Augsburg)

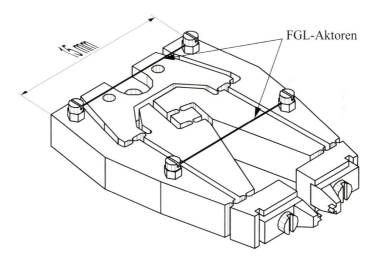

Bild 1.6
Mikrogreifer mit acht Gliedern und stoffschlüssigen Gelenken (Werkbild: IFH der TU Braunschweig)

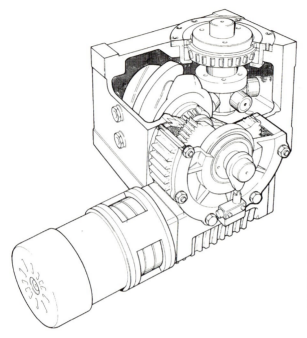

Bild 1.7

Kurvenschrittgetriebe für Rundtaktautomat (Werkbild: MANIFOLD Erich Erler GmbH & Co., Düsseldorf)

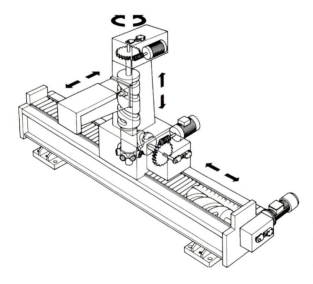

Bild 1.8

Mechanisches Mehrachsensystem (Werkbild: SOPAP GmbH, Ravensburg)

1.2 Anwendungsgebiete der Getriebelehre

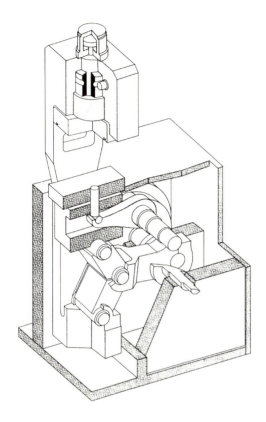

Bild 1.9
Kniehebelpresse (Werkbild: Gräbener Pressensysteme GmbH & Co KG, Netphen-Werthenbach)

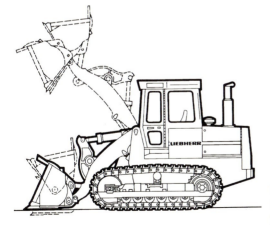

Bild 1.10
Schaufellader (Werkbild: Liebherr-International AG, Bulle/FR, Schweiz)

1.3 Beispiel einer getriebetechnischen Aufgabe

Am ehemaligen IFH der TU Braunschweig wurde 1994 ein neuartiger Roboter mit sechs Bewegungsfreiheiten entwickelt, der sich von herkömmlichen Industrierobotern grundlegend unterscheidet.

Bei diesem HEXA genannten Prototypen wird die Arbeitsplattform (Endeffektorträger) über sechs Arme geführt (Bild 1.11). Dadurch sind alle Antriebe gestellfest und müssen nicht mitbewegt werden.

Solche Roboter werden **Parallelroboter** genannt, weil die Arbeitsplattform stets durch mehrere Gelenkketten gleichzeitig (parallel) geführt wird. Parallelroboter zeichnen sich durch große Nutzlasten, hohe Verfahrgeschwindigkeiten und -beschleunigungen aus, weil die bewegten Massen im Vergleich zu seriellen Robotern (z.B. Bild 1.5) sehr gering sind [1.4, 1.5].

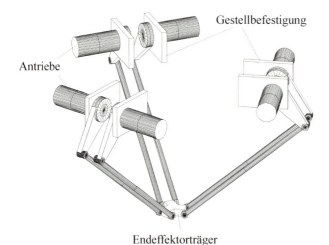

Bild 1.11
HEXA-Parallelroboter

Bei der Entwicklung, Konstruktion und beim Einsatz eines solchen Roboters, der ein räumliches Getriebe darstellt, tauchen sofort folgende Fragen auf:

1. Welcher Getriebetyp liegt dem HEXA-Parallelroboter zugrunde? (Abschnitt 2.1)
2. Aus welchen Elementen setzt sich das Getriebe strukturell zusammen? Welche Gelenke sind zu wählen? (Abschnitt 2.2)
3. Welche Gleichungen beschreiben - zumindest im Ansatz - die Geometrie und somit auch den Arbeitsraum des Roboters? (Kapitel 3, 4)

4. Welche Gliedlängen sind für einen vorgegebenen Arbeitsraum zu wählen? (Kapitel 6)
5. Wie sind die Antriebe auszulegen, wenn die Abmessungen der Glieder und deren Material, die Kinematik und die Belastung der Arbeitsplattform durch Nutz- und Trägheitskräfte vorgegeben werden? (Kapitel 5)
6. Welchen Beanspruchungen (Belastungen) unterliegen dabei die einzelnen Glieder bzw. Gelenke des Roboters? (Kapitel 5)

Diese Fragen werden in den genannten Abschnitten/Kapiteln ausführlich behandelt. Dabei werden die Darstellungen aber im Wesentlichen auf ebene Getriebe beschränkt bleiben; nur Abschnitt 2.4.2.3 und Kapitel 8 handeln von räumlichen Getrieben.

1.4 Hilfsmittel

1.4.1 VDI-Richtlinien

Sehr hilfreich für die Auslegung von Getrieben sind eine Reihe von Richtlinien des Vereins Deutscher Ingenieure (VDI), z.B.:

VDI-Richtlinie	Ausgabe	Titel/Seitenzahl
2127	02.93	Getriebetechnische Grundlagen; Begriffsbestimmungen der Getriebe / 48 S.
2130	04.84	Getriebe für Hub- und Schwingbewegungen; Konstruktion und Berechnung viergliedriger ebener Gelenkgetriebe für gegebene Totlagen / 26 S.
2142, Blatt 1	10.94	Auslegung ebener Kurvengetriebe - Grundlagen, Profilberechnung und Konstruktion / 51 S.
2142, Blatt 2	08.07 Entwurf	Auslegung ebener Kurvengetriebe - Berechnungsmodule für Kurven- und Koppelgetriebe / 66 S.
2143, Blatt 1	10.80	Bewegungsgesetze für Kurvengetriebe; Theoretische Grundlagen / 27 S.
2143, Blatt 2	01.87	Bewegungsgesetze für Kurvengetriebe; Praktische Anwendung / 60 S.

2145	12.80	Ebene viergliedrige Getriebe mit Dreh- und Schubgelenken; Begriffserklärungen und Systematik / 58 S.
2156	09.75	Einfache räumliche Kurbelgetriebe; Systematik und Begriffsbestimmungen / 11 S.
2722	08.03	Gelenkwellen und Gelenkwellenstränge mit Kreuzgelenken – Einbaubedingungen für Homokinematik / 38 S.
2723	06.82	Vektorielle Methode zur Berechnung der Kinematik räumlicher Getriebe / 14 S.
2727, Blatt 1	05.91	Konstruktionskataloge; Lösung von Bewegungsaufgaben mit Getrieben; Grundlagen / 19 S.
2727, Blatt 2	05.91	Konstruktionskataloge; Lösung von Bewegungsaufgaben mit Getrieben; Erzeugung hin- und hergehender Schubbewegungen; Antrieb gleichsinnig drehend / 23 S.
2727, Blatt 3	04.96	Konstruktionskataloge - Lösung von Bewegungsaufgaben mit Getrieben - Erzeugung gleichsinniger Drehbewegungen mit Rast(en) - Antrieb gleichsinnig drehend / 36 S.
2727, Blatt 4	06.00	Konstruktionskataloge - Lösung von Bewegungsaufgaben mit Getrieben - Erzeugung von Schwingungsbewegungen mit Rast(en) - Antrieb gleichsinnig drehend / 60 S.
2727, Blatt 5	05.06	Konstruktionskataloge - Lösung von Bewegungsaufgaben mit Getrieben - Erzeugung von ungleichmäßigen Umlaufbewegungen ohne Stillstand (Vorschaltgetriebe); Antrieb gleichsinnig drehend / 52 S.
2728, Blatt 1	02.96	Lösung von Bewegungsaufgaben mit symmetrischen Koppelkurven - Übertragungsaufgaben / 23 S.
2729	04.95	Modulare kinematische Analyse ebener Gelenkgetriebe mit Dreh- und Schubgelenken / 36 S.
2740, Blatt 2	04.02	Mechanische Einrichtungen in der Automatisierungstechnik; Führungsgetriebe / 86 S.
2740, Blatt 3	05.99	Mechanische Einrichtungen in der Automatisierungstechnik; Getriebe zur Erzeugung zeitweiliger Synchronbewegungen / 35 S.
2741	02.04	Kurvengetriebe für Punkt- und Ebenenführung / 82 S.

1.4.2 Arbeitsblätter (Kurzrichtlinien)

In einigen Zeitschriften sind in loser Reihenfolge Arbeitsblätter zur Analyse und Synthese von Getrieben zu finden, die von namhaften Autoren erarbeitet worden sind, z.B. in den Zeitschriften „Maschinenbautechnik" von 1963 bis 1991, „Konstruktion" und „Der Konstrukteur".

1.4.3 Getriebetechniksoftware

Wegen der in der Getriebetechnik oftmals erforderlichen umfangreichen Formeln und Algorithmen bietet sich der Einsatz von Rechnerprogrammen zur Entlastung des Anwenders bei der Analyse und Synthese von Getrieben an. Mit der einfachen Verfügbarkeit von Speicherkapazität und dem Vorhandensein leistungsfähiger Prozessoren genügt heutzutage für die meisten Anwendungen schon ein Standard-PC, um die verschiedenen getriebetechnischen Aufgabenstellungen softwaregestützt in Angriff nehmen zu können. In der heutigen Zeit steht eine Fülle von unterschiedlichen Softwarelösungen für getriebetechnische Probleme zur Verfügung. Eine Verweisliste auf aktuelle Softwareanwendungen aus Forschung und Praxis findet sich unter

http://www.igm.rwth-aachen.de/index.php?id=getriebetechniksoftware.

2 Getriebesystematik

Dieses Kapitel erläutert zunächst die wichtigsten Begriffe der Getriebelehre und leitet so über zur Aufbaulehre der Getriebe oder Getriebesystematik mit Gliedern und Gelenken. Der Leser lernt die Unterschiede zwischen Übertragungs- und Führungsgetrieben einerseits und zwischen ebenen, sphärischen und räumlichen Getrieben andererseits kennen. Ausgehend vom Freiheitsgrad f einzelner Gelenke wird der Getriebefreiheitsgrad oder -laufgrad als Abzählformel

$$F = b(n-1) - \sum_{i=1}^{g}(b-f_i)$$

hergeleitet und an zahlreichen Beispielen erläutert. Da sich jedes Getriebe mit festgelegtem Gestellglied, An- und Abtriebsglied(ern) auf eine kinematische Kette zurückführen lässt, werden die wesentlichen kinematischen Ketten vorgestellt, aus denen sich zwangläufige ebene und räumliche Getriebe mit F = 1 entwickeln lassen.

2.1 Grundbegriffe

Die Definition eines **Getriebes** lautet [6]:

> Ein Getriebe ist eine mechanische Einrichtung zum Übertragen (Wandeln oder Umformen) von Bewegungen und Kräften oder zum Führen von Punkten eines Körpers auf bestimmten Bahnen. Es besteht aus beweglich miteinander verbundenen Teilen (**Gliedern**), wobei deren gegenseitige Bewegungsmöglichkeiten durch die Art der Verbindung (**Gelenke**) bestimmt sind. Ein Glied ist stets Bezugskörper (**Gestell**), die Mindestanzahl der Glieder und Gelenke beträgt jeweils drei.

Nach dieser Definition gibt es Getriebe zum Übertragen von Bewegungen bzw. Leistungen - sie werden **Übertragungsgetriebe** genannt - und Getriebe zum Führen von Gliedern oder Körpern, die **Führungsgetriebe** heißen. Im Rückblick auf das Kapitel

2.1 Grundbegriffe

zuvor handelt es sich bei den Getrieben der Bilder 1.2, 1.3, 1.7 und 1.9 um Übertragungsgetriebe, bei den Getrieben der Bilder 1.4 bis 1.6, 1.8, 1.10 und 1.11 um Führungsgetriebe.

2.1.1 Übertragungsgetriebe

In Übertragungs- oder auch Funktionsgetrieben erfolgt die Bewegungsübertragung nach einer **Übertragungsfunktion** (auch **Getriebefunktion**) und zwar ohne oder mit einer Änderung der Bewegungsform (z.B. Drehen, Schieben, Schrauben). Die **Bewegungs-** oder **Abtriebsfunktion** q des Getriebes setzt sich aus der zeitabhängigen **Antriebsfunktion** p(t) und der Übertragungsfunktion q(p) zusammen: q(t) = q [p(t)], Tafel 2.1.

Entsprechend der Ableitungsstufe gibt es mehrere Übertragungsfunktionen (ÜF):

$$q = q[p(t)]$$

$\rightarrow$ ÜF 0. Ordnung (ÜF 0) q(p) \hfill (2.1)

Die Antriebsfunktion p(t) ist vorgegeben.

Einmaliges Differenzieren nach der Zeit t liefert die Abtriebsgeschwindigkeit:

$$\dot{q} \equiv \frac{dq}{dt} = \frac{dq}{dp} \cdot \frac{dp}{dt} = q' \cdot \dot{p}$$

$\rightarrow$ ÜF 1. Ordnung $\left(\text{ÜF 1}\right)$ $q' \equiv \dfrac{dq}{dp}$ \hfill (2.2)

Entsprechend erhält man für die Abtriebsbeschleunigung:

$$\ddot{q} \equiv \frac{d^2 q}{dt^2} = q'' \cdot \dot{p}^2 + q' \cdot \ddot{p}$$

$\rightarrow$ ÜF 2. Ordnung $\left(\text{ÜF 2}\right)$ $q'' \equiv \dfrac{d^2 q}{dp^2}$ \hfill (2.3)

Für die gleichmäßig übersetzenden G-Getriebe gilt:

$$q = K \cdot p(t), \quad K = \text{konst.} \quad \text{(reziprokes Übersetzungsverhältnis)}$$

$\rightarrow$ $\dfrac{q}{p} = \dfrac{\dot{q}}{\dot{p}} = \dfrac{\ddot{q}}{\ddot{p}} = K = q' = \dfrac{1}{i}$ \hfill (2.4)

Tafel 2.1 Einteilung der Übertragungsgetriebe (Periodendauer T) [2.1]

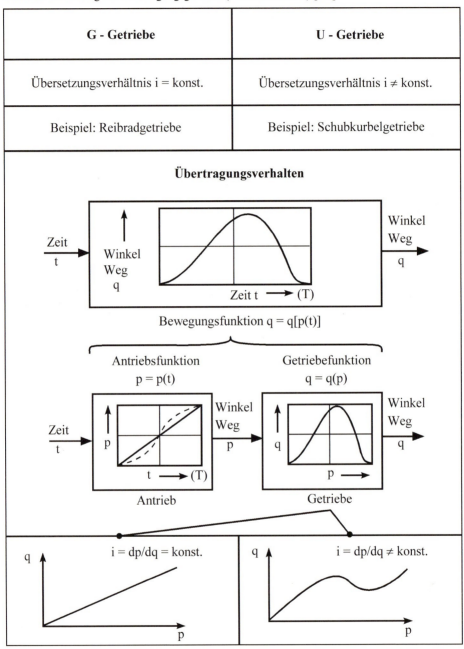

2.1.2 Führungsgetriebe

Führungsgetriebe sind Getriebe, bei denen ein Glied so geführt wird, dass es bestimmte Lagen einnimmt bzw. dass Punkte des Gliedes bestimmte Bahnen (**Führungsbahnen**) beschreiben. Die beweglichen Glieder eines Führungsgetriebes werden entsprechend ihrer Funktion als **führende** oder **geführte Getriebeglieder** bezeichnet, d.h. die Begriffe An- und Abtriebsglied werden nicht benutzt, auch nicht der Begriff Übertragungsfunktion. Die Einleitung einer Bewegung kann meist an beliebiger Stelle erfolgen.

Man unterscheidet drei Arten von Führung:

a) Eindimensionale Führung = **Positionierung** eines Gliedpunktes auf vorgeschriebener Bahnkurve; in der Ebene: $f(x,y) = 0$

b) Zweidimensionale Führung = **Positionierung und Orientierung** in der Ebene: Führen zweier Gliedpunkte auf vorgeschriebenen Bahnkurven; in der Ebene ist damit die Lage des Getriebeglieds vollständig definiert.

c) Dreidimensionale Führung = Positionierung und Orientierung im Raum: Führen dreier Gliedpunkte auf vorgeschriebenen Bahnkurven $f(x,y,z) = 0$

2.1.3 Lage der Drehachsen

Die Betrachtung der Bahnkurven leitet über zu einem Ordnungsmerkmal aller Getriebe anhand der Lage (Raumanordnung) der Drehachsen in den Gelenken.

> **Hinweis 1:** Für ein Schubgelenk liegt die zugeordnete Drehachse im Unendlichen mit dem Kreuzungswinkel 90° zur Schubrichtung (Bewegungsachse).

a) **Ebene Getriebe** (Bild 2.1):

- Alle Drehachsen sind parallel,
- die Bewegungsbahnen von Gliedpunkten liegen in parallelen Ebenen.

b) **Sphärische Getriebe** (Bild 2.2):

- Alle Drehachsen schneiden sich in einem Punkt,
- die Bewegungsbahnen von Gliedpunkten liegen auf konzentrischen Kugelschalen.

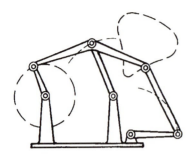 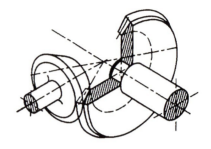

Bild 2.1
Ebenes Getriebe

Bild 2.2
Sphärisches Getriebe (2 Kegelräder)

c) **Räumliche Getriebe** (Bild 2.3):
- Die Drehachsen kreuzen sich, d.h. es gibt zwischen ihnen einen Kreuzungsabstand und einen Kreuzungswinkel (s. Kapitel 8),
- die Bewegungsbahnen von Gliedpunkten liegen in nichtparallelen Ebenen oder auf allgemeinen räumlichen Flächen.

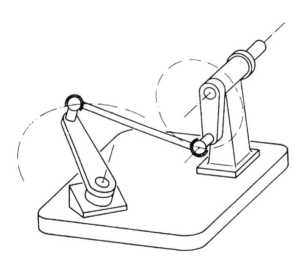

Bild 2.3
Räumliches Getriebe [2.2]

Hinweis 2: Bei räumlichen Getrieben gibt es im Allgemeinen momentane Schraubachsen statt reine Drehachsen.

2.1 Grundbegriffe

d) **Kombinierte Bauformen** (Bilder 2.4, 2.5, 2.6):

Neben den ebenen, sphärischen und räumlichen Bauformen sind auch kombinierte Bauformen möglich. Am häufigsten sind dabei solche kombinierten Getriebe anzutreffen, bei denen mehrere gleiche ebene Teilgetriebe räumlich zueinander angeordnet werden, wie z.B. der in Bild 2.4 dargestellte Nabenabzieher, bei dem die Haken durch das äußere Gewinde der Verstellspindel auf die Größe des abzuziehenden Teiles eingestellt werden. Mit der innenliegenden Abziehspindel werden die Haken zum Abziehen in Längsrichtung verschoben.

Wie im vorliegenden Fall können mitunter aus einem solchen komplexen räumlichen Getriebe Baugruppen herausgegriffen werden, die für sich ein ebenes Getriebe darstellen.

Wenn man zum Beispiel bei der Schraubbewegung der Verstellspindel nur die Längsbewegung relativ zur äußeren Mutter betrachtet, kann jeder Haken mit seinen Führungsgliedern als ein ebenes Getriebe mit drei Drehgelenken und einem Schubgelenk angesehen werden, wobei die äußere Mutter das Gestell ist.

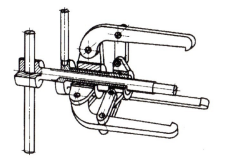

Bild 2.4

Nabenabzieher

Auf ähnliche Weise ist das in Bild 2.5 gezeigte Getriebe zum Öffnen und Schließen eines Automatik-Regenschirms durch räumlich-symmetrische Anordnung von gleichartigen ebenen Getrieben entstanden.

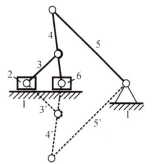 

Bild 2.5

Automatik-Regenschirm

Neben der symmetrischen räumlichen Anordnung gleichartiger ebener Teilgetriebe ist jedoch auch die allgemeine räumliche Kombination ebener Teilgetriebe anzutreffen. Dies ist z.B. in dem in Bild 2.6 gezeigten Webladengetriebe zu sehen.

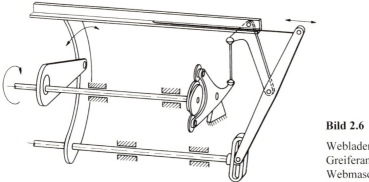

Bild 2.6

Webladengetriebe als Greiferantrieb in einer Webmaschine

2.2 Aufbau der Getriebe

Ein Getriebe besteht definitionsgemäß aus mehreren **Getriebegliedern**, die so miteinander verbunden sind, dass sie dauernd in gegenseitiger Berührung gehalten werden und dabei relativ gegeneinander beweglich bleiben. Die beweglichen Verbindungen werden als **Gelenke** bezeichnet.

Um also ein Getriebe in eine bestimmte Systematik einzuordnen, ist es notwendig, einige Gesetzmäßigkeiten und Definitionen von Gelenken und der Gliederanordnungen zu kennen.

Daneben gibt es noch Hilfsglieder oder **Getriebeorgane**, die Sonderfunktionen in einem Getriebe erfüllen, z. B. Riemen, Ketten, Seile als Zugmittel, Federn und Dämpfer, Anschläge und Ausgleichsmassen. Entfernt man diese Hilfsglieder, so fällt lediglich die Sonderfunktion aus, entfernt man ein Getriebeglied oder ein Gelenk, so wird das Getriebe im Allgemeinen funktionsunfähig.

2.2.1 Getriebeglieder

Die Getriebeglieder müssen eine ausreichende Widerstandsfähigkeit gegenüber den auftretenden Kräften und Momenten aufweisen. Sie können dann als starr angesehen werden.

2.2 Aufbau der Getriebe

Die Getriebeglieder werden entsprechend ihrer Funktion bezeichnet; folgende Benennungen sind üblich [6]:

Das feste Glied oder Bezugsglied eines Getriebes heißt **Gestell**; mit ihm wird das ebenenfeste oder raumfeste Bezugskoordinatensystem x-y bzw. x-y-z verbunden. Die beweglichen Glieder eines Übertragungsgetriebes heißen **Antriebsglieder**, **Abtriebsglieder** und **Übertragungsglieder**; dagegen nennt man die beweglichen Glieder eines Führungsgetriebes **Führungsglieder**, wobei noch zwischen **führenden** und **geführten Getriebegliedern** unterschieden wird. **Koppelglieder** oder **Koppeln** verbinden sowohl bei Übertragungs- als auch bei Führungsgetrieben bewegliche Glieder, ohne selbst mit dem Gestell verbunden zu sein.

Die Anschlussstellen für Gelenke zu benachbarten Gliedern heißen **Gelenkelemente**. Man klassifiziert die Glieder daher sehr oft nach der Anzahl der Gelenkelemente, Tafel 2.2.

Die hier aufgeführten Getriebeglieder sind stark vereinfacht dargestellt und dienen in dieser Form als Bausteine der **kinematischen Ketten** von Getrieben, s. Abschnitt 2.4.1.

Tafel 2.2 Einteilung der Getriebeglieder nach Gelenkelementen

 ○—	Eingelenkglied	Anzahl n_1
 ○—○	Zweigelenk- oder binäres Glied	Anzahl n_2
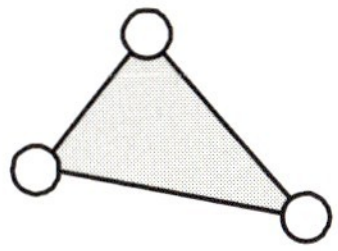 △	Dreigelenk- oder ternäres Glied	Anzahl n_3
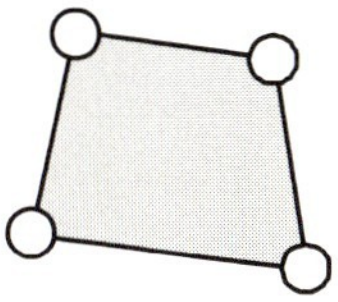 ▱	Viergelenk- oder quaternäres Glied	Anzahl n_4
⋮	⋮	⋮

2.2.2 Gelenke

Zu einem Gelenk gehören stets zwei Gelenkelemente als **Elementenpaar**, die zueinander passende Formen haben müssen. Eine Ordnung der Gelenke kann nach verschiedenen Gesichtspunkten erfolgen, Tafel 2.3.

Tafel 2.3 Ordnung der Gelenke [10]

	Ordnende Gesichtspunkte	Beispiele für Gelenkbezeichnungen
1	Form der Relativbewegung der Gelenkelemente	Drehgelenk, Schubgelenk, Schraubgelenk
2	Bewegungsverhalten an der Berührstelle der Gelenkelemente	Gleitgelenk, Wälz- oder Rollgelenk, Gleitwälz- oder Gleitrollgelenk
3	Anzahl der möglichen relativen Einzelbewegungen (Gelenkfreiheitsgrad f)	Gelenk mit $f = 1$, mit $f = 2$, usw.
4	Gegenseitige Lage der Drehachsen am Gelenk	ebenes oder räumliches Gelenk
5	Berührungsart der Gelenkelemente	Gelenk mit Flächen-, Linien- oder Punktberührung der Gelenkelemente
6	Art und Paarung der Gelenkelemente	Gelenk mit Kraft- oder Formpaarung der Gelenkelemente
7	Statische Bestimmtheit, Grad der Überbestimmung	statisch bestimmtes oder statisch unbestimmtes (überbestimmtes) Gelenk

Nachstehend sind einige Erläuterungen zu den sieben Gesichtspunkten genannt.

1) Bewegungsformen der Elemente relativ zueinander sind beispielsweise:

- Drehen (D) → Drehgelenk
- Schieben (S) → Schubgelenk
- Schrauben (Sch) → Schraubgelenk (Drehen und gesetzmäßig überlagertes Schieben)

2) Außerdem kann das Bewegungsverhalten an der Berührstelle der Gelenkelemente beschrieben werden durch:

- Gleiten
- Wälzen oder Rollen
- Gleitwälzen (Schroten)

2.2 Aufbau der Getriebe

3) und 4) Die Definition des **Gelenkfreiheitsgrads** lautet [6]:

> Der Gelenkfreiheitsgrad f ist die Anzahl der in einem Gelenk unabhängig voneinander möglichen Einzelbewegungen (**Elementarbewegungen**) der beiden Gelenkelemente bzw. die Anzahl der vorhandenen Drehachsen des Gelenks. Die durch das Gelenk verhinderten Einzelbewegungen heißen **Unfreiheiten**; ihre Anzahl ist u.

Es gilt mit b als **Bewegungsgrad**

$$f + u = b.\tag{2.5}$$

Für ebene Gelenke ist der Bewegungsgrad $b = 3$ und $1 \leq f \leq 2$, für räumliche Gelenke $b = 6$ und $1 \leq f \leq 5$.

5) Die Art der Berührung der Gelenkelemente kann erfolgen in:
   - Flächen $\rightarrow$ **niedere Elementenpaare** (NEP)
   - Linien $\rightarrow$ **höhere Elementenpaare** (HEP)
   - Punkten $\rightarrow$ **höhere Elementenpaare** (HEP)

6) Die Art der Paarung der Gelenkelemente kann **formschlüssig**, **kraftschlüssig** oder **stoffschlüssig** sein.

7) Ein Gelenk für den gewünschten Freiheitsgrad f ist **statisch überbestimmt**, wenn sich n_g Gelenkelemente an mehr als einer Stelle berühren und somit k Teilgelenke bilden, deren Summe der Unfreiheiten größer ist als die theoretisch notwendige Unfreiheit u des Gelenks. Der Grad der Überbestimmtheit ist

$$\ddot{u} = \sum_{i=1}^{k}(u_i) - u = f - b(n_g - 1 - k) - \sum_{i=1}^{k}(f_i).\tag{2.6}$$

Die Herstellung statisch überbestimmter Gelenke erfolgt aus Gründen der Spielfreiheit und verlangt höchste Fertigungsgenauigkeit, um ein Klemmen zu vermeiden.

Tafel 2.4 zeigt einige häufig auftretende Grundformen von Gelenken in räumlichen und ebenen Getrieben.

Tafel 2.4 Grundformen von Gelenken [2.3]

Gelenk	Symbol räumlich	Symbol eben	Freiheitsgrad f
Drehgelenk			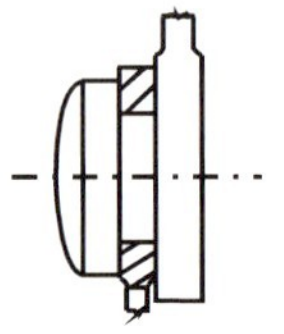 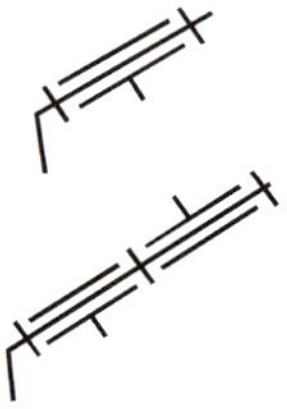 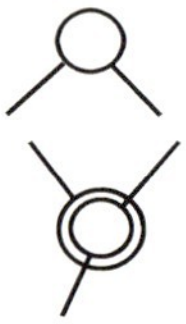 einfach: 1 doppelt: 2
Schubgelenk			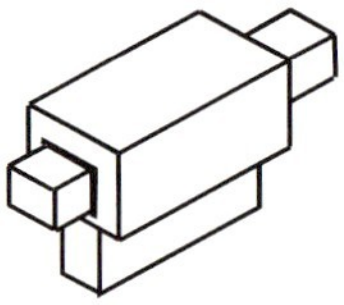 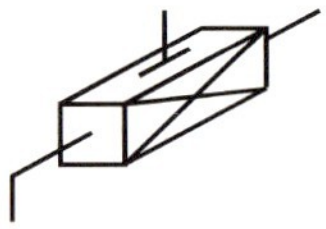 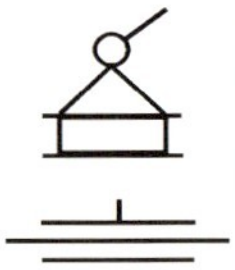 1
Kurvengelenk			  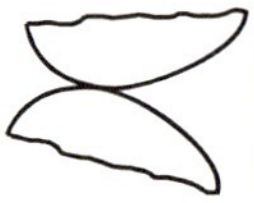 räumlich: 5 eben: 2
Schraubgelenk	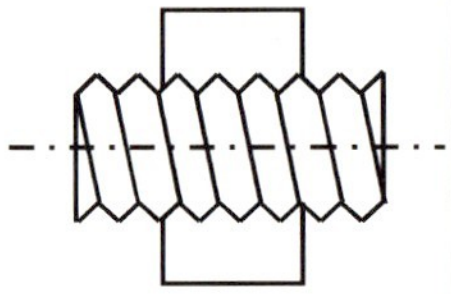	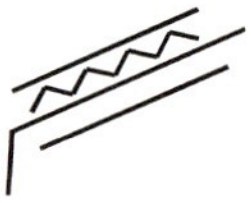 —	1
Drehschubgelenk	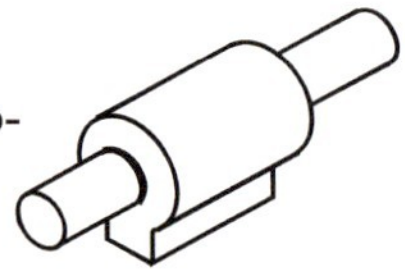	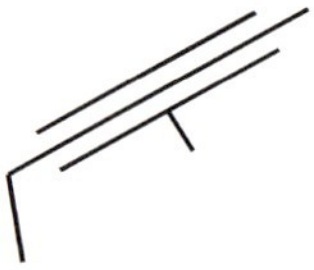 —	2
Kugelgelenk	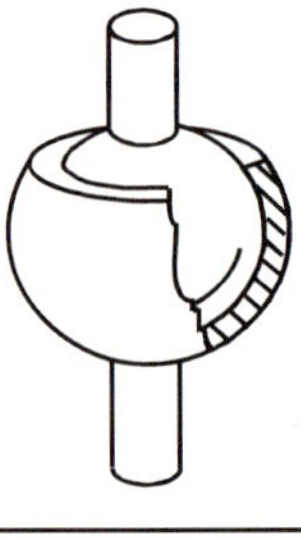	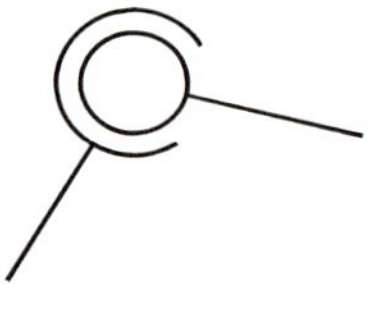 —	3

2.3 Getriebefreiheitsgrad (Laufgrad)

Die Definition des **Getriebefreiheitsgrads** lautet [10]:

> Der **Getriebefreiheitsgrad** F stimmt mit der Anzahl relativer Bewegungen überein, die verhindert werden müssten, um alle Glieder des Getriebes bewegungsunfähig zu machen. Er bestimmt im Allgemeinen die Anzahl der Getriebeglieder, die in einem Getriebe unabhängig voneinander angetrieben werden können.

Der Getriebefreiheitsgrad oder auch Laufgrad F ist im Allgemeinen **nicht** abhängig von

- den Abmessungen der Getriebeglieder,
- der Funktion der Getriebeglieder,
- der Art der Gelenke,

sondern ist eine Funktion von der

- Anzahl n der Glieder, dabei gilt (s. Tafel 2.2)

$$n = \sum_i (n_i),\qquad(2.7)$$

- Anzahl g der Gelenke,
- Anzahl f_i der Freiheiten des i-ten Gelenks,

und abhängig von der Getriebestruktur, s. Abschnitt 2.4.

Früher nannte man nur Getriebe vom Freiheitsgrad F = 1 zwangläufig; heute spricht man ebenfalls von **Zwanglauf**, wenn entsprechend dem Freiheitsgrad F des Getriebes F Antriebsfunktionen p(t) definiert sind, so dass sich die Lage eines Getriebegliedes eindeutig ermitteln lässt.

Das **Viergelenkgetriebe** (kurz: Gelenkviereck) in Bild 2.7 hat den Getriebefreiheitsgrad F = 1, denn es genügt ein Antriebsglied (hier: Glied 2 mit der Antriebsfunktion $\varphi(t)$), um die Bewegungen aller Glieder zwangläufig zu gestalten. Behindert man eine relative Bewegung zwischen zwei Gliedern, z.B. durch Blockade des Drehgelenks 23 zwischen den Gliedern 2 und 3, so wird das Getriebe unbeweglich (F = 0). Zwanglauf heißt hier also, dass die Abtriebsbewegung des Gliedes 4 gegenüber dem Gestell 1 berechenbar ist: $\psi = \psi[\varphi(t)]$.

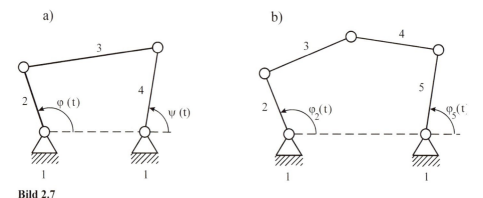

Bild 2.7
Vier- (a) und Fünfgelenkgetriebe (b) mit F = 1 bzw. F = 2

Das **Fünfgelenkgetriebe** (kurz: Gelenkfünfeck) in Bild 2.7 hat F = 2; es ist bei einem Antrieb nicht zwangläufig. Um z.B. die Lage des Getriebegliedes 4 gegenüber dem Gestell 1 eindeutig festzulegen, müssen sowohl die Antriebsfunktion $\varphi_2(t)$ des Glieds 2 als auch die Antriebsfunktion $\varphi_5(t)$ des Glieds 5 vorgegeben werden.

In einem Getriebe als Gliedergruppe mit insgesamt n Gliedern kann jedes einzelne Getriebeglied b Einzelbewegungen ausführen, sofern es nicht mit anderen Gliedern gelenkig verbunden, sondern in einem Gedankenmodell frei beweglich ist. Da das Gestell sich nicht bewegt, bleiben allen n-1 beweglichen Gliedern insgesamt b (n-1) Einzelbewegungen oder Freiheiten.

Das Verbinden der Glieder durch Gelenke schränkt die Anzahl der Einzelbewegungen ein. Die Anzahl der eingeschränkten Einzelbewegungen oder Unfreiheiten u_i errechnet sich aus Gl. (2.5) zu

$$u_i = b - f_i, \quad i = 1,2,\ldots,g. \tag{2.8}$$

Aufsummiert über alle Gelenke ergibt sich

$$\sum_{i=1}^{g}(u_i) = \sum_{i=1}^{g}(b - f_i). \tag{2.9}$$

Im Umkehrschluss ist der Getriebefreiheitsgrad gleich der Anzahl der verbleibenden nicht eingeschränkten Freiheiten, also

$$F = b(n-1) - \sum_{i=1}^{g}(u_i) = b(n-1) - \sum_{i=1}^{g}(b - f_i). \tag{2.10}$$

2.3 Getriebefreiheitsgrad (Laufgrad)

Die vorstehende Gleichung heißt **Zwanglaufgleichung**. Für **räumliche Getriebe** mit b = 6 wird daraus

$$F = 6(n-1) - 6g + \sum_{i=1}^{g}(f_i) \qquad (2.11)$$

und für **ebene** und **sphärische Getriebe** mit b = 3 gilt

$$F = 3(n-1) - 3g + \sum_{i=1}^{g}(f_i) = 3(n-1) - 2g_1 - g_2. \qquad (2.12)$$

Hierbei ist

g_1 die Anzahl der Gelenke mit f = 1 und

g_2 die Anzahl der Gelenke mit f = 2.

Beispiele zur Bestimmung von F

Mit EP ist das Elementenpaar als Gelenk bezeichnet; es wird durchweg Gl. (2.10) verwendet.

a) **Ebenes Viergelenkgetriebe**

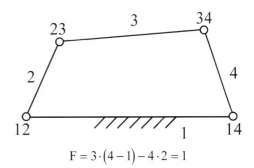

n = 4
g = 4
b = 3

EP	12	23	34	14
u_i	2	2	2	2

$$F = 3 \cdot (4-1) - 4 \cdot 2 = 1$$

⇒ Das ebene Viergelenkgetriebe ist bei einem Antrieb zwangläufig.

b) **Ebenes Fünfgelenkgetriebe**

n = 5

g = 5

b = 3

EP	12	23	34	45	15
u_i	2	2	2	2	2

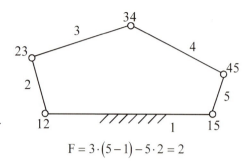

$F = 3 \cdot (5-1) - 5 \cdot 2 = 2$

$\Rightarrow$ Zwei Antriebe sind notwendig.

c) **Ebenes Kurvengetriebe**

n = 3

g = 3

b = 3

EP	12	23	13
u_i	2	1	2

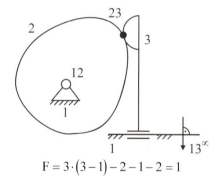

$F = 3 \cdot (3-1) - 2 - 1 - 2 = 1$

Das Elementenpaar 23 hat zwei Freiheiten (Gleiten und Rollen = Gleitwälzen).

Die Zwanglaufgleichung ist eine reine Abzählformel bezüglich n, g und f_i, sie berücksichtigt keine strukturellen Besonderheiten, wie sie z.B. bei **übergeschlossenen Getrieben** durch sog. **passive Bindungen** vorhanden sind, so dass diese Getriebe einen höheren Freiheitsgrad aufweisen als er sich rechnerisch ergibt. Auch bei Getrieben mit mehr als einem Schubgelenk gibt es Einschränkungen für den Anwendungsbereich der Gln. (2.10) bis (2.12) [10]. Der rechnerische Nachweis des Getriebefreiheitsgrads ist deswegen nicht als hinreichend anzusehen.

Passive Bindungen treten auf bei

- besonderen Lagen von Gelenkdrehachsen,
- überflüssigen Starrheitsbedingungen,
- besonderen Gliedabmessungen

und sind nicht immer leicht identifizierbar.

2.3 Getriebefreiheitsgrad (Laufgrad)

Während passive Bindungen den Getriebefreiheitsgrad erhöhen, verringern ihn sog. **identische Freiheiten** f_{id}. Identische Freiheiten sind mögliche Einzelbewegungen von Getriebegliedern oder Getriebeorganen, die eingeleitet werden können, ohne dass das Getriebe als Ganzes bewegt werden muss.

Die Gleichung (2.10) lässt sich damit auf einfache Weise um zwei Summenausdrücke erweitern:

$$F = b(n-1) - \sum_{i=1}^{g}(u_i) - \sum_{j}\left[(f_{id})_j\right] + \sum_{j}(s_j). \tag{2.13}$$

Beispiele für Getriebe mit passiven Bindungen:

d) **Reibradgetriebe mit Wälz- oder Rollgelenk 23 (f = 1)**

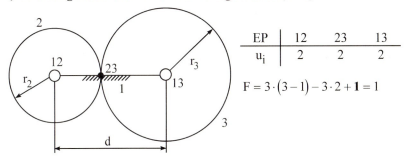

Der Achsabstand $d = r_2 + r_3$ ist exakt einzuhalten, d.h. s = 1.

Für eine auch denkbare Zahnradpaarung im Gelenk 23 gibt es zwei Möglichkeiten:

I. Ein Berührpunkt als Normalfall, f = 2 (Gleitwälzen), s = 0;

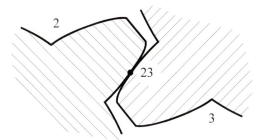

II. zwei Berührpunkte mit den zugeordneten Normalen n_1 und n_2 sowie Tangenten t_1 und t_2, nur Drehung um den sog. **Momentanpol** P_{23} als Schnittpunkt der Normalen möglich, f = 1, Wälzen oder Rollen

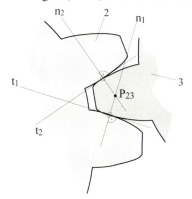

EP	12	23	13
u_i	2	2	2

$F = 3 \cdot (3-1) - 3 \cdot 2 + \mathbf{1} = 1$

Der Achsabstand d (nicht gezeichnet) der beiden Zahnräder ist exakt einzuhalten, sonst existieren keine zwei Berührpunkte, d.h. s = 1.

e) **Dreigliedriges Keilgetriebe**

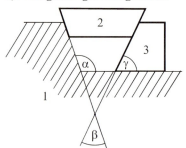

EP	12	23	13
u_i	2	2	2

Stets ist die Bedingung $\alpha = \gamma + \beta$ einzuhalten, d.h. s = 1.

$F = 3 \cdot (3-1) - 3 \cdot 2 + \mathbf{1} = 1$

f) **Übergeschlossenes Parallelkurbelgetriebe**

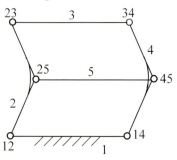

EP	12	23	34	45	14	25
u_i	2	2	2	2	2	2

Glied 3 muss ebenso lang sein wie Glied 5 (oder Glied 1), d.h. s = 1.

$F = 3 \cdot (5-1) - 6 \cdot 2 + \mathbf{1} = 1$

2.4 Strukturysystematik

g) Ebenes Viergelenkgetriebe, räumlich betrachtet

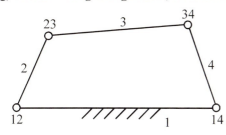

EP	12	23	34	14
u_i	5	5	5	5

Die Achsen der Gelenke 23, 34, 14 müssen jeweils parallel zu der Achse des Gelenkes 12 sein, d.h. s = 3.

$$F = 6 \cdot (4-1) - 4 \cdot 5 + 3 = 1$$

Beispiel für ein Getriebe mit identischem Freiheitsgrad:

h) Ebenes Kurvengetriebe mit Abtastrolle

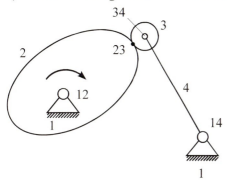

EP	12	23	34	14
u_i	2	1	2	2

Die Abtastrolle 3 ist drehbar, ohne dass das Kurvenglied 2 bewegt werden muss, d.h. $f_{id} = 1$.

$$F = 3 \cdot (4-1) - (3 \cdot 2 + 1) - 1 = 1$$

2.4 Struktursystematik

Die **Strukturmerkmale** eines Getriebes sind die Anzahl der Getriebeglieder, die Anzahl der Gelenke, die Art der Gelenke, die Gelenkfreiheiten, die Anzahl der Gelenkelemente an den einzelnen Getriebegliedern und die gegenseitige Anordnung der Getriebeglieder und Gelenke.

Aus den Strukturmerkmalen baut sich die Grundform eines Getriebes auf, die **kinematische Kette**, die im Wesentlichen die Funktion eines Getriebes darstellt, ohne konstruktive Einschränkungen zu berücksichtigen.

2.4.1 Kinematische Ketten

Definition [10]:
Die kinematische Kette ist das vereinfachte Strukturmodell eines Getriebes. Es zeigt, wie viele Glieder und Gelenke ein Getriebe besitzt, welche Getriebeglieder miteinander verbunden sind und welche Gelenkfreiheiten auftreten. Die Angabe geometrisch-kinematischer Abmessungen und der Gelenkart ist hier unüblich.

Mit der kinematischen Kette hat man sowohl eine wichtige Grundlage für die systematische Untersuchung von Getrieben als auch einen Ausgangspunkt für die planmäßige Getriebeentwicklung geschaffen. Aus der kinematischen Kette wird ein **Mechanismus**, wenn ein Glied als Gestell festgelegt ist. Aus dem Mechanismus wird ein **Getriebe**, in dem weiterhin ein oder mehrere Glieder je nach Freiheitsgrad als Antriebsglieder und Abtriebsglieder, führende oder geführte Glieder bestimmt werden. Erst durch diese Festlegung entstehen also Mechanismen bzw. Getriebe. Es ist offensichtlich, dass aus einer Kette viele verschiedene Getriebe entwickelt werden können.

Es gibt **ebene** und **räumliche kinematische Ketten** für ebene und räumliche Getriebe. In räumlichen kinematischen Ketten können ebene und räumliche Gelenke - letztere mit einem Gelenkfreiheitsgrad $f > 2$ - vorkommen bzw. gekennzeichnet sein.

Man unterscheidet zwischen **geschlossenen** und **offenen kinematischen Ketten** und deren Kombinationen (Hybridstrukturen), Bild 2.8.

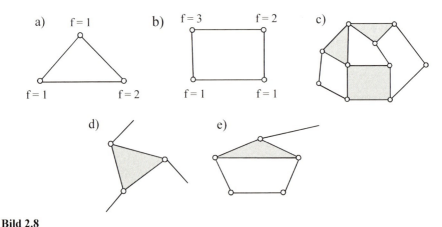

Bild 2.8
Kinematische Ketten:
a) ebene, b) räumliche, c) (ebene) geschlossene, d) (ebene) offene, e) (ebene) geschlossen-offene kinematische Kette

2.4 Strukturursystematik

In kinematischen Ketten treten also gelenkig verbundene binäre, ternäre, quaternäre usw. Getriebeglieder auf; alle Gelenke sind symbolisch durch kleine Kreise dargestellt.

> **Hinweis:** Die Relativbewegung der Glieder von zwangläufigen geschlossenen kinematischen Ketten ist identisch mit der Relativbewegung der aus diesen Ketten entwickelten Mechanismen oder Getriebe.

In kinematischen Ketten können auch Glieder mit **Mehrfachgelenken** auftreten. Ein Mehrfachgelenk entsteht, wenn an einem Glied der Abstand zwischen zwei oder mehreren Gelenkelementen zu null wird, Bild 2.9.

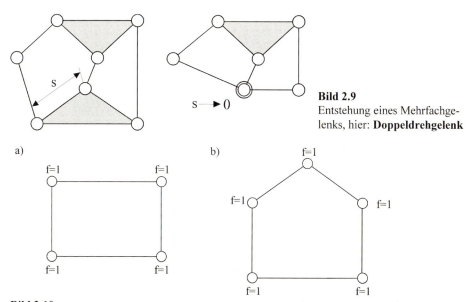

Bild 2.9
Entstehung eines Mehrfachgelenks, hier: **Doppeldrehgelenk**

Bild 2.10
Vier- und fünfgliedrige kinematische Ketten a) bzw. b)

Die einfachste ebene kinematische Kette besteht aus drei Gliedern entsprechend Bild 2.8a. Daraus entsteht durch Auflösung des Gelenks mit $f = 2$ in zwei mit jeweils $f = 1$ das in Bild 2.10a skizzierte Gelenkviereck mit vier NEP (Dreh- oder Schubgelenke), aus dem sich bereits eine Vielzahl von Getrieben entwickeln lässt, s. Abschnitt 2.4.2.1. Alle diese Getriebe haben den Laufgrad $F = 1$. Die hinsichtlich der Gliederanzahl nächsthöhere Gruppe für Getriebe mit dem Laufgrad $F = 1$ sind die sechsgliedrigen kinematischen Ketten, von denen es nur zwei Grundformen gibt: die **WATTsche Kette** (I) und die **STEPHENSONsche Kette** (II), Tafel 2.5. Nach Einführung von Doppelgelenken entstehen hieraus abgeleitete Ketten III und IV.

Die Gruppe der achtgliedrigen kinematischen Ketten bietet eine noch größere Vielfalt, insbesondere wenn man (nicht gezeichnet) Doppel- und Dreifachgelenke mit einbezieht, Tafel 2.6.

Geht man zu den kinematischen Ketten für Getriebe mit dem Laufgrad F = 2 (2 Antriebe) über, so bildet das in Bild 2.10b abgebildete Gelenkfünfeck die Grundform der einfachsten kinematischen Kette dieser Art. Die nächsthöhere Gruppe sind die siebengliedrigen kinematischen Ketten, Tafel 2.7. Bei einigen dieser Ketten lassen sich Teilketten oder Teilpolygone mit dem **partiellen Laufgrad** F = 1 unterscheiden.

Durch **Gestellwechsel** entstehen daraus die ableitbaren Getriebe (letzte Spalte in Tafel 2.7), wobei symmetrisch bedingte Mehrfachlösungen nur einfach zu zählen sind. Neun Grundformen führen auf 34 verschiedene Getriebe.

Tafel 2.5 Sechsgliedrige kinematische Ketten I bis IV und daraus abgeleitete Getriebe 1 bis 10 mit dem Laufgrad F = 1 [2.4]

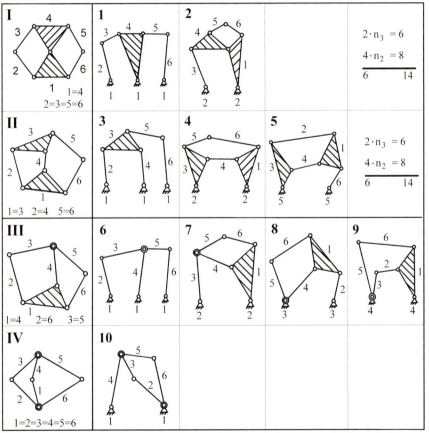

2.4 Strukturs ystematik

Tafel 2.6 Achtgliedrige kinematische Ketten für Getriebe mit dem Laufgrad F = 1 [2.4]

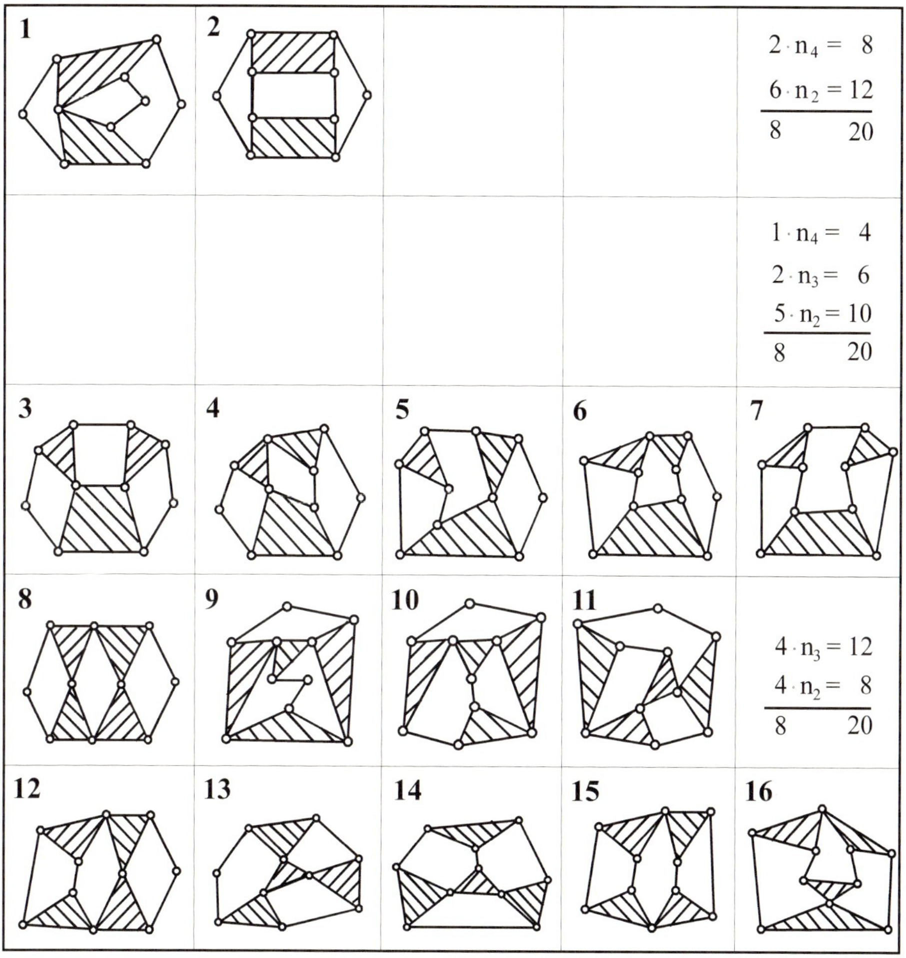

1	2				$2 \cdot n_4 = 8$
					$\dfrac{6 \cdot n_2 = 12}{8 \qquad 20}$
					$1 \cdot n_4 = 4$
					$2 \cdot n_3 = 6$
					$\dfrac{5 \cdot n_2 = 10}{8 \qquad 20}$
3	4	5	6	7	
8	9	10	11		$4 \cdot n_3 = 12$
					$\dfrac{4 \cdot n_2 = 8}{8 \qquad 20}$
12	13	14	15	16	

Tafel 2.7 Siebengliedrige kinematische Ketten I bis IX [2.4]

	Art der Gelenke	Kette	Teilketten mit F = 1	Zahl d. ableitbaren Getriebe
I	Einfach-Gelenke	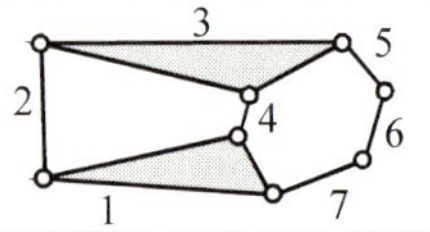	1 - 2 - 3 - 4	4
II		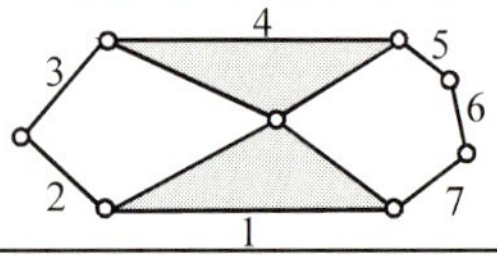	1 - 2 - 3 - 4	4
III		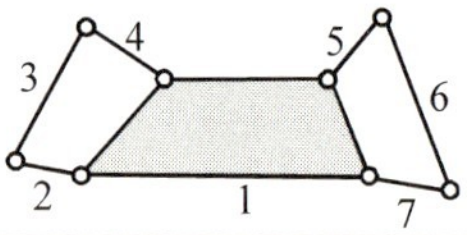	1 - 2 - 3 - 4 1 - 5 - 6 - 7	3
IV		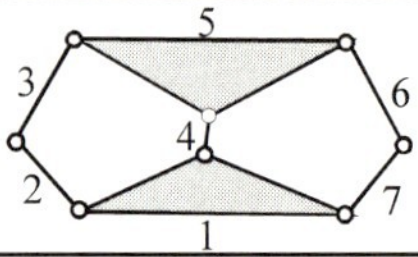	—	3
V	1 Doppel-Gelenk	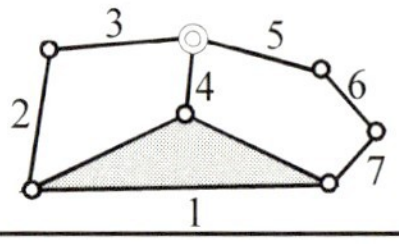	1 - 2 - 3 - 4	7
VI		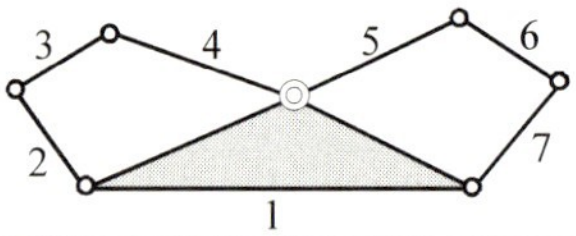	1 - 2 - 3 - 4 1 - 5 - 6 - 7	4
VII		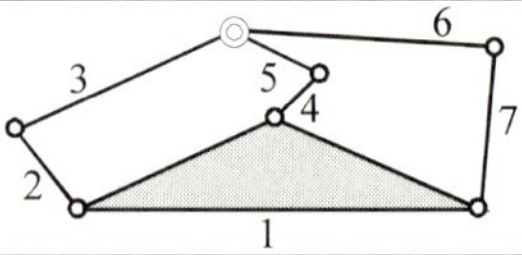	—	3
VIII	2 Doppel-Gelenke	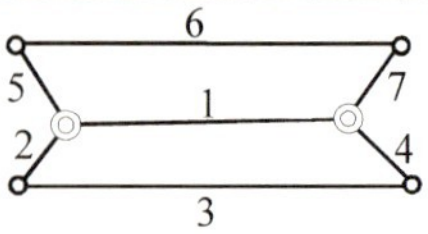	1 - 2 - 3 - 4 1 - 5 - 6 - 7	3
IX		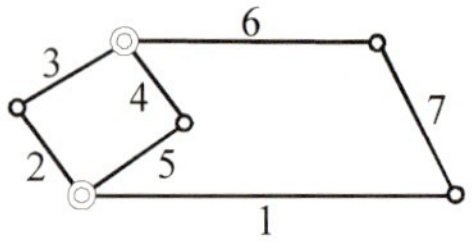	2 - 3 - 4 - 5	3
Σ				34

2.4.2 Ebene Getriebe

2.4.2.1 Getriebe der Viergelenkkette

Die aus dem Gelenkviereck ableitbaren Getriebe heißen **Viergelenkgetriebe** und sind die am häufigsten angewendeten U-Getriebe im Maschinen- und Vorrichtungsbau. Aus der viergliedrigen kinematischen Kette entstehen, wenn unterschiedliche Gelenktypen eingesetzt werden, verschiedene **Viergelenkketten**. Es gibt generell bei ebenen Getrieben drei Gelenktypen: Drehgelenk, Schubgelenk und Kurvengelenk. Fügt man in die viergliedrige kinematische Kette systematisch alle diese Gelenktypen ein, so erhält man z.B. folgende Viergelenkketten: **Drehgelenkkette** (Bild 2.11), **Schubkurbelkette** (Bild 2.12), **Kreuzschubkurbel-** und **Schubschleifenkette**.

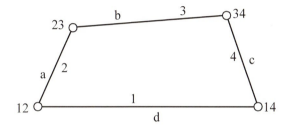

Bild 2.11

Viergliedrige Drehgelenkkette mit Abmessungen a, b, c, d

Aus der viergliedrigen Drehgelenkkette entsteht beispielsweise durch Festlegen des Glieds 1 und Zuweisen der Länge d (Gestelllänge) ein viergliedriges Drehgelenkgetriebe (Viergelenkgetriebe).

Das Aussehen der Übertragungsfunktion dieses Viergelenkgetriebes, bzw. die Form der Führungsbewegung, ist dann durch die Längenverhältnisse a/d, b/d, c/d der Getriebeglieder zueinander bestimmt. Damit ist die Übertragungsfunktion und die Führungsbewegung von der Geometrie des Viergelenkgetriebes abhängig.

Die verschiedenen Bewegungsmöglichkeiten des Viergelenkgetriebes werden unterschieden nach den Bewegungen, die dem Gestell benachbarte Getriebeglieder ausführen: Man unterscheidet umlaufende Glieder (**Kurbeln**) von zwischen zwei Grenzlagen schwingenden Gliedern, die als **Schwingen** bezeichnet werden. Die übrigen Glieder heißen im Allgemeinen Koppelglieder (**Koppeln**).

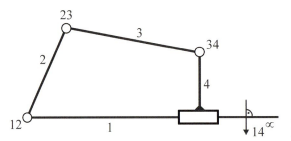

Bild 2.12
Viergliedrige Schubkurbelkette

Nun sind beim viergliedrigen Drehgelenkgetriebe drei verschiedene Fälle möglich (a, b, c beziehen sich auf Bild 2.11):

1. Glied a oder c läuft um → **Kurbelschwingen**, l_{min} = a bzw. c
2. Glieder a und c laufen um → **Doppelkurbeln**, l_{min} = d
3. Glieder a und c nicht umlauffähig, b umlauffähig → umlauffähige **Doppelschwingen**, l_{min} = b

Welcher Typ von Viergelenkgetriebe im Einzelnen vorliegt, kann mit dem nachfolgenden Satz und der Kenntnis, welches Glied Gestell ist, unterschieden werden [2.5].

Satz von GRASHOF:

Ein Viergelenkgetriebe hat mindestens ein umlauffähiges Glied, wenn

$$l_{min} + l_{max} < l' + l'' \qquad (2.14)$$

gilt, dabei sind l_{min} und l_{max} die Längen des kürzesten bzw. längsten Getriebeglieds und l', l'' die Längen der zwei restlichen Glieder.

Bei einem Viergelenkgetriebe ist kein Glied umlauffähig, wenn

$$l_{min} + l_{max} > l' + l'' \qquad (2.15)$$

gilt. Solche Viergelenkgetriebe werden als **Totalschwingen** bezeichnet.

Mit $\quad l_{min} + l_{max} = l' + l'' \qquad (2.16)$

sind **durchschlagende Getriebe** mit sog. **Verzweigungslagen** gekennzeichnet, bei denen in mindestens einer Stellung alle Glieder und Gelenke auf einer Geraden liegen, z.B. beim **Parallelkurbelgetriebe** nach Bild 2.13. In einer Verzweigungslage kann das Parallelkurbelgetriebe zum **Antiparallel-** bzw. **Zwillingskurbelgetriebe** durchschlagen.

2.4 Strukursystematik

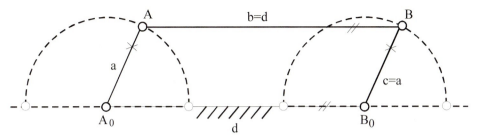

Bild 2.13

Parallelkurbelgetriebe mit den beiden gestrichelt gezeichneten Verzweigungslagen auf der Gestellgeraden

Anhand der Tafel 2.8 lässt sich entscheiden, welcher Typ eines viergliedrigen Drehgelenkgetriebes bei gegebenen Abmessungen und nach Wahl des Gestellgliedes vorliegt.

Einige dieser Viergelenkgetriebe sind in Tafel 2.9 zusammengestellt [10].

Aus der viergliedrigen Schubkurbelkette mit Schubglied 4 nach Bild 2.12 ist zunächst einmal das bekannte **Schubkurbelgetriebe** (Schubkurbel) ableitbar, sofern Glied 1 zum Gestell erklärt wird, Bild 2.14.

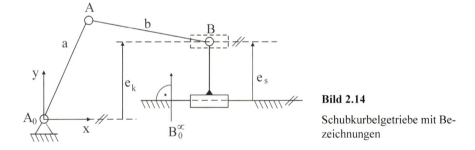

Bild 2.14

Schubkurbelgetriebe mit Bezeichnungen

Das Schubkurbelgetriebe mit Schubgelenk entsteht aus dem Viergelenkgetriebe mit Drehgelenken, wenn der Punkt B_0 ins Unendliche rückt (Drehachse 14 im Unendlichen). Ferner lassen sich zwei Arten von **Versetzungen (Exzentrizitäten)** unterscheiden:

- **kinematische Exzentrizität** $e_k \equiv e$,

- **statische Exzentrizität** e_s.

Nur die kinematische Exzentrizität beeinflusst die Übertragungsfunktionen. Beide Exzentrizitäten sind vorzeichenbehaftet.

Tafel 2.8 Programmablaufplan zur Bestimmung von viergliedrigen Drehgelenkgetrieben (j = ja, n = nein)

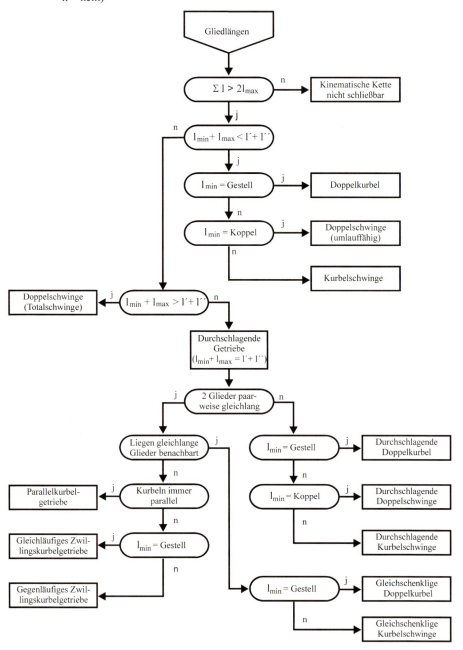

2.4 Strukursystematik

Tafel 2.9 Getriebe der viergliedrigen Drehgelenkkette

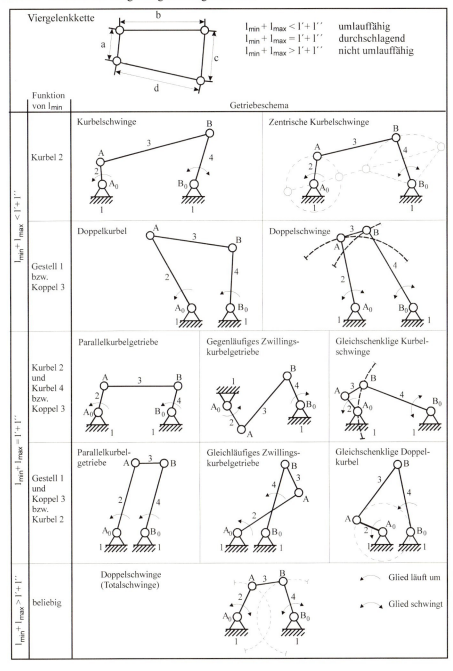

Wie stellt sich hier der Satz von GRASHOF dar?

Es ist $l_1 = d = \overline{A_0 B_0^\infty}$, $l_4 = c = \overline{BB_0^\infty}$,

$l_2 = a = \overline{A_0 A}$, $l_3 = b = \overline{AB}$,

so dass die GRASHOF-Ungleichung für Umlauffähigkeit folgendermaßen definiert werden kann:

$l_{min} + l_{max} < l' + l''$ oder

$l_{max} - l'' < l' - l_{min}$ bzw. d - c < b - a,

d.h. alle Getriebe aus der Schubkurbelkette sind umlauffähig, sofern die Ungleichung

$$e < l' - l_{min} \tag{2.17}$$

eingehalten wird. Es entstehen dann die Getriebe durch Gestellwechsel:

- **Schubkurbel**: Gestell = d
- **umlaufende Kurbelschleife**: Gestell = a
- **schwingende Kurbelschleife**: Gestell = b
- **Schubschwinge**: Gestell = c

Für e = 0 erhält man die **zentrischen** Ausführungen der oben genannten Getriebe.

Hinweis: Bei konstanter Schubrichtung liegt ein Schubgelenk, bei variabler Schubrichtung ein **Schleifengelenk** vor.

Die wichtigsten Getriebe der Schubkurbelkette sind in Tafel 2.10 aufgeführt [10]. Es ist durchweg $e_k = e_s = e$ gesetzt worden.

Die Getriebe der Kreuzschubkurbel- und Schubschleifenkette haben zwei Schub- oder Schleifengelenke. Bei ersteren gibt es eine endliche Gliedlänge und den Kreuzungswinkel der beiden Schubrichtungen, Tafel 2.11 [10]; bei letzteren ist charakteristisch, dass zwei Exzentrizitäten existieren und jedes Getriebeglied je ein Dreh- und ein Schubgelenkelement aufweist. Die Getriebe der Schubschleifenkette lassen keine Umlaufbewegung eines Glieds zu.

2.4 Strukursystematik

Tafel 2.10 Getriebe der viergliedrigen Schubkurbelkette

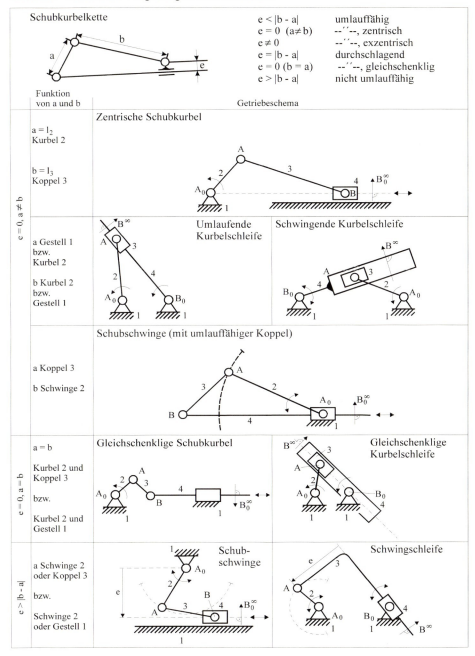

Tafel 2.11 Getriebe der viergliedrigen Kreuzschubkurbel- und Schubschleifenkette

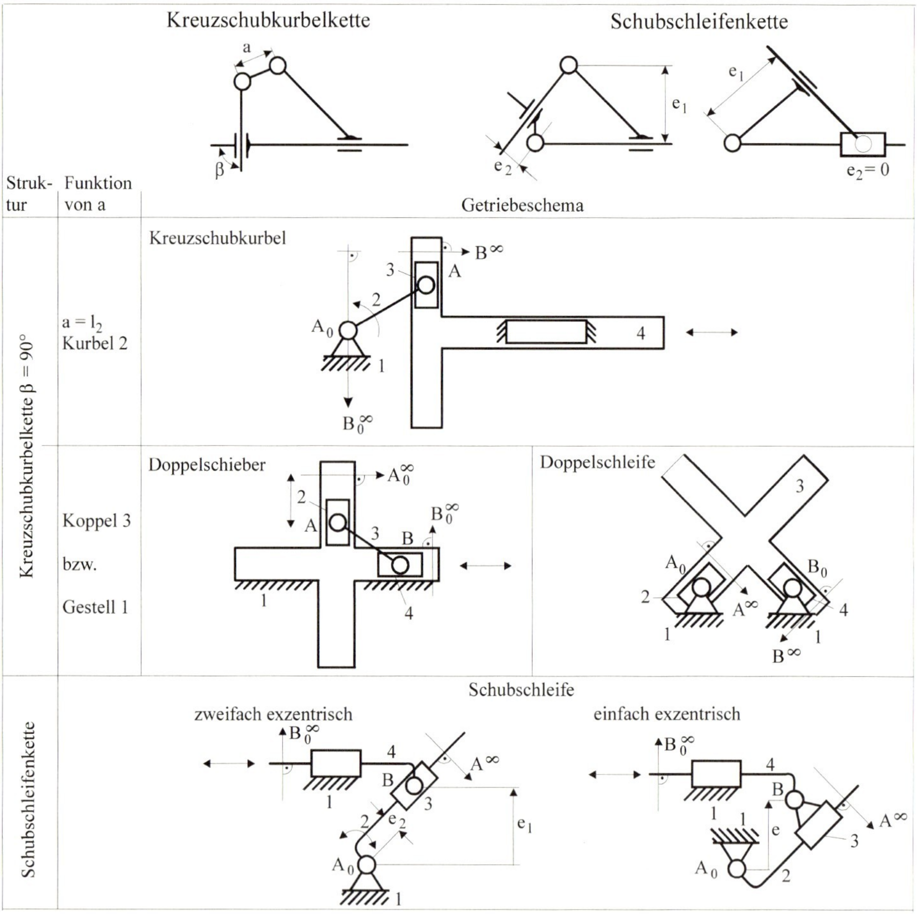

Struktur	Funktion von a	Getriebeschema		
		Kreuzschubkurbelkette		Schubschleifenkette
Kreuzschubkurbelkette $\beta = 90°$	$a = l_2$ Kurbel 2	Kreuzschubkurbel		
	Koppel 3 bzw. Gestell 1	Doppelschieber		Doppelschleife
Schubschleifenkette		Schubschleife		
		zweifach exzentrisch		einfach exzentrisch

Koppelkurven

Die Koppelkurven der Viergelenkgetriebe sind vielgestaltig und werden für Führungsaufgaben herangezogen. Unter Koppelkurve versteht man definitionsgemäß entsprechend Abschnitt 2.1.2 die Bahnkurve eines beliebigen Punktes (oft mit C bezeichnet) $f(x,y) = 0$ in der x-y-Ebene des Getriebes. Einige Beispiele zeigen die Bilder 2.15 bis 2.20, wobei die Koppelkurven nicht unbedingt maßstäblich gezeichnet sind.

2.4 Strukturspezifik 45

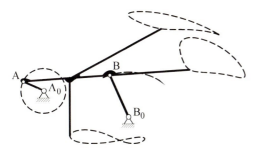

Bild 2.15

Koppelkurven der Kurbelschwinge

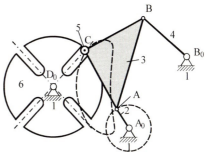

Bild 2.16

Sechsgliedriges Getriebe: Koppelkurvengesteuertes **Malteserkreuzgetriebe** (Stillstandssicherung nicht eingezeichnet)

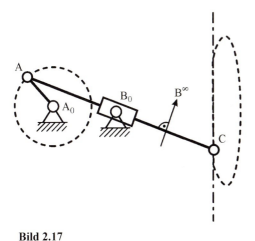

Bild 2.17

Schwingende Kurbelschleife mit angenäherter Geradführung des Punktes C (**Konchoidenlenker**)

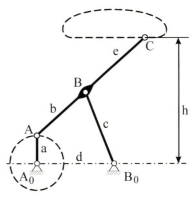

Bild 2.18

Angenäherte Geradführung nach HOECKEN [1]: $a = 1$; $b = c = e = 2,5$; $d = 2$; $h = 4$ Längeneinheiten

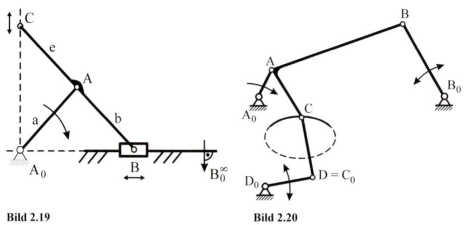

Bild 2.19
Exakte Geradführung mit einem Schubkurbelgetriebe für a = b = e

Bild 2.20
Sechsgliedriges Rastgetriebe

In Bild 2.20 ist ein sechsgliedriges sog. **Rastgetriebe** dargestellt (Rast = Stillstand). Die Rast der Schwinge D_0D wird durch Ausnutzen eines Teils der Koppelkurve des Punktes C (stark ausgezogener Teil) des Viergelenkgetriebes A_0ABB_0 erzeugt. Beim Durchlaufen dieses Teils kommt der Punkt D des **Zweischlags** D_0DC zum Stillstand, weil die Länge CD mit dem **Krümmungsradius** weitgehend übereinstimmt. Da D mit dem **Krümmungsmittelpunkt** C_0 von C zusammenfällt, wird die Drehung des Glieds CD um C_0 erzwungen, während die Schwinge D_0D angenähert in Ruhe bleibt.

2.4.2.2 Kurvengetriebe

Kurvengetriebe haben mindestens ein **Kurvengelenk** (HEP mit f = 2) und bestehen aus mindestens drei Gliedern. In Bild 2.21 ist die aus der einfachsten kinematischen Kette mit drei Gliedern (Bild 2.8a) ableitbare Grundform (Kurvenkette) eines dreigliedrigen Kurvengetriebes mit **Kurvenglied**, **Eingriffsglied** und **Steg** skizziert [2.6], aus dem sich durch die Wahl des Stegs zum Gestell 1 die beiden Standardfälle des Kurven-Übertragungsgetriebes ergeben: Kurvengetriebe mit Abtriebs(schwing)hebel und Kurvengetriebe mit Abtriebsschieber. Im Eingriffsglied 3 ist sehr oft eine drehbar gelagerte Rolle (f_{id} = 1) als unmittelbares Abtastorgan des Kurvenprofils gelagert, um die Übertragungseigenschaften im Kurvengelenk zu verbessern. Die Rolle erhält dann meistens eine eigene Gliednummer.

2.4 StrukturSystematik

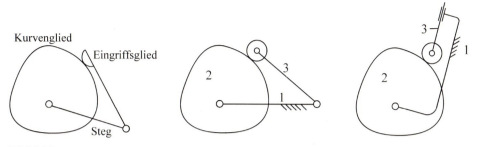

Bild 2.21
Grundform und Standardfälle des dreigliedrigen Kurvengetriebes [8]

Durch Variation der beiden verbleibenden NEP (Dreh- und Schubgelenke) und durch Gestellwechsel erhält man systematisch alle Bauformen dreigliedriger Kurvengetriebe, Tafel 2.12.

Tafel 2.12 Systematik der dreigliedrigen Kurvengetriebe [8]

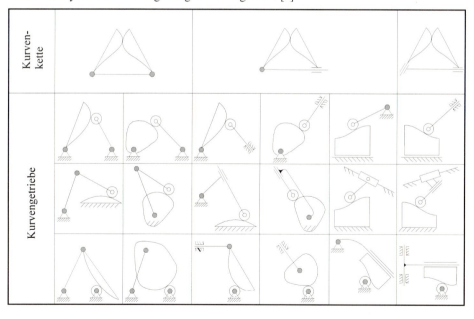

Jedem Punkt K des Kurvenprofils, der momentan das Kurvengelenk mit der Abtastrolle bildet, ist ein Krümmungsmittelpunkt K_0 auf der Normalen n zugeordnet, Bild 2.22.

Verbindet man K_0 mit dem Rollenmittelpunkt B durch ein fiktives binäres Glied, so erhält man das für die skizzierte Lage gültige **Ersatzgelenkgetriebe**. Für das Getriebe mit **Rollenhebel** ergibt sich ein viergliedriges Drehgelenkgetriebe $A_0K_0(A)BB_0$, für das Getriebe mit **Rollenstößel** ein viergliedriges Schubkurbelgetriebe $A_0K_0(A)BB_0^\infty$. Die Abmessungen des Ersatzgelenkgetriebes ändern sich mit jeder neuen Stellung des Kurvengetriebes, die jeweiligen Kinematik-Gleichungen sind jedoch bis zur Beschleunigungsstufe äquivalent.

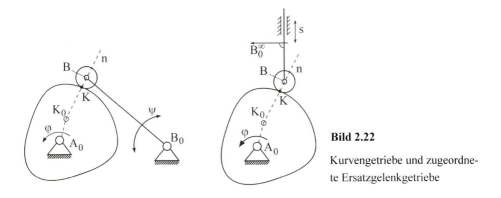

Bild 2.22

Kurvengetriebe und zugeordnete Ersatzgelenkgetriebe

Durch eine geeignete Profilgebung des Kurvengliedes kann fast jede gewünschte Getriebefunktion $\psi(\varphi)$ (Rollenhebel) bzw. $s(\varphi)$ (Rollenstößel) verwirklicht werden. Eine komplette Auslegung von Kurvengetrieben ist mit Hilfe von [7.1] bis [7.4] möglich.

Der Kontakt im Kurvengelenk zwischen Kurven- und Eingriffsglied (Zwanglaufsicherung) wird entweder kraftschlüssig oder formschlüssig aufrechterhalten, Bild 2.23.

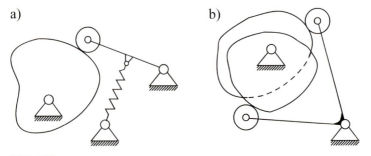

Bild 2.23

Zwanglaufsicherung durch Kraftschluss a) oder Formschluss b) [7.1]

2.4 Struktursystematik

2.4.2.3 Räumliche Getriebe

Räumliche Getriebe oder **Raumgetriebe** sind dadurch gekennzeichnet, dass sie Drehachsen haben, die sich kreuzen und denen auch eine Schubbewegung überlagert sein kann, s. Kapitel 8. Sonderfälle sind die sphärischen Getriebe, deren Drehachsen sich in einem Punkt schneiden.

Ein wichtiges technisches Anwendungsgebiet der Raumgetriebe und ihrer Sonderfälle tut sich für **Wellenkupplungen** auf als Übertragungsgetriebe zur Weiterleitung von Drehungen zwischen zwei im Gestell gelagerten Wellen, Bild 2.24. An- und Abtriebswelle dürfen dabei eine beliebige Lage im Raum zueinander einnehmen, d.h. sie dürfen sich kreuzen. Normalerweise sind räumliche Wellenkupplungen ungleichmäßig übersetzend, sie können jedoch auch mit konstanter Übersetzung ausgelegt werden (**Gleichgangkupplungen**) [2.7].

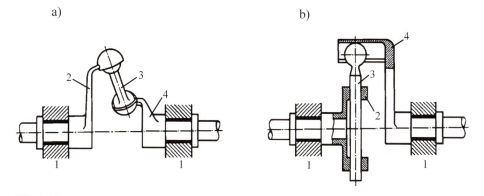

Bild 2.24
Zwei Wellenkupplungen als viergliedrige Raumgetriebe mit $f_{id} = 1$ (Glied 3) [11]

Beträgt beispielsweise der Getriebefreiheitsgrad $F = 1$, so liefert die Zwanglaufgleichung (2.11)

$$\sum_{i=1}^{g}(f_i) = 6(g-n) + 7 \ . \tag{2.18}$$

Für Getriebe mit gleicher Glieder- und Gelenkzahl, z.B. $g = n = 4$, lässt sich die Summe 7 der Gelenkfreiheiten auf verschiedene Weise aufteilen, z.B. entsprechend Bild 2.25:

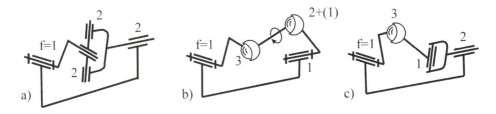

Bild 2.25

Drei Raumgetriebe mit vier Gliedern und vier Gelenken [10]

    a)   Fall 1: $\Sigma f = 1 + 2 + 2 + 2 = 7$

    b)   Fall 2: $\Sigma f = 1 + 3 + 2\,(+1) + 1 = 7$ mit $f_{id} = 1$

    c)   Fall 3: $\Sigma f = 1 + 3 + 1 + 2 = 7$

Während Fall 2 der Wellenkupplung des Bildes 2.24a entspricht, zeigt Bild 2.26 das konstruktiv ausgeführte Getriebe im Fall 3 mit einer Dreh-Schub-Abtriebsbewegung.

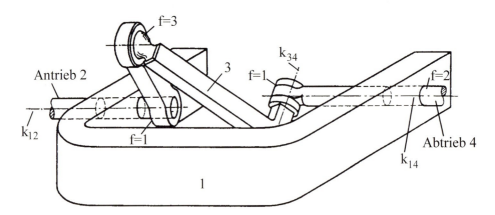

Bild 2.26

Viergliedriges Raumkurbelgetriebe [11]: Kurbel 2, Koppel 3, Drehschieber 4, Gestell 1, Bewegungsachsen k_{ij}

Ein Beispiel eines sphärischen Getriebes als Sonderfall stellt das **Kreuzgelenk** oder **Kardangelenk** mit $f = 2$ dar (Bild 2.27).

2.4 Struktursystematik

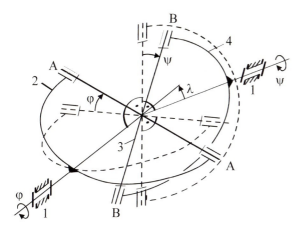

Bild 2.27
Kreuz- oder Kardangelenk [10]

Die Übertragungsfunktion der Drehung von Welle 2 auf Welle 4 lautet

$$\tan \psi = \frac{\tan \varphi}{\cos \lambda}. \tag{2.19}$$

Dies bedeutet also eine ungleichmäßige Übersetzung. Hierbei ist λ der **Kreuzungswinkel** zwischen An- und Abtriebswelle.

Die Ungleichmäßigkeit der Drehung kann durch eine passende Hintereinanderschaltung zweier Kreuzgelenke eliminiert werden [10].

2.5 Übungsaufgaben

Aufgabe 2.1:

Ermitteln Sie den Freiheitsgrad der unten skizzierten Gelenke! Überlegen Sie, welche Bewegungen gesperrt und welche erlaubt sind! Dabei ist darauf zu achten, dass die Elementenpaare nie den Kontakt zueinander verlieren.

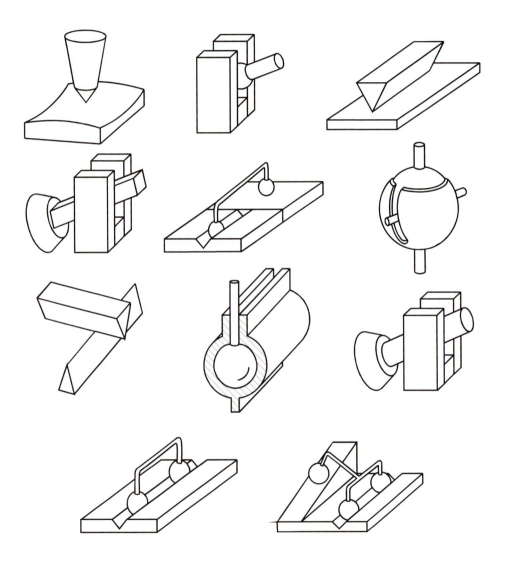

2.5 Übungsaufgaben

Aufgabe 2.2:
Ermitteln Sie den Freiheitsgrad der folgenden räumlichen Getriebe:

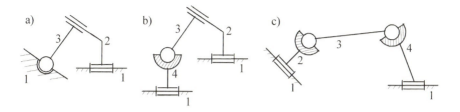

Für die nachfolgend dargestellten Wellenkupplungen ist der Freiheitsgrad zu ermitteln.

Aufgabe 2.3:

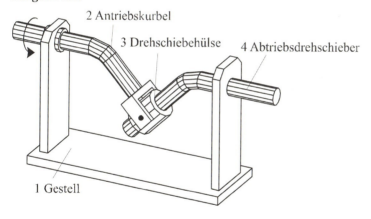

Aufgabe 2.4:

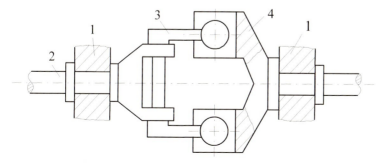

Aufgabe 2.5:

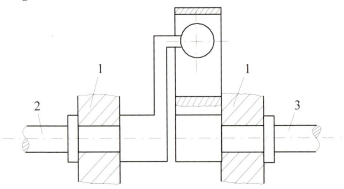

Aufgabe 2.6:

Zu dem in Vorder- und Seitenansicht dargestellten Summen- bzw. Differentialgetriebe sind folgende Aufgabenstellungen zu lösen:

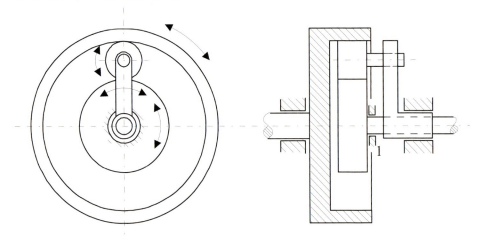

a) Sämtliche Glieder und Gelenke sind zu bezeichnen.

b) Die Elementenpaare sind nach ihrem Freiheitsgrad einzuordnen.

c) Der Freiheitsgrad des Getriebes ist zu ermitteln.

d) Die kinematische Kette mit entsprechender Bezeichnung der Glieder und Gelenke ist abzuleiten.

e) Ausgehend von d) ist die kinematische Kette mit reinen Drehgelenken zu skizzieren.

Aufgabe 2.7:

Parallel versetzte Wellen mit konstantem oder in gewissen Grenzen variablem Achsabstand lassen sich mit der sog. OLDHAM-Kupplung verbinden, wobei die Übertragung einer winkeltreuen Drehung gewährleistet ist. Die beiden Glieder 2 und 4 sind gleichartig als Scheiben mit je einem Hohlprisma ausgebildet, jeweils fest mit einer Welle verbunden und im Gestell 1 gelagert. Die Mittelscheibe 3 hat zwei den Hohlprismen der anderen Scheibe entsprechende Vollprismen, die um 90^0 gegeneinander versetzt sind. Sie stellt die Verbindung der Scheiben 2 und 4 her. Folgende Aufgaben sind zu bearbeiten:

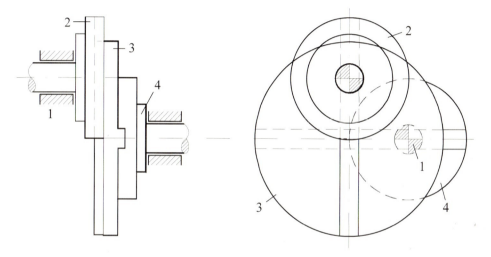

a) Es ist die Kupplung als viergliedriges Getriebe zu skizzieren.

b) Im Getriebe sind in der für ein Viergelenk üblichen Art die Gelenkpunkte A_0, A, B_0, B einzuzeichnen.

c) Gegenüber Getriebe a) ist die **gestaltliche Umkehrung** an den Schleifengelenken (Schiebepaaren) durchzuführen.

d) Es sind diejenigen Getriebe darzustellen, die nach einer **kinematischen Umkehrung** der Elemente an den Schleifengelenken der Bauform a) und c) entstehen.

Aufgabe 2.8:

Für den abgebildeten 2-Zylinder-V-Kompressor sind anzugeben bzw. zu ermitteln:

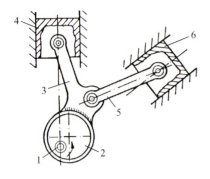

a) eine Getriebedarstellung, wobei die **Zapfenerweiterung** Glied 2 in Glied 3 rückgängig zu machen ist,

b) die zugrunde liegende kinematische Kette,

c) der Freiheitsgrad des Getriebes und der kinematischen Kette,

d) alle weiteren kinematischen Ketten mit gleicher Gliederzahl.

3 Geometrisch-kinematische Analyse ebener Getriebe

In diesem Kapitel sind die wichtigsten Grundlagen für die kinematische Analyse ebener Getriebe zusammengefasst, sowohl in graphisch-differentialgeometrischer als auch in vektorieller Hinsicht.

Die „einfache Kinematik" des Punktes und der Ebene als Abstraktionsform eines eben bewegten Getriebegliedes mit der EULER-Formel

$$\vec{v}_B = \vec{v}_A + \vec{v}_{BA} = \vec{v}_A + \vec{\omega} \times \vec{r}_{BA}$$

und unter Berücksichtigung der Starrheitsbedingung(en) führt zum Projektionssatz und zu den Ähnlichkeitssätzen von MEHMKE und BURMESTER für die Geschwindigkeits- und Beschleunigungsermittlung. Mit diesen Sätzen lässt sich ebenfalls die Existenz eines Geschwindigkeits- und Beschleunigungspols beweisen, so dass jede ebene Bewegung jeweils als eine momentane relative Drehung um diese beiden Punkte aufgefasst werden kann.

Den Abschluss bilden die Vektorgleichungen der Relativkinematik bei der Bewegung dreier beliebiger miteinander gekoppelter oder nicht gekoppelter Getriebeglieder i, j, k.

Bei der geometrisch-kinematischen Analyse eines Getriebes wird der Bewegungszustand einzelner Getriebeglieder gegenüber dem Gestell, d.h. gegenüber einem absoluten (inertialen) Koordinatensystem untersucht. Der Bewegungszustand eines Getriebegliedes ist nur dann eindeutig bestimmt, wenn bei gegebenen Abmessungen des Getriebes und der Antriebsfunktion(en)

– die Lage,
– die Geschwindigkeit und
– die Beschleunigung

für jeden Punkt auf dem Getriebeglied ermittelbar sind.

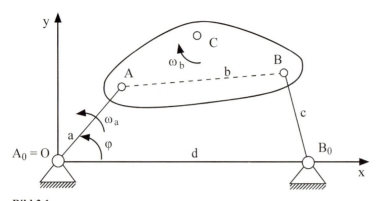

Bild 3.1

Zur Kinematik der Koppel eines Viergelenkgetriebes

Mit Bezug auf Bild 3.1 heißt das beispielsweise: Gesucht sind die zeitabhängigen Koordinaten $x_C(t)$, $y_C(t)$ des Koppelpunktes C und die Winkelgeschwindigkeit $\omega_b(t)$ der Koppel bei gegebener Lage $\varphi = \varphi(t)$ der Antriebskurbel A_0A und zugeordneter Antriebswinkelgeschwindigkeit $\dot{\varphi} \equiv \omega_a$. Die Abmessungen a, b, c, d des Getriebes sind bekannt.

Für die Getriebeanalyse werden zeichnerische und rechnerische Verfahren angewendet. Die zeichnerischen Verfahren haben den Vorteil der Anschaulichkeit und schnellen Anwendbarkeit. Mittels der rechnerischen Analyse können wesentlich genauere Ergebnisse erreicht werden. Sie ist jedoch schon bei einfachen Getrieben meist derart umfangreich, dass der Einsatz von Rechnern unerlässlich ist.

3.1 Grundlagen der Kinematik

3.1.1 Bewegung eines Punktes

Vorgegeben sei die Bahnkurve eines Punktes A auf einem eben bewegten Getriebeglied, Bild 3.2.

3.1 Grundlagen der Kinematik

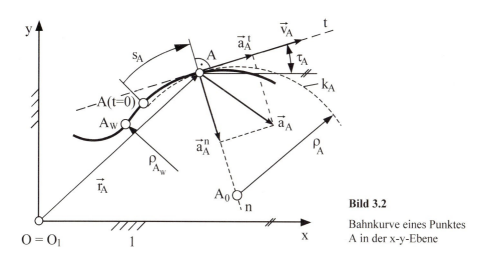

Bild 3.2
Bahnkurve eines Punktes A in der x-y-Ebene

Dann sind folgende Bezeichnungen üblich:

- Ortsvektor $\vec{r}_A(t)$
- Weg $s_A(t)$
- Krümmungskreis k_A
- Krümmungsradius $\rho_A = \overline{A_0 A}$
- Krümmungsmittelpunkt A_0
- Wendepunkt A_W mit Krümmungsradius $\rho_{A_W} = \infty$

- Tangentenwinkel τ_A
- Bahntangente t
- Bahnnormale n
- Geschwindigkeitsvektor $\vec{v}_A$
- Beschleunigungsvektor $\vec{a}_A$
- Normalbeschleunigungsvektor $\vec{a}_A^n$
- Tangentialbeschleunigungsvektor $\vec{a}_A^t$

Der **Geschwindigkeitsvektor** $\vec{v}_A$ ist stets tangential zur Bahnkurve ausgerichtet und hängt mit der ersten zeitlichen Ableitung des Weges s_A folgendermaßen zusammen:

$$\vec{v}_A = d\vec{r}_A/dt \equiv \dot{\vec{r}}_A = \dot{s}_A \vec{e}^t. \qquad (3.1)$$

Hierbei ist $\vec{e}^t$ der **Tangenteneinheitsvektor** auf t. Der **Beschleunigungsvektor** $\vec{a}_A$ setzt sich aus zwei Teilen zusammen:

$$\vec{a}_A = d\vec{v}_A/dt \equiv \dot{\vec{v}}_A = \ddot{\vec{r}}_A = \vec{a}_A^t + \vec{a}_A^n. \qquad (3.2)$$

Der **Tangentialbeschleunigungsvektor** $\vec{a}_A^t$ liegt auf t, der **Normalbeschleunigungsvektor** $\vec{a}_A^n$ auf n und zeigt stets zum Krümmungsmittelpunkt A_0 hin. Der Punkt A_0 liegt wiederum stets auf der Innenseite (konkaven Seite) der Bahnkurve von A. Ferner gilt:

$$\left|\vec{a}_A^{\,t}\right| = a_A^t = \ddot{s}_A, \quad \left|\vec{a}_A^{\,n}\right| = a_A^n = v_A^2/\rho_A . \tag{3.3}$$

> **Hinweis:** Der Krümmungskreis k_A **durchsetzt** im Allgemeinen als Grenzfall dreier auf der Bahnkurve zusammenfallender Punkte die Bahnkurve im Punkt A.

Die bekanntesten **kinematischen Diagramme** für Punktbewegungen sind

a) Skalarkurven: $s_A(t), \dot{s}_A(t), \ddot{s}_A(t)$

$\dot{s}_A(s_A), \ddot{s}_A(s_A), \ddot{s}_A(\dot{s}_A)$

b) Vektorkurven: Betrachtet werden die Vektorspitzen der nachfolgend aufgelisteten Vektoren, die - ausgehend von jeweils einem gemeinsamen Ursprung - zu zeichnen sind:

- **Bahnkurve** $\vec{r}_A(t)$

- **Hodographenkurve** $\vec{v}_A(t)$

- **Tachographenkurve** $\vec{a}_A(t)$

3.1.2 Bewegung einer Ebene

Die Bewegung eines Getriebegliedes, d.h. einer Ebene E_k, gegenüber dem Gestell, d.h. der festen Ebene E_1, wird durch die Bewegung zweier auf E_k liegender Punkte, z.B. A und B, eindeutig beschrieben; in Kurzform E_k/E_1. Sie setzt sich im Allgemeinen aus einer Schiebung (Translation), z.B. des Bezugspunkts oder Aufpunkts A in x- und y-Richtung der Ebene E_1, und aus einer Drehung (Rotation), z.B. um den Aufpunkt A, zusammen.

3.1.2.1 Geschwindigkeitszustand

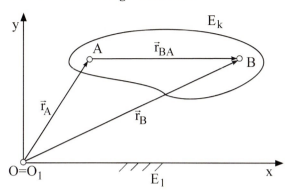

Bild 3.3

Ortsvektoren zweier Punkte A und B einer bewegten Ebene E_k

Dem Bild 3.3 entnimmt man

$$\vec{r}_B = \vec{r}_A + \vec{r}_{BA} . \tag{3.4}$$

Wegen des unveränderlichen Abstands der Punkte A und B ist folgende **Starrheitsbedingung** erfüllt:

$$|\vec{r}_{BA}| = |\vec{r}_B - \vec{r}_A| = r_{BA} = \text{konst.} , \tag{3.5}$$

d.h.

$$\vec{r}_{BA}^2 = r_{BA}^2 = (\vec{r}_B - \vec{r}_A)^2 = (\text{konst.})^2 . \tag{3.6}$$

Leitet man vorstehende Gleichung einmal nach der Zeit ab, folgt daraus

$$d\vec{r}_{BA}^2 / dt = 2(\vec{r}_B - \vec{r}_A)(\dot{\vec{r}}_B - \dot{\vec{r}}_A) = 0 \quad \text{bzw.} \tag{3.7a}$$

$$\vec{r}_{BA}(\vec{v}_B - \vec{v}_A) = 0 \quad \text{oder} \quad \vec{v}_B \vec{r}_{BA} = \vec{v}_A \vec{r}_{BA} . \tag{3.7b}$$

$\vec{v}_B \cdot \vec{r}_{BA}$ ist ein Skalarprodukt, d.h. die Projektion von $\vec{v}_B$ auf den Differenzvektor $\vec{r}_{BA}$.

Projektionssatz:

Die Projektionen der Geschwindigkeitsvektoren $\vec{v}_A$ und $\vec{v}_B$ zweier Punkte A und B eines starren Getriebeglieds (Ebene E_k) auf die Verbindungsgerade AB sind gleich groß, Bild 3.4.

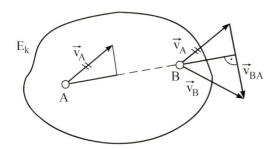

Bild 3.4

Zur Veranschaulichung des Projektionssatzes

Die Ableitung der Gl. (3.4) nach der Zeit ergibt

$$\vec{v}_B = \vec{v}_A + \vec{v}_{BA} \;, \quad \vec{v}_{BA} \equiv \dot{\vec{r}}_{BA} \;. \tag{3.8}$$

Da die Projektionen von $\vec{v}_A$ und $\vec{v}_B$ auf AB gleich lang und gleichgerichtet sind, kann $\vec{v}_{BA} = \vec{v}_B - \vec{v}_A$ nur senkrecht auf AB stehen, vgl. Gl. (3.7b). Daher lässt sich formal aus der Gl. (3.8) ein **Winkelgeschwindigkeitsvektor** $\vec{\omega}$ für die Ebene E_k herleiten (EULER-Formel):

$$\vec{v}_B = \vec{v}_A + \vec{\omega} \times \vec{r}_{BA} \;, \quad \vec{\omega} \times \vec{r}_{BA} = \vec{v}_{BA} \;. \tag{3.9}$$

Hinweis: Der Winkelgeschwindigkeitsvektor $\vec{\omega}$ gilt nicht für einen einzelnen Punkt, sondern für die gesamte Ebene E_k.

Die Ebene E_k führt eine Schiebung in Richtung $\vec{v}_A$ aus, gleichzeitig rotieren alle Ebenenpunkte mit der Winkelgeschwindigkeit $\vec{\omega}$ um A.

Gl. (3.9) lautet in Komponentenschreibweise mit $\omega = \omega_z$ (die z-Achse steht senkrecht auf der Zeichenebene und bildet mit der x-y-Ebene ein rechtshändig orientiertes Dreibein)

$$\begin{bmatrix} v_{Bx} \\ v_{By} \\ 0 \end{bmatrix} = \begin{bmatrix} v_{Ax} \\ v_{Ay} \\ 0 \end{bmatrix} + \begin{bmatrix} 0 \\ 0 \\ \omega_z \end{bmatrix} \times \begin{bmatrix} r_{BAx} \\ r_{BAy} \\ 0 \end{bmatrix} = \begin{bmatrix} v_{Ax} \\ v_{Ay} \\ 0 \end{bmatrix} + \begin{bmatrix} -\omega_z r_{BAy} \\ \omega_z r_{BAx} \\ 0 \end{bmatrix} . \tag{3.10}$$

Statt des Vektors $\vec{\omega}$ kann auch die **schiefsymmetrische Matrix** $\tilde{\Omega}$ eingeführt werden:

$$\tilde{\Omega} = \begin{bmatrix} 0 & -\omega_z & 0 \\ \omega_z & 0 & 0 \\ 0 & 0 & 0 \end{bmatrix} , \tag{3.11}$$

so dass gilt:

$$\vec{v}_{BA} = \vec{\omega} \times \vec{r}_{BA} = \tilde{\Omega} \cdot \vec{r}_{BA} \;. \tag{3.12}$$

3.1 Grundlagen der Kinematik

3.1.2.2 Momentan- oder Geschwindigkeitspol

Es gibt einen speziellen Punkt P der bewegten Ebene, der momentan ruht, für den also $\vec{v}_P = \vec{0}$ gilt.

Falls der Punkt P als Aufpunkt gewählt wird, geht Gl. (3.9) über in

$$\vec{v}_B = \vec{\omega} \times \vec{r}_{BP} . \qquad (3.13)$$

Damit gilt die gleiche Formel wie bei der alleinigen Drehung des Punktes B um den Punkt P. Dieser Punkt P heißt **Momentanpol** oder **Geschwindigkeitspol** der Ebene E_k bei der Bewegung gegenüber dem Gestell E_1 (genauer: $P = P_{1k}$). Die Kenntnis der Lage dieses Punktes kann bei der Geschwindigkeitsermittlung von Nutzen sein. Der Momentanpol eines eben bewegten Getriebegliedes lässt sich sowohl zeichnerisch-anschaulich als auch rechnerisch bestimmen.

a) Zeichnerische Lösung

Die Gl. (3.13) gilt für jeden Punkt der Ebene E_k, d.h. die hier über ein Kreuzprodukt gekoppelten Vektoren stehen (rechtshändig orientiert) senkrecht aufeinander bzw. die Geschwindigkeitsvektoren zweier zu E_k gehörigen Punkte A und B stehen stets senkrecht auf den zugehörigen **Polstrahlen** AP bzw. BP, Bild 3.5.

Zeichnet man die um 90° im gleichen Sinn **gedrehten Geschwindigkeitsvektoren** $\ulcorner\vec{v}$, erhält man als Schnittpunkt dieser Vektoren den Momentanpol P_{1k}. Die Beträge der Geschwindigkeiten lassen sich unmittelbar ablesen:

$$v_A = \omega \ \overline{PA} \ , \quad v_B = \omega \ \overline{PB} . \qquad (3.14)$$

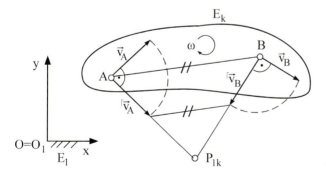

Bild 3.5
Geschwindigkeitszustand einer Ebene E_k

> **Hinweis:** Der Geschwindigkeitszustand einer Ebene ist eindeutig festgelegt, wenn die Geschwindigkeit eines Punktes A dieser Ebene bekannt ist sowie von einem Punkt B dieser Ebene die Richtung der Geschwindigkeit oder wenn der Momentanpol P und die dazugehörige Winkelgeschwindigkeit bekannt sind.

b) Rechnerische Lösung

Aus Gl. (3.9) folgt für B = P

$$\vec{v}_P = \vec{0} = \vec{v}_A + \vec{\omega} \times \vec{r}_{PA} \; ;$$

multipliziert man die vorstehende Gleichung von rechts vektoriell mit $\vec{\omega}$, so ergibt sich

$$\vec{v}_A \times \vec{\omega} + (\vec{\omega} \times \vec{r}_{PA}) \times \vec{\omega} = \vec{0} \, .$$

Nach dem Entwicklungssatz wird daraus

$$\vec{v}_A \times \vec{\omega} + (\vec{\omega} \cdot \vec{\omega}) \cdot \vec{r}_{PA} - (\vec{\omega} \cdot \vec{r}_{PA}) \cdot \vec{\omega} = \vec{0} \, .$$

Der letzte Term verschwindet, da $\vec{\omega}$ und $\vec{r}_{PA}$ senkrecht zueinander stehen ($\vec{\omega} \cdot \vec{r}_{PA} = 0$), d.h.

$$\vec{r}_{PA} = \vec{r}_P - \vec{r}_A = -\frac{\vec{v}_A \times \vec{\omega}}{\omega^2} = \frac{\vec{\omega} \times \vec{v}_A}{\omega^2} = \frac{\tilde{\Omega} \cdot \vec{v}_A}{\omega^2} \, . \tag{3.15}$$

> **Satz:** Jede beliebige Elementarbewegung eines eben bewegten Getriebeglieds (einer Ebene E_k) ist eine Drehung um einen eindeutig bestimmten Punkt, den momentanen Drehpol (Momentanpol oder Geschwindigkeitspol). Der Momentanpol gilt folglich für die gesamte Ebene, d.h. für jeden Punkt des Getriebeglieds.

Bei einer Translationsbewegung gilt $\vec{\omega} = \vec{0}$, d.h. $\vec{v}_A = \vec{v}_B$ und $^\ulcorner\vec{v}_A = {}^\ulcorner\vec{v}_B$. Daraus folgt: Der Momentanpol liegt bei einer Translation als Schnittpunkt der um 90° gedrehten Geschwindigkeitsvektoren $^\ulcorner\vec{v}_A$ und $^\ulcorner\vec{v}_B$ im Unendlichen.

3.1.2.3 Beschleunigungszustand

Um auf die Beschleunigungsstufe zu gelangen, leiten wir Gl. (3.9) nach der Zeit ab und erhalten

3.1 Grundlagen der Kinematik

$$\dot{\vec{v}}_B \equiv \vec{a}_B = \dot{\vec{v}}_A + \dot{\vec{\omega}} \times \vec{r}_{BA} + \vec{\omega} \times \dot{\vec{r}}_{BA}. \tag{3.16}$$

Es gilt

$$\vec{\omega} \times \dot{\vec{r}}_{BA} = \vec{\omega} \times (\vec{\omega} \times \vec{r}_{BA}) = (\vec{\omega} \cdot \vec{r}_{BA}) \cdot \vec{\omega} - \omega^2 \cdot \vec{r}_{BA}$$

mit $\vec{\omega} \cdot \vec{r}_{BA} = 0$ - beide Vektoren stehen senkrecht zueinander. Folglich wird aus Gl. (3.16) mit $\dot{\vec{v}}_A \equiv \vec{a}_A$

$$\vec{a}_B = \vec{a}_A + \dot{\vec{\omega}} \times \vec{r}_{BA} - \omega^2 \cdot \vec{r}_{BA} \quad \text{oder} \tag{3.17a}$$

$$\vec{a}_B = \vec{a}_A + (\dot{\widetilde{\Omega}} + \widetilde{\Omega} \cdot \widetilde{\Omega}) \cdot \vec{r}_{BA} \quad \text{oder} \tag{3.17b}$$

$$\vec{a}_B = \vec{a}_A + \vec{a}_{BA}^t + \vec{a}_{BA}^n \quad \text{oder} \tag{3.17c}$$

$$\vec{a}_B = \vec{a}_A + \vec{a}_{BA}. \tag{3.17d}$$

Der Beschleunigungsanteil $\vec{a}_{BA}$ kann in eine Tangentialkomponente $\vec{a}_{BA}^t$ und in eine Normalkomponente $\vec{a}_{BA}^n$ bzgl. der Bahnkurve des Punktes B gegenüber dem Punkt A mit

$$\left|\vec{a}_{BA}^n\right| = a_{BA}^n = v_{BA}^2 / \overline{AB} \tag{3.18}$$

aufgeteilt werden; dabei stellt der Punkt A den Krümmungsmittelpunkt bei der Bewegung B gegenüber A dar, auf den die Normalkomponente $\vec{a}_{BA}^n$ gerichtet ist, Bild 3.6.

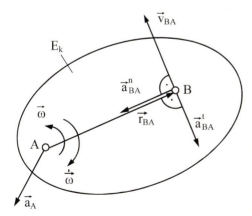

Bild 3.6

Zur Orientierung des Beschleunigungsanteils $\vec{a}_{BA}$ einer Ebene E_k mit zwei Punkten A und B

Für den Punkt A gilt selbstverständlich Gl. (3.2). Falls auch die Bahnkurve des Punktes B bekannt bzw. der zugeordnete Krümmungsmittelpunkt B_0 bekannt ist, gibt es noch eine weitere Schreibweise der Gl. (3.17), nämlich

$$\vec{a}_B = \vec{a}_B^t + \vec{a}_B^n = \vec{a}_A + \vec{a}_{BA}^t + \vec{a}_{BA}^n . \tag{3.17e}$$

Die Normalbeschleunigung $\vec{a}_B^n$ weist auf B_0 hin, es ist analog zu Gl. (3.3)

$$\left|\vec{a}_B^n\right| = a_B^n = v_B^2 / \overline{B_0 B} = v_B^2 / \rho_B . \tag{3.19}$$

Genau so erhält man für einen beliebigen dritten Punkt C der Ebene E_k

$$\vec{a}_C = \vec{a}_A + \vec{a}_{CA} = \vec{a}_B + \vec{a}_{CB} . \tag{3.20}$$

3.1.2.4 Beschleunigungspol

Es gibt einen speziellen Punkt G der bewegten Ebene, der momentan unbeschleunigt ist, für den mithin $\vec{a}_G = \vec{0}$ gilt.

Dieser Punkt G heißt Beschleunigungspol der Ebene E_k bei der Bewegung gegenüber dem Gestell E_1 (genauer: $G = G_{1k}$).

Hinweis: Im Allgemeinen gilt für den Beschleunigungspol G $\vec{v}_G \neq \vec{0}$ und auch die Beschleunigung des Momentanpols P (**Polbeschleunigung**) verschwindet nicht automatisch, d.h. $\vec{a}_P \neq \vec{0}$.

Wenn der Beschleunigungspol $G = G_{1k}$ bekannt ist, lässt sich die Bewegung E_k/E_1 hinsichtlich der Beschleunigung momentan als Drehung von E_k um G mit Tangential- und Normalbeschleunigung auffassen, Bild 3.7.

Die Beziehung zwischen den Beschleunigungen der Punkte A und G lautet

$$\vec{a}_A = \vec{a}_G + \vec{a}_{AG} = \vec{a}_{AG}^t + \vec{a}_{AG}^n = \dot{\vec{\omega}} \times \vec{r}_{AG} - \omega^2 \cdot \vec{r}_{AG} . \tag{3.21}$$

Da $\vec{a}_G = \vec{0}$ ist, lässt sich die Beschleunigung $\vec{a}_A$ in die Komponenten von $\vec{a}_{AG}$ zerlegen, nämlich in die Normalbeschleunigung $\vec{a}_{AG}^n$ und die Tangentialbeschleunigung $\vec{a}_{AG}^t$. Die Tangentialbeschleunigung von A ergibt sich über die Winkelbeschleunigung $\dot{\omega}$, multipliziert mit dem Abstand vom Beschleunigungspol:

$$a_{AG}^t = \left|\vec{a}_{AG}^t\right| = \overline{AG} \cdot \dot{\omega} . \tag{3.22}$$

3.1 Grundlagen der Kinematik

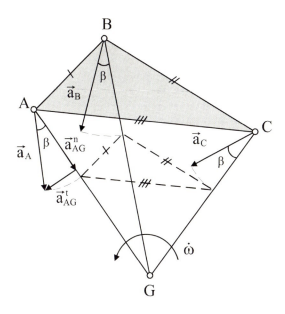

Bild 3.7

Zur Lage des Beschleunigungspols G einer bewegten Ebene $E_k = ABC$

Die Normalbeschleunigung folgt aus

$$a_{AG}^n = \overline{AG} \cdot \omega^2 . \tag{3.23}$$

Der Betrag von $\vec{a}_A$ hat die Größe

$$a_A = \sqrt{(a_{AG}^n)^2 + (a_{AG}^t)^2} = \overline{AG} \cdot \sqrt{\dot{\omega}^2 + \omega^4} . \tag{3.24}$$

Es gilt die Beziehung

$$\tan\beta = \frac{a_{AG}^t}{a_{AG}^n} = \frac{\dot{\omega}}{\omega^2} . \tag{3.25}$$

In Gl. (3.25) ist β der Winkel zwischen der resultierenden Beschleunigung und der Verbindungslinie von dem betrachteten Punkt zum Beschleunigungspol, er ist für alle Punkte der Ebene E_k gleich groß, da er nur von $\dot{\omega}$ und ω^2 abhängt und diese Größen von der Lage des Punktes auf der Ebene unabhängig sind.

Hinweis: Sind von einer Ebene die Beschleunigungen zweier Punkte bekannt, so ist der Beschleunigungspol der Schnittpunkt der Verlängerungen der um den Winkel $\beta = \arctan(\dot{\omega}/\omega^2)$ in Richtung $\dot{\omega}$ gedrehten Beschleunigungen.

3.1.3 Graphische Getriebeanalyse

3.1.3.1 Maßstäbe

Zur zeichnerischen Darstellung und Auswertung von Bewegungsabläufen sind Maßstäbe erforderlich. Der Maßstab lässt sich definieren als Quotient:

$$\text{Maßstab} = \frac{\text{wirkliche Größe}}{\text{darstellende Größe}}.$$

Es werden folgende Maßstäbe unterschieden:

- **Längenmaßstab:**

wirkliche Größe s in m, darstellende Größe $\langle s \rangle$ in mm

$$M_z \left[\frac{m}{mm} \right] = \frac{s[m]}{\langle s \rangle [mm]} \rightarrow s = M_z \cdot \langle s \rangle \qquad (3.26)$$

- **Zeitmaßstab:**

wirkliche Größe t in s, darstellende Größe $\langle t \rangle$ in mm

$$M_t \left[\frac{s}{mm} \right] = \frac{t[s]}{\langle t \rangle [mm]} \rightarrow t = M_t \cdot \langle t \rangle \qquad (3.27)$$

- **Geschwindigkeitsmaßstab:**

wirkliche Größe v in m/s, darstellende Größe $\langle v \rangle$ in mm

$$M_v \left[\frac{m/s}{mm} \right] = \frac{v[m/s]}{\langle v \rangle [mm]} \rightarrow v = M_v \cdot \langle v \rangle \qquad (3.28)$$

- **Beschleunigungsmaßstab:**

wirkliche Größe a in m/s², darstellende Größe $\langle a \rangle$ in mm

$$M_a \left[\frac{m/s^2}{mm} \right] = \frac{a[m/s^2]}{\langle a \rangle [mm]} \rightarrow a = M_a \cdot \langle a \rangle \qquad (3.29)$$

Nicht alle Maßstäbe sind unabhängig voneinander wählbar. Der Beschleunigungsmaßstab M_a ist abhängig von M_v und M_z; es gilt

$$M_a = M_v^2 / M_z. \qquad (3.30)$$

3.1 Grundlagen der Kinematik

Für die anschauliche graphische Getriebeanalyse haben sich einige Verfahren bewährt, die die zuvor beschriebenen vektoriellen Beziehungen in entsprechende geometrische Konstruktionen umsetzen. Beispielsweise lässt sich die Beziehung $a_A^n = v_A^2/\rho_A$ nach Gl. (3.3) mit Hilfe des **Kathetensatzes** graphisch auswerten, Bild 3.8.

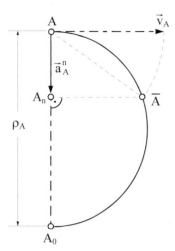

Bild 3.8

Geometrischer Zusammenhang zwischen Normalbeschleunigung und Geschwindigkeit des Punktes A

Mit Hilfe der zu Beginn dieses Abschnitts eingeführten Zeichenmaßstäbe wird aus obiger Beziehung

$$M_a \langle a_A^n \rangle = \frac{M_v^2 \langle v_A \rangle^2}{M_z \langle \rho_A \rangle}. \tag{3.31}$$

Hierin sind die in eckige Klammern gesetzten Größen die zu (zeichnenden) darstellenden Größen.

Werden die darstellenden Größen entsprechend Bild 3.8 über den Kathetensatz $b^2 = c \, q$ verknüpft, ergibt sich

$$(\overline{A\overline{A}})^2 = \overline{AA_0} \cdot \overline{AA_n} \quad \rightarrow \quad \langle v_A \rangle^2 = \langle \rho_A \rangle \langle a_A^n \rangle.$$

Wenn $a_A^n = M_a \langle a_A^n \rangle$ gültig sein soll, ist die Gl. (3.30) einzuhalten.

Hinweis: Für den Fall, dass wegen $\overline{AA_n} = \langle a_A^n \rangle > \rho_A$ der Kathetensatz zunächst versagt, ist der Geschwindigkeitsmaßstab neu zu wählen – $M_v = M_z \cdot (v_A / \rho_A)$ – oder von vornherein der **Höhensatz** zu wählen.

3.1.3.2 Geschwindigkeitsermittlung

Es gibt zwei grundlegende Verfahren, um z.B. die Gleichungen

$$\vec{v}_B = \vec{v}_A + \vec{v}_{BA} = \vec{v}_A + \vec{\omega} \times \vec{r}_{BA} \quad \text{und}$$

$$\vec{v}_C = \vec{v}_A + \vec{v}_{CA} = \vec{v}_A + \vec{\omega} \times \vec{r}_{CA} \quad \text{oder}$$

$$\vec{v}_C = \vec{v}_B + \vec{v}_{CB} = \vec{v}_B + \vec{\omega} \times \vec{r}_{CB}$$

graphisch auszuwerten, nämlich mit Hilfe des

a) Geschwindigkeitsplans oder des

b) Plans der (um 90°) **gedrehten Geschwindigkeiten**.

Von großer Bedeutung sind dabei die Ähnlichkeitssätze von BURMESTER und MEHMKE, Bild 3.9.

Satz von BURMESTER:

Die Endpunkte der Geschwindigkeiten bzw. Beschleunigungen eines starren Systems bilden eine dem starren System gleichsinnig ähnliche Figur.

Satz von MEHMKE:

Der Geschwindigkeits- bzw. Beschleunigungsplan ist eine dem gegebenen starren System gleichsinnig ähnliche Figur.

---

a) **Geschwindigkeitsplan (v-Plan)**

Der v-Plan beruht im Wesentlichen auf dem Satz von MEHMKE. Im frei wählbaren Ursprung (Pol) 0 wird die bekannte Geschwindigkeit eines Punktes der Ebene E_k, z.B. A, angetragen und das Dreieck abc konstruiert. Dabei gilt (Reihenfolge der Punkte beachten!):

Δ abc im Geschwindigkeitsplan ~ Δ ABC im Lageplan.

3.1 Grundlagen der Kinematik

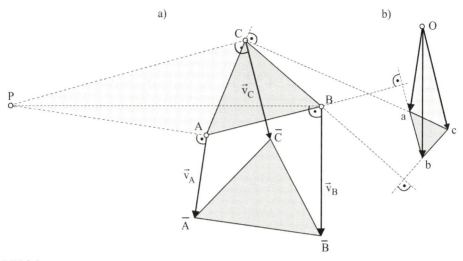

Bild 3.9

Ähnlichkeitssätze nach BURMESTER
(a) im Lageplan und MEHMKE (b) im Geschwindigkeitsplan

Die Strecken $\overline{ab}$, $\overline{ac}$, $\overline{bc}$ entsprechen den Differenzgeschwindigkeiten $\vec{v}_{BA}, \vec{v}_{CA}$ und $\vec{v}_{CB}$. Weiterhin gilt: Die Geschwindigkeiten $\vec{v}_{BA}, \vec{v}_{CA}$ und $\vec{v}_{CB}$ stehen senkrecht zu den jeweiligen Differenzvektoren $\vec{r}_{BA}, \vec{r}_{CA}$ und $\vec{r}_{CB}$, d.h. $\overline{ab} \perp \overline{AB}$, $\overline{ac} \perp \overline{AC}$ und $\overline{bc} \perp \overline{BC}$.

Im Pol O des v-Plans werden alle Momentanpole der gegenüber dem Gestell bewegten Getriebeglieder abgebildet; deswegen lässt sich der v-Plan auch dazu verwenden, den Momentanpol P eines Getriebeglieds im Lageplan zu konstruieren:

$$\Delta\,acO \sim \Delta\,ACP.$$

b) **Plan der (um 90°) gedrehten Geschwindigkeiten ($\ulcorner$v-Plan)**

Wegen

$$\ulcorner\vec{v}_B = \ulcorner\vec{v}_A + \ulcorner\vec{v}_{BA} \quad \text{und}$$

$$\ulcorner\vec{v}_C = \ulcorner\vec{v}_A + \ulcorner\vec{v}_{CA} \quad \text{oder}$$

$$\ulcorner\vec{v}_C = \ulcorner\vec{v}_B + \ulcorner\vec{v}_{CB}$$

folgt:

Satz 1:

Die Endpunkte der um 90° gedrehten Geschwindigkeiten zweier Punkte der Ebene E_k liegen auf einer Parallelen zur Verbindungsgeraden der beiden Punkte, Bild 3.10.

Satz 2:

Die Sätze von BURMESTER und MEHMKE gelten sinngemäß, Bild 3.11.

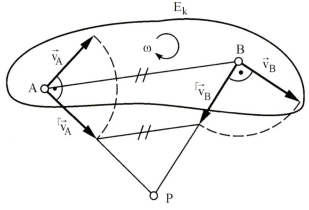

Bild 3.10

Zu Satz 1 des ⌐v-Plans

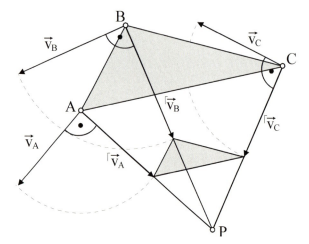

Bild 3.11

Zu Satz 2 des ⌐v-Plans: Satz von BURMESTER

3.1 Grundlagen der Kinematik

3.1.3.3 Beschleunigungsermittlung

Die Ermittlung der Beschleunigungen entsprechend Gl. (3.20) kann graphisch im sog. Beschleunigungsplan (a-Plan) mit frei wählbarem Ursprung (Pol) π erfolgen, Bild 3.12.

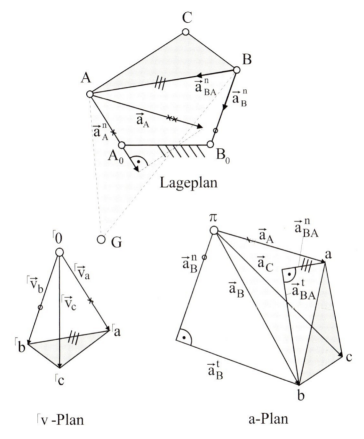

Bild 3.12

Beschleunigungsermittlung im Viergelenkgetriebe

Von dem in Bild 3.12 dargestellten Viergelenkgetriebe mit Koppelpunkt C ist die Antriebsbeschleunigung $\vec{a}_A$ bekannt. Die Beschleunigung des Punktes C soll bestimmt werden.

Zuerst ist der Geschwindigkeitszustand der Koppelebene zu ermitteln. Punkt A beschreibt eine Kreisbahn um A_0. Aus der Normalbeschleunigung $\vec{a}_A^n$ (Projektion von

$\vec{a}_A$ auf die Gerade A_0A) lässt sich der Betrag von $\vec{v}_A$ oder der gedrehten Geschwindigkeit $^\ulcorner\vec{v}_A$ bestimmen.

Es gilt $v_A^2 = |\vec{a}_A^n| \overline{A_0A}$

und $^\ulcorner\vec{v}_B = {}^\ulcorner\vec{v}_A + {}^\ulcorner\vec{v}_{BA}$,

wobei von $^\ulcorner\vec{v}_B$ und $^\ulcorner\vec{v}_{BA}$ jeweils nur die Richtungen bekannt sind.

Jetzt wird $^\ulcorner\vec{v}_A$ im Punkt $^\ulcorner 0$ angetragen und dann durch $^\ulcorner a$ (Endpunkt von $^\ulcorner\vec{v}_A$) eine Gerade mit Richtung von $^\ulcorner\vec{v}_{BA}$ und durch $^\ulcorner 0$ eine Gerade mit Richtung von $^\ulcorner\vec{v}_B$ gezeichnet. Die zwei Geraden schneiden sich in $^\ulcorner b$. Über den Satz von MEHMKE kann im $^\ulcorner$v-Plan nun der Punkt $^\ulcorner c$ eingezeichnet werden:

$$\Delta\, ^\ulcorner a\, ^\ulcorner b\, ^\ulcorner c \sim \Delta\, ABC.$$

Aus v_B und v_{BA} können nun ebenso die Normalbeschleunigungen mit Hilfe der Gln. (3.19) und (3.18) bestimmt werden. Anschließend wird die Beschleunigungsgleichung

$$\vec{a}_B^n + \vec{a}_B^t = \vec{a}_A + \vec{a}_{BA}^n + \vec{a}_{BA}^t$$

im a-Plan ausgewertet.

Der Ablauf ist analog zu dem Vorgehen im Geschwindigkeitsplan. Erst werden alle Vektoren in den Plan eingetragen, die von Betrag und Richtung her bekannt sind, anschließend die Vektoren, von denen nur die Richtung bekannt ist. Der entstehende Schnittpunkt ist dann b. Über den Satz von MEHMKE (Ähnlichkeit der Dreiecke) wird $\vec{a}_C$ ermittelt.

Der Punkt π im a-Plan ist Abbild aller Beschleunigungspole der gegenüber dem Gestell bewegten Getriebeglieder; deswegen lässt sich der a-Plan auch dazu verwenden, den Beschleunigungspol G eines Getriebeglieds im Lageplan zu konstruieren:

$$\Delta\, ab\pi \sim \Delta\, ABG.$$

3.1.3.4 Rastpolbahn und Gangpolbahn

Wir betrachten zunächst zwei endlich benachbarte Lagen E_1 ($A_1B_1C_1$) und E_2 ($A_2B_2C_2$) einer Ebene E, die aus einer Drehung um den endlichen **Drehpol** P_{12} hervorgegangen sind, Bild 3.13.

3.1 Grundlagen der Kinematik

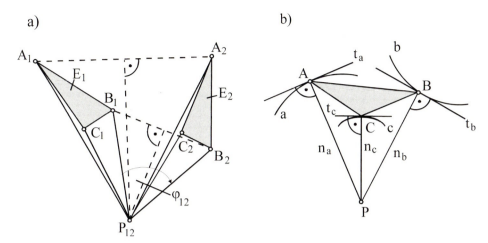

Bild 3.13

Zwei benachbarte Lagen einer Ebene: a) endlich, b) unendlich benachbart

P_{12} ist der Schnittpunkt der Mittelsenkrechten zu den Strecken A_1A_2 und B_1B_2 bzw. C_1C_2. Der zugehörige Drehwinkel φ_{12} ist für jeden Punkt auf E gleich:

$$\varphi_{12} = \angle A_1P_{12}A_2 = \angle B_1P_{12}B_2 = ...$$

Beim Grenzübergang $\varphi_{12} \to 0$ wird aus dem Drehpol P_{12} der Momentanpol P, der zwei unendlich benachbarte Lagen der Ebene charakterisiert. Die Strecken A_1A_2 und B_1B_2 gehen in die Tangenten t_a und t_b über, der Schnittpunkt der zugeordneten Normalen n_a und n_b führt auf den Momentanpol P.

Für jede Stellung i der Ebene, repräsentiert durch die Punkte A und B, lässt sich ein Momentanpol P_i angeben. Die Punktfolge P_i liefert in der Gestellebene E_1 die **Rastpolbahn** p und in der bewegten Ebene eine Bahnkurve q – die **Gangpolbahn** – als Punktfolge Q_i (s. Abschnitt 3.3.2).

Satz:	Eine allgemeine ebene Bewegung kann als das Abrollen zweier Polbahnen p und q aufgefasst werden.

Zwei Beispiele sollen dies verdeutlichen. Beim Abrollen zweier Kreise beschreibt der Punkt A eine Epizykloide mit der Spitze in P, die Kreise stellen selbst die Polbahnen p und q dar, Bild 3.14. Die Polbahnen des rechtwinkligen Doppelschiebers sind in Bild 3.15 eingezeichnet; sie sind aus der Geometrie des Getriebes leicht angebbar.

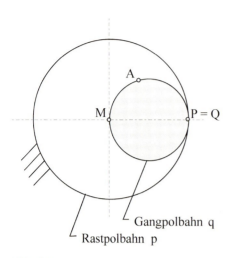

Bild 3.14

Abrollen zweier Kreise als Gang- und Rastpolbahn

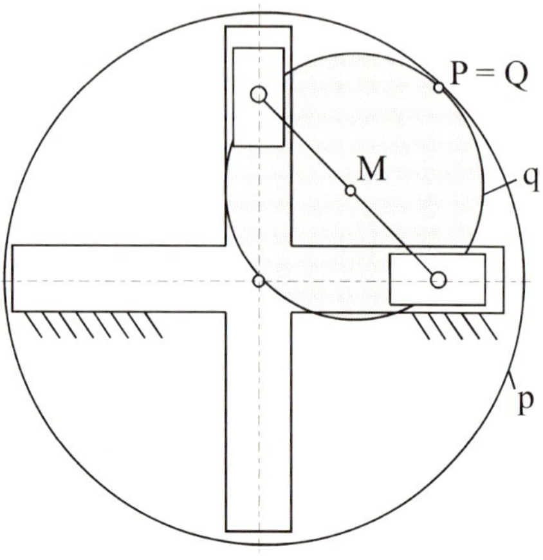

Bild 3.15

Polbahnen des rechtwinkligen Doppelschiebers

Polbahnen werden beispielsweise bei der Herstellung von Verzahnungen genutzt; die **Evolventenverzahnung** fußt auf dem Abrollen einer Geraden auf einem Kreis, die **Zykloidenverzahnung** auf dem Abrollen eines Kreises auf einer Geraden.

3.2 Relativkinematik

Während die „einfache Kinematik" für eine sukzessive Betrachtung der Bewegung benachbarter Getriebeglieder, die über Drehgelenke miteinander verbunden sind, sehr oft ausreicht, ist dies bei der Kopplung über Schleifen- und Kurvengelenke schon nicht mehr der Fall. Auch der Übergang von einem Getriebeglied mit der Nummer k auf ein nicht benachbartes mit der Nummer k + n (k, n: ganze Zahlen) ist nur mit den Regeln der Relativkinematik zu bewältigen.

Dazu werden die Bewegungen dreier Ebenen E_i, E_j, E_k (dreier eben bewegter Getriebeglieder) betrachtet, die nicht miteinander gelenkig gekoppelt sein müssen. Jede Ebene hat ein eigenes (körperfestes) Koordinatensystem x_*, y_*, z_* mit Ursprung O_* ($* = i, j, k$). Im speziellen Fall i, j, k = 1, 2, 3 ist E_1 gewöhnlich die feste Bezugsebene (Gestell) mit dem Basiskoordinatensystem $x_1 \equiv x$, $y_1 \equiv y$, $z_1 \equiv z$ und Ursprung $O_1 \equiv O$, Bild 3.16.

3.2 Relativkinematik

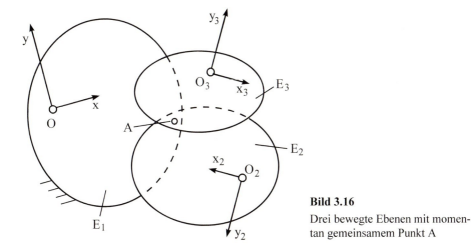

Bild 3.16
Drei bewegte Ebenen mit momentan gemeinsamem Punkt A

Der Punkt A kann momentan allen drei Ebenen zugeordnet werden; eine im Punkt A angesetzte Nadel hinterlässt drei Löcher in den Ebenen E_1, E_2 und E_3: $A = A_1 = A_2 = A_3$! Der Punkt A_3 als Punkt der Ebene E_3 bewegt sich gegenüber der Ebene E_2, die sich wiederum gegenüber der Ebene E_1 bewegt. Diese Bewegungen werden

- **Relativbewegung** E_3/E_2,

   Führungsbewegung E_2/E_1,

- **Absolutbewegung** E_3/E_1

genannt.

3.2.1 Geschwindigkeitszustand

Für die Geschwindigkeit des Punktes A erhält man

$$\left(\vec{v}_A\right)_{abs} = \left(\vec{v}_A\right)_f + \left(\vec{v}_A\right)_{rel} \tag{3.32}$$

oder

$$\vec{v}_{A31} = \vec{v}_{A21} + \vec{v}_{A32} \ . \tag{3.33}$$

Bild 3.17 veranschaulicht diese Gleichung.

Man nennt

$\vec{v}_{A31}$ die **Absolutgeschwindigkeit**,

$\vec{v}_{A21}$ die **Führungsgeschwindigkeit**,

$\vec{v}_{A32}$ die **Relativgeschwindigkeit**

des Punktes A.

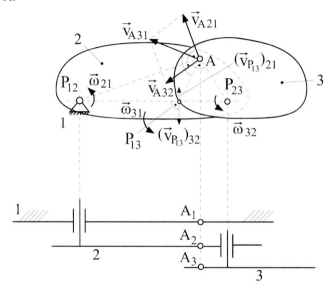

Bild 3.17
Geschwindigkeitsverhältnisse bei der Bewegung der drei Ebenen E_1, E_2 und E_3

Allgemein gilt bei der Bewegung dreier Ebenen E_i, E_j, E_k für einen beliebigen Punkt:
$$\vec{v}_{ij} + \vec{v}_{jk} + \vec{v}_{ki} = \vec{0} . \tag{3.34}$$

Dabei ist die Indexreihenfolge wichtig, es gilt z.B.
$$\vec{v}_{ij} = -\vec{v}_{ji} . \tag{3.35}$$

Analog gilt für die Winkelgeschwindigkeiten dreier Ebenen E_i, E_j, E_k:
$$\vec{\omega}_{ij} + \vec{\omega}_{jk} + \vec{\omega}_{ki} = \vec{0} \tag{3.36}$$

mit z.B.
$$\vec{\omega}_{ij} = -\vec{\omega}_{ji} \tag{3.37}$$

3.2 Relativkinematik

und im speziellen Fall i, j, k = 1, 2, 3

$$\vec{\omega}_{31} = \vec{\omega}_{21} + \vec{\omega}_{32}. \tag{3.38}$$

Der Momentanpol $P_{ik} = P_{ki}$ der Relativbewegung E_k/E_i bzw. E_i/E_k hat keine Geschwindigkeit:

$$\left(\vec{v}_{P_{ik}}\right)_{ki} = \vec{0}. \tag{3.39}$$

Dazu liefert Gl. (3.34) die Identität

$$\left(\vec{v}_{P_{ik}}\right)_{ij} = \left(\vec{v}_{P_{ik}}\right)_{kj} \quad \text{bzw.} \quad \left(\vec{v}_{P_{ik}}\right)_{ji} = \left(\vec{v}_{P_{ik}}\right)_{jk}, \tag{3.40a}$$

die mit Hilfe des Kreuzproduktes auch in der Form

$$\vec{\omega}_{ij} \times \overline{P_{ij}P_{ik}} = \vec{\omega}_{kj} \times \overline{P_{kj}P_{ik}} \tag{3.40b}$$

geschrieben werden kann[1].

Daraus folgt der

Satz von KENNEDY/ARONHOLD:

Die drei Momentanpole P_{ij}, P_{ik} und P_{jk} dreier bewegter Ebenen (Getriebeglieder) E_i, E_j und E_k liegen stets auf einer Geraden.

Dieser Satz heißt einfach auch **Dreipolsatz**.

Im Rückblick auf Bild 3.17 liefert Gl. (3.40)

$$\left(\vec{v}_{P_{13}}\right)_{32} + \left(\vec{v}_{P_{13}}\right)_{21} = \vec{\omega}_{32} \times \vec{P_{23}P_{13}} + \vec{\omega}_{21} \times \vec{P_{12}P_{13}} = \vec{0}. \tag{3.41}$$

Die skalare Auswertung der Gl. (3.40b) führt auf allgemeine **Momentan-Übersetzungsverhältnisse** zwischen den bewegten Ebenen:

$$\omega_{ij} \overline{P_{ij}P_{ik}} = \omega_{kj} \overline{P_{kj}P_{ik}}$$

oder

$$\frac{\omega_{ij}}{\omega_{kj}} = \frac{\overline{P_{kj}P_{ik}}}{\overline{P_{ij}P_{ik}}} = \frac{\omega_{ji}}{\omega_{jk}}. \tag{3.42}$$

---

[1] Allgemein gilt z.B. $\vec{v}_{Ajk} = \vec{\omega}_{jk} \times \vec{P_{jk}A}$, usw.

Die Indizes i, j, k sind beliebig kombinierbar. Besonders wichtig sind die Übersetzungsverhältnisse gegenüber dem Gestell i = 1:

$$i_{jk} = \frac{1}{i_{kj}} = \frac{\omega_{jl}}{\omega_{kl}} = \frac{\overline{P_{1k}P_{jk}}}{\overline{P_{1j}P_{jk}}} \; . \tag{3.43}$$

3.2.2 Beschleunigungszustand

Durch Ableiten von Gl. (3.34) nach der Zeit erhält man formal

$$\vec{a}_{ij} + \vec{a}_{jk} + \vec{a}_{ki} = \vec{0} \tag{3.44a}$$

bzw.

$$\vec{a}_{ki} = \vec{a}_{ji} + \vec{a}_{kj} \; . \tag{3.44b}$$

Die Beschleunigungen $\vec{a}_{ki}$ und $\vec{a}_{ji}$ können – sofern die Bahnkurven des betrachteten Punktes A bei den relativen Ebenenbewegungen E_k/E_i und E_j/E_i bekannt sind – in ihre Normal- und Tangentialanteile zerlegt werden. Das gleiche gilt für E_k/E_j, allerdings kommt in diesem Fall die sog. **CORIOLISbeschleunigung** $\vec{a}_{kj}^c$ hinzu:

$$\vec{a}_{ki} = \vec{a}_{ki}^n + \vec{a}_{ki}^t = \vec{a}_{ji}^n + \vec{a}_{ji}^t + \vec{a}_{kj}^n + \vec{a}_{kj}^t + \vec{a}_{kj}^c \tag{3.45}$$

mit

$$\vec{a}_{kj}^c = 2\,\vec{\omega}_{ji} \times \vec{v}_{kj} \tag{3.46}$$

bzw.

$$\left|\vec{a}_{kj}^c\right| = a_{kj}^c = 2\,\omega_{ji}v_{kj} = 2\frac{v_{ji}}{P_{ij}A}v_{kj} \; . \tag{3.47}$$

Die drei Vektoren $\vec{a}_{kj}^c, \vec{\omega}_{ji}$ und $\vec{v}_{kj}$ bilden entsprechend Gl. (3.46) ein rechtshändiges Dreibein, Bild 3.18.

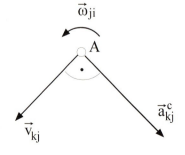

Bild 3.18
Orientierung der CORIOLISbeschleunigung

3.2 Relativkinematik

Für den speziellen Fall i, j, k = 1, 2, 3 nennt man

$\vec{a}_{A31}$ die **Absolutbeschleunigung**,

$\vec{a}_{A21}$ die **Führungsbeschleunigung**,

$\vec{a}_{A32}$ die **Relativbeschleunigung**

des Punktes A.

Die CORIOLISbeschleunigung tritt stets dann auf, wenn

1. beide Bewegungen E_k/E_j und E_j/E_i existieren,
2. die Bewegung E_j/E_i keine alleinige Translation darstellt ($\vec{\omega}_{ji} \neq \vec{0}!$),
3. der Punkt A nicht mit dem Momentanpol P_{jk} zusammenfällt ($\vec{v}_{kj} \neq \vec{0}!$).

Lehrbeispiel Nr. 3.1: Kinematik der zentrischen Kurbelschleife

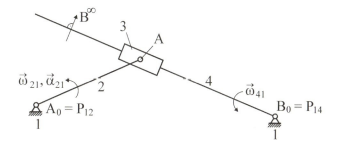

Bild 3.19
Bezeichnungen an der zentrischen Kurbelschleife

Aufgabenstellung:

Die in Bild 3.19 skizzierte zentrische Kurbelschleife wird mit der Winkelgeschwindigkeit $\vec{\omega}_{an} = \vec{\omega}_{21}$ und der Winkelbeschleunigung $\vec{\alpha}_{an} = \vec{\alpha}_{21} \equiv \dot{\vec{\omega}}_{21}$ angetrieben. Für gegebene Abmessungen sind in der gezeichneten Lage die Abtriebswinkelgeschwindigkeit $\vec{\omega}_{ab} = \vec{\omega}_{41}$ sowie die Beschleunigung $\vec{a}_{A41}$ des Punktes A als Punkt des Abtriebsgliedes 4 zu bestimmen (Maßstäbe: $M_z = 1 \frac{cm}{cm_z}$, $M_v = 1 \frac{cm/s}{cm_z}$, $M_a = \frac{M_v^2}{M_z}$).

Lösung:

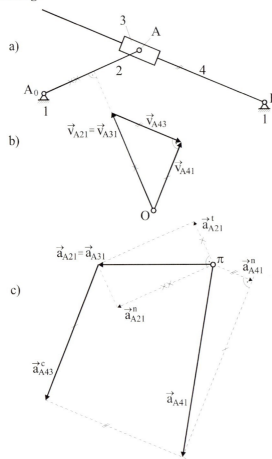

Bild 3.20

Graphische Geschwindigkeits- und Beschleunigungsermittlung für die zentrische Kurbelschleife:
a) Lageplan (vgl. Bild 3.19),
b) v-Plan,
c) a-Plan

Mit Hilfe von Gl. (3.34) erhält man für i, j, k = 1, 3, 4

$$\vec{v}_{A41} = \vec{v}_{A31} + \vec{v}_{A43},$$

wobei stets $\vec{v}_{A31} \equiv \vec{v}_{A21} = \vec{\omega}_{21} \times \vec{A_0A}$ gilt, da der Punkt A das verbindende Drehgelenk 23 zwischen den Gliedern 2 und 3 darstellt. Da die Richtung der Relativgeschwindigkeit $\vec{v}_{A43}$ mit der Richtung des Schleifenhebels B_0A übereinstimmt und $\vec{v}_{A41}$ senkrecht darauf steht, lässt sich das Geschwindigkeitsdreieck vektoriell-analytisch oder graphisch auswerten, Bild 3.20b. Danach errechnet sich die Winkelgeschwindigkeit ω_{41} aus der Gl. (3.14) zu

$$\omega_{41} = v_{A41} / \overline{B_0A}.$$

3.2 Relativkinematik

Der Richtungssinn (Vorzeichen) stimmt mit demjenigen von $\vec{v}_{A41}$ überein.

Satz:
Die Gleichungen der „einfachen Kinematik" gelten für einen Summanden in der Vektorgleichung (3.34) für die Geschwindigkeit oder (3.44) für die Beschleunigung nur dann, wenn einer seiner Doppelindizes mit der Zahl 1 das Gestell kennzeichnet.

Auf der Beschleunigungsstufe ergibt sich nach Gl. (3.45)

$$\vec{a}_{A41} = \vec{a}^{\,t}_{A41} + \vec{a}^{\,n}_{A41} = \vec{a}_{A31} + \vec{a}_{A43},$$

wobei $\vec{a}_{A31} \equiv \vec{a}_{A21} = \vec{a}^{\,t}_{A21} + \vec{a}^{\,n}_{A21} = \vec{\alpha}_{21} \times \overrightarrow{A_0A} - \omega^2_{21} \overrightarrow{A_0A}$ gültig und gegeben ist (Gl. (3.17a) für $A \rightarrow A_0$ und $B \rightarrow A$).

Im Folgenden werden die Vektoren links und rechts vom letzten Gleichheitszeichen der vorstehenden Gleichung zum Schnitt gebracht, Bild 3.20c.

Vom Vektor $\vec{a}^{\,t}_{A41}$ ist die Richtung bekannt, nämlich senkrecht zum Schleifenhebel B_0A (Drehung um B_0), vom Vektor $\vec{a}^{\,n}_{A41}$ sowohl die Richtung (von A auf B_0 weisend) als auch der Betrag $a^n_{A41} = (v_{A41})^2 / \overline{B_0A}$ (Gl. (3.3)).

Auf der Geraden des Schleifenhebels verschwindet die relative Normalbeschleunigung $\vec{a}^{\,n}_{A43}$ und somit auch $\vec{\omega}_{34}$, so dass der relative Beschleunigungsvektor $\vec{a}_{A43}$ übergeht in (Gl. (3.46))

$$\vec{a}_{A43} = \vec{a}^{\,t}_{A43} + \vec{a}^{\,c}_{A43} = \vec{a}^{\,t}_{A43} + 2\vec{\omega}_{31} \times \vec{v}_{A43}.$$

Der Beschleunigungsanteil $\vec{a}^{\,t}_{A43}$ hat die gleiche Richtung wie die schon ermittelte Relativgeschwindigkeit $\vec{v}_{A43}$, nämlich die des Schleifenhebels B_0A. Der Term ganz rechts in der vorstehenden Gleichung repräsentiert die CORIOLISbeschleunigung, die sich aus der Gl. (3.36) hinsichtlich $\vec{\omega}_{31} \equiv \vec{\omega}_{41}$ ($\vec{\omega}_{34} = \vec{0}$!) und aus der bereits ermittelten Geschwindigkeit $\vec{v}_{A43}$ zusammensetzt.

3.3 Krümmung von Bahnkurven

3.3.1 Grundlagen

Bei der Bestimmung des Bewegungszustandes einer allgemein bewegten Ebene kommt der Krümmung von Bahnkurven eine besondere Bedeutung zu.

Ausgehend von Bild 3.2 ist durch den zum Kurvenpunkt A gehörenden Krümmungsmittelpunkt A_0, dessen Abstand $\overline{A_0A}$ vom Kurvenpunkt A gleich dem Krümmungsradius ρ_A ist, auch die Lage des Krümmungskreises bestimmt. Er hat die gleiche Krümmung wie die Kurve und schmiegt sich deshalb an der betrachteten Stelle besonders gut an. Mathematisch ausgedrückt bedeutet das, dass der Krümmungskreis die Kurve im betrachteten Kurvenpunkt A mindestens dreipunktig berührt.

Die Krümmung κ_A der Kurve an einem bestimmten Kurvenpunkt A ist die Ableitung der Tangentenrichtung t, ausgedrückt durch den Tangentenwinkel τ_A nach der Bogenlänge s_A:

$$\kappa_A = \frac{d\tau_A}{ds_A} \ . \tag{3.48}$$

Der Kehrwert dieser Ableitung ist gleich dem Krümmungsradius ρ_A des Krümmungskreises. Die Kurventangente t ist gleichzeitig Tangente an den Krümmungskreis. Dementsprechend liegt dessen Mittelpunkt, der Krümmungsmittelpunkt, auf der Bahnnormalen zum betrachteten Kurvenpunkt. Bei einem Wendepunkt A_W der Kurve liegt der zugehörige Krümmungsmittelpunkt im Unendlichen und der Krümmungsradius ist unendlich. Der Kurvenverlauf wird dort durch eine Gerade, die Tangente t_{A_W}, besonders gut angenähert.

Betrachtet man wie in Bild 3.2 die Bahnkurve in einem rechtwinkligen x,y-Koordinatensystem, so lässt sich die in Gleichung (3.48) auftretende infinitesimale Bahnlänge ds_A über den Satz von PYTHAGORAS wie folgt ausdrücken:

$$ds_A = \sqrt{dx^2 + dy^2} \ . \tag{3.49}$$

Durch Ableiten dieser Beziehung nach der Koordinate x erhält man

$$\frac{ds_A}{dx} = \sqrt{1 + \left(\frac{dy}{dx}\right)^2} = \sqrt{1 + y'^2} \ . \tag{3.50}$$

Weiterhin gilt für den Tangentenwinkel τ_A

$$\tan \tau_A = y' \Rightarrow \tau_A = \arctan(y') . \tag{3.51}$$

3.3 Krümmung von Bahnkurven

Auch diese Beziehung lässt sich nach der Koordinate x ableiten, so dass sich folgendes Differential ergibt:

$$\frac{d\tau_A}{dx} = \frac{y''}{1+y'^2} \quad . \tag{3.52}$$

Erweitert man nun Gl. (3.48) formal mit dx, so lassen sich die beiden Gln. (3.50) und (3.52) einsetzen und man erhält folgende Gleichungen

$$\kappa_A = \frac{d\tau_A}{dx} \cdot \frac{dx}{ds_A} = \frac{y''}{\left(1+y'^2\right)^{\frac{3}{2}}} \quad \text{bzw.} \quad \rho_A = \frac{\left(1+y'^2\right)^{\frac{3}{2}}}{y''} \tag{3.53a,b}$$

für den Krümmungsradius ρ_A als dem Kehrwert der Krümmung κ_A.

Bei Getrieben werden die Krümmungen der Bahnkurven untersucht, die die Punkte eines Gliedes bei ihrer Bewegung relativ zu einem anderen Glied beschreiben. Wenn, wie in Bild 3.21a, C_0 der Krümmungsmittelpunkt zur momentanen Lage des Punktes C eines Gliedes relativ zu einem anderen, zweiten Glied ist, dann ist auch umgekehrt der Punkt C der momentane Krümmungsmittelpunkt für den Punkt C_0 als Punkt des zweiten Gliedes relativ zum ersten (Bild 3.21b). Solche Punkte werden als ein Paar zugeordneter (konjugierter) Krümmungsmittelpunkte bezeichnet. Sie liegen immer auf einer Geraden mit dem Relativpol für die betrachtete Relativbewegung, hier ist es der Momentanpol P_{31} für die Bewegung des Gliedes 3 (Koppelebene) relativ zum Glied 1 (Gestell) und umgekehrt.

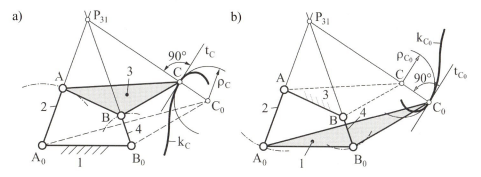

Bild 3.21
Zugeordneter Krümmungsmittelpunkt
a) für einen Punkt C der Koppelebene 3 im Gelenkviereck A_0ABB_0
b) für einen Punkt C_0 der Koppelebene 1 im Gelenkviereck A_0ABB_0

3.3.2 Polbahntangente und Polbahnnormale

Für die Beschreibung der Krümmungsverhältnisse einer allgemein bewegten Ebene in ihrer momentanen Lage ist ein Koordinatensystem aus Polbahntangente und –normale, das sogenannte t,n-System, besonders günstig. Nach Bild 3.22 ist die eine Achse des Systems die gemeinsame Tangente t von Gang- und Rastpolbahn im Geschwindigkeitspol für die betrachtete Lage der Gliedebene (Koppelebene 3). Senkrecht darauf steht die Polbahnnormale n als zweite Achse des t,n-Systems.

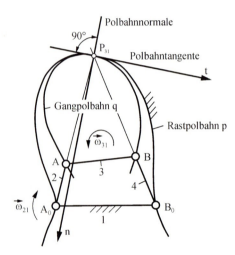

Bild 3.22

Polbahntangente und –normale (t,n-System) für die Koppelebene 3 im Gelenkviereck A_0ABB_0

Die Rastpolbahn p ist die Bahn, die dadurch auf der Rastebene (in Bild 3.22 die Gestellebene 1) entsteht, indem die Lagen des Geschwindigkeitspoles für alle Stellungen des Getriebes auf der Rastebene ermittelt werden. Analog stellt die Gangpolbahn q die Lagen des Geschwindigkeitspoles für alle Getriebestellungen relativ zur bewegten Ebene dar (in Bild 3.22 die Koppelebene 3). Dies bedeutet, dass während der Bewegung des Getriebes die mit der bewegten Ebene fest verbundene Gangpolbahn auf der Rastpolbahn abrollt. Entsprechend ist die Tangente t die gemeinsame Tangente der Gang- und Rastpolbahn im Geschwindigkeitspol.

Bei der Definition des t,n-Systems entspricht die positive Orientierung der t-Achse dem Richtungssinn der Polverlagerung. Damit hängt die Orientierung der t-Achse vom Drehrichtungssinn der Antriebsbewegung des betrachteten Getriebes ab. Der positive Richtungssinn der n-Achse ergibt sich, indem man die positiv orientierte Tangente um 90° entgegengesetzt zur Winkelgeschwindigkeit der allgemein bewegten Ebene ($\vec{\omega}_{31}$ in Bild 3.22) dreht.

3.3.3 Gleichung von EULER-SAVARY

In Bild 3.23 sind für einen allgemeinen Punkt A einer bewegten Ebene die beiden unendlich benachbarten Lagen A_1 und A_2 mit dem zugehörigen Krümmungsmittelpunkt A_0 sowie die beiden zugehörigen Geschwindigkeitspole P und P' dargestellt.

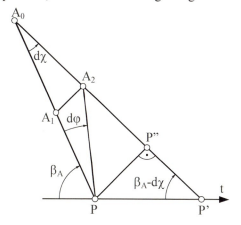

Bild 3.23

Differentielle Beziehungen für die Krümmungsverhältnisse

Da es sich um unendlich benachbarte Lagen handelt, muss die Tangente t in Richtung von P nach P' verlaufen. Weiterhin ist der Punkt P'' gezeigt, der sich als Lotfußpunkt des Punktes P auf die Gerade durch A_0 und P' ergibt. Nach dem Strahlensatz gilt nun

$$\frac{\overline{A_1A_2}}{\overline{PP''}} = \frac{\overline{A_1A_0}}{\overline{PA_0}} \ . \tag{3.54}$$

Die in dieser Gleichung auftretenden Strecken lassen sich auch unter Berücksichtigung infinitesimaler Größen $\overline{PP'} = dp$, $d\varphi$ und $d\chi$ wie folgt ausdrücken:

$$\overline{A_1A_2} = \overline{PA} \cdot d\varphi \ , \tag{3.55}$$

$$\overline{PP''} = \overline{PP'} \cdot \sin(\beta_A - d\chi) = dp \cdot \sin\beta_A \ , \tag{3.56}$$

$$\overline{A_1A_0} = \overline{PA_0} - \overline{PA_1} \ . \tag{3.57}$$

Damit ergibt sich Gl. (3.54) zu

$$\frac{\overline{PA} \cdot d\varphi}{dp \cdot \sin\beta_A} = \frac{\overline{PA_0} - \overline{PA_1}}{\overline{PA_0}} = \frac{\overline{PA_0} - \overline{PA}}{\overline{PA_0}} \ . \tag{3.58}$$

Durch formales Erweitern der rechten Seite dieser Gleichung mit dt erhält man

$$\frac{d\varphi}{dt} \cdot \frac{dt}{dp} \cdot \frac{\overline{PA}}{\sin \beta_A} = \frac{\overline{PA_0} - \overline{PA}}{\overline{PA_0}} \ . \tag{3.59}$$

Hierin können die Ausdrücke

$$\frac{dp}{dt} = v_P \quad \text{und} \quad \frac{d\varphi}{dt} = \omega \tag{3.60a,b}$$

als die Polwechselgeschwindigkeit (s. auch Abschnitt 3.3.5) und als die Winkelgeschwindigkeit der bewegten Ebene aufgefasst werden. Damit erhält man letztlich eine Gleichung, die unabhängig zum zuvor betrachteten Punkt der Ebene ganz allgemein für die bewegte Ebene formuliert werden kann:

$$\frac{\omega}{v_P} = \left(\frac{1}{\overline{PA}} \mp \frac{1}{\overline{PA_0}} \right) \cdot \sin \beta_A = \frac{1}{d_w} \tag{3.61}$$

Das negative Vorzeichen in dieser Gleichung berücksichtigt den Fall, dass der Pol P zwischen den Punkten A_0 und A liegt. Diese Gleichung wird auch als Gleichung von EULER-SAVARY bezeichnet, und es kann gezeigt werden, dass der Quotient aus der Winkelgeschwindigkeit der bewegten Ebene und der Polwechselgeschwindigkeit als der Kehrwert des Wendekreisdurchmessers d_W interpretiert werden kann (s. Abschnitt 3.3.6).

3.3.4 Satz von BOBILLIER

Ausgehend von den oben hergeleiteten Beziehungen lässt sich, ohne an dieser Stelle näher darauf einzugehen, der Satz von BOBILLIER zur graphischen Konstruktion des zuvor beschriebenen t,n-Systems herleiten.

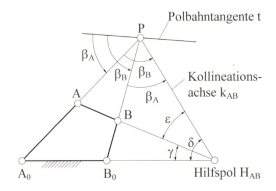

Bild 3.24

Konstruktion des t,n-Systems nach dem Satz von BOBILLIER im Gelenkviereck A_0ABB_0

3.3 Krümmung von Bahnkurven

Sind von einer bewegten Ebene zwei Punkte dieser Ebene mit ihren zugehörigen Krümmungsmittelpunkten gegeben, so kann wie in Bild 3.24 das t,n-System konstruiert werden. Hier sind A und B die Punkte der bewegten Koppelebene und A_0 und B_0 die zugehörigen Krümmungsmittelpunkte.

Zur Ermittlung des t,n-Systems bestimmt man zuerst den Pol P als Schnittpunkt der Polstrahlen A_0A und B_0B sowie den Hilfspol H_{AB} als Schnittpunkt der Geraden AB und A_0B_0. Die Verbindungsgerade PH_{AB} wird als Kollineationsachse k_{AB} zu den Punktepaaren A_0, A und B_0, B bezeichnet. Für die Lage des t,n-Systems gilt dann, dass die Polbahntangente t mit jedem der beiden Polstrahlen den gleichen Winkel (β_A bzw. β_B) einschließt wie der jeweils andere Polstrahl mit der Kollineationsachse k_{AB} (Satz von BOBILLIER).

3.3.5 Polwechselgeschwindigkeit und HARTMANNsche Konstruktion

Alternativ zu dem im vorhergehenden Abschnitt beschriebenen Verfahren nach BOBILLIER kann auch der Weg über die Polwechselgeschwindigkeit und die HARTMANNsche Konstruktion gewählt werden. Unter der Polwechselgeschwindigkeit versteht man die Geschwindigkeit, mit der der Geschwindigkeitspol seine Lage auf der zugehörigen Polkurve wechselt. Dementsprechend stimmt die Richtung der Polwechselgeschwindigkeit mit der Tangente an die Polkurven p und q überein.

In Bild 3.25 ist für ein viergliedriges Getriebe A_0ABB_0 ein Ersatzgetriebe zur Bestimmung der Polwechselgeschwindigkeit gezeigt. Die dargestellte zweifache Kurbelschleife entsteht durch Verlängerung der beiden im Gestell gelagerten Glieder 2 und 4, Hinzufügen zweier Schubglieder 5 und 6 sowie durch Einfügen zweier Schleifengelenke zwischen den Gliedern 2 und 5 bzw. den Gliedern 4 und 6 und eines Drehgelenkes C zwischen den Schubgliedern 5 und 6. Damit führt der Gelenkpunkt C dieses Ersatzgetriebes die gleiche Bewegung wie der Geschwindigkeitspol P_{31} des ursprünglichen viergliedrigen Getriebes A_0ABB_0 aus und kann zur Ermittlung der Polwechselgeschwindigkeit herangezogen werden.

90   3 Geometrisch-kinematische Analyse ebener Getriebe

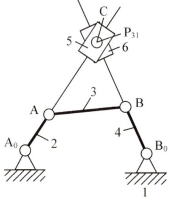

Bild 3.25

Ersatzgetriebe zur Bestimmung der Polwechselgeschwindigkeit der Koppelebene 3 im Viergelenkgetriebe A_0ABB_0

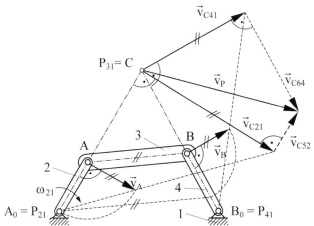

Bild 3.26
Bestimmung der Polwechselgeschwindigkeit der Koppelebene 3 im Viergelenkgetriebe A_0ABB_0

Zur Bestimmung der Polwechselgeschwindigkeit kann nach Bild 3.26 die Geschwindigkeit des Punktes $C = P_{31}$ mit Hilfe der in Abschnitt 3.2 beschriebenen Relativkinematik ermittelt werden. Dazu kann die Polwechselgeschwindigkeit $\vec{v}_P$ als die Absolutgeschwindigkeit des Gelenkpunktes C als Punkt der Gliedebene 5 und als Absolutgeschwindigkeit des Gelenkpunktes C als Punkt der Gliedebene 6 aufgefasst werden, so dass ausgehend von Gl. (3.33) gilt:

$$\vec{v}_P = \vec{v}_{C51} = \vec{v}_{C21} + \vec{v}_{C52} = \vec{v}_{C61} = \vec{v}_{C41} + \vec{v}_{C64} \qquad (3.62)$$

3.3 Krümmung von Bahnkurven

Ausgehend von einer vorzugebenden Geschwindigkeit $\vec{v}_A$ des Gelenkpunktes A muss zunächst die Geschwindigkeit $\vec{v}_B$ des Gelenkpunktes B bestimmt werden. Dies geschieht sinnvollerweise nach dem Satz der gedrehten Geschwindigkeiten, wobei am besten der Geschwindigkeitsmaßstab so gewählt werden sollte, dass die Länge des Geschwindigkeitsvektors $\vec{v}_A$ in der graphischen Konstruktion dem Abstand $\overline{A_0 A}$ im Zeichenmaßstab entspricht, d.h. $M_v = M_z / \omega_{21}$. Anschließend können die Führungsgeschwindigkeiten $\vec{v}_{C21}$ und $\vec{v}_{C41}$ wie in Bild 3.26 gezeigt bestimmt werden. Da die Relativgeschwindigkeiten $\vec{v}_{C52}$ und $\vec{v}_{C64}$ nur entlang der jeweiligen Polstrahlen gerichtet sein können, ergibt sich nun die Spitze des Vektors der Polwechselgeschwindigkeit als Schnittpunkt der Senkrechten in den Vektorspitzen von $\vec{v}_{C21}$ und $\vec{v}_{C41}$. Damit liegt die Polwechselgeschwindigkeit nach Betrag und Richtung vor, so dass auch die Polbahntangente bekannt ist.

Natürlich kann bei bekannter Polwechselgeschwindigkeit $\vec{v}_P$ die oben beschriebene Vorgehensweise auch umgedreht und der zugeordnete Krümmungsmittelpunkt A_0 zu einem beliebigen Punkt A einer allgemein bewegten Ebene bestimmt werden. Allerdings ist es hierzu im Gegensatz zur Konstruktion nach BOBILLIER erforderlich, dass auch die Geschwindigkeit des betrachteten Punktes bekannt ist.

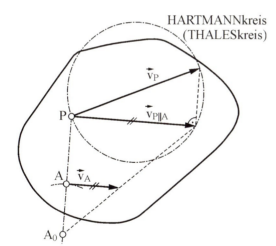

Bild 3.27

HARTMANNsche Konstruktion des Krümmungsmittelpunkts

Wie in Bild 3.27 gezeigt, wird zunächst der HARTMANNkreis (THALESkreis) mit dem Durchmesser $D = |\vec{v}_P|$ konstruiert. Anschließend ergibt sich auf einfache Weise die Komponente der Polwechselgeschwindigkeit parallel zu $\vec{v}_A$, so dass der Krümmungsmittelpunkt A_0 nach dem Strahlensatz ermittelt werden kann.

3.3.6 Wendepunkt und Wendekreis

Von praktischer Bedeutung sind insbesondere solche Gliedpunkte, die annähernd geradlinig bewegt werden, also momentan einen Wendepunkt ihrer Bahn durchlaufen. Als Beispiel seien in Bild 3.28 für den momentanen Bewegungszustand der Gliedebene E wieder das t,n-System und C, C_0 als ein bekanntes Paar zugeordneter Krümmungsmittelpunkte gegeben. Gesucht ist ein Gliedpunkt G_W auf der gegebenen Polgeraden g, der gerade einen Wendepunkt seiner Bahn durchläuft. Der zugeordnete Krümmungsmittelpunkt G_0 muss dementsprechend im Unendlichen liegen.

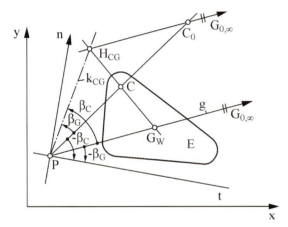

Bild 3.28

Bestimmung eines Gliedpunktes G_W auf der Polgeraden g, der einen Wendepunkt durchläuft

Damit ergibt sich nach dem Satz von BOBILLIER der Hilfspol H_{CG} als Schnittpunkt der Kollineationsachse k_{CG}, die mit Hilfe des Winkels β_G ausgehend von der Polbahntangente t bestimmt werden kann, und der Parallelen zu g durch C_0. Anschließend ergibt sich die Lage des gesuchten Wendepunktes G_W als Schnittpunkt der Geraden $H_{CG}C$ mit der gegebenen Polgeraden g.

Betrachtet man nun die beiden Dreiecke PCG_W und C_0CH_{CG}, so sind diese beiden Dreiecke einander ähnlich. Dementsprechend gilt für die Verhältnisse der Dreiecksseiten

$$\frac{\overline{PC}}{\overline{C_0C}} = \frac{\overline{PG_W}}{\overline{H_{CG}C_0}} \ . \tag{3.63}$$

Betrachtet man nun noch das Dreieck $PH_{CG}C_0$, so gilt nach dem Sinussatz

$$\frac{\overline{H_{CG}C_0}}{\sin\beta_G} = \frac{\overline{PC_0}}{\sin(\pi-\beta_C)} \ . \tag{3.64}$$

3.3 Krümmung von Bahnkurven

Unter Berücksichtigung, dass sich die Strecke $\overline{C_0C}$ auch durch die Differenz der jeweiligen Polabstände ausdrücken lässt, erhält man aus den beiden Gln. (3.63) und (3.64)

$$\frac{\sin\beta_G}{\overline{PG_W}} = \left(\frac{1}{\overline{PC}} - \frac{1}{\overline{PC_0}}\right)\cdot \sin\beta_C = \text{const.} = \frac{1}{d_W}\ . \tag{3.65}$$

Ein Vergleich mit Gl. (3.61) zeigt, dass sich diese Gleichung auch schreiben lässt als

$$\overline{PG_W} = d_W \cdot \sin\beta_G\ . \tag{3.66}$$

Diese Gleichung für den Abstand des Wendepunktes G_W vom Pol P stellt eine allgemeine Kreisgleichung dar, wobei d_W den Durchmesser dieses Kreises beschreibt. Der Kreis stellt somit den geometrischen Ort aller derjenigen Punkte einer allgemein bewegten Ebene dar, die momentan einen Wende- oder Flachpunkt ihrer Bahn durchlaufen. Damit ist die schon in Abschnitt 3.3.3 aufgestellte Behauptung, die für Gl. (3.61) aufgestellt wurde, bewiesen. Der sogenannte Wendekreis k_W hat seinen Mittelpunkt auf dem positiven Ast der Polbahnnormalen und geht sowohl durch den Geschwindigkeitspol P als auch durch den sogenannten Wendepol W, er tangiert also die Polbahntangente (Bild 3.29). Die Punkte P und W haben auf der Polbahnnormalen den Abstand d_W.

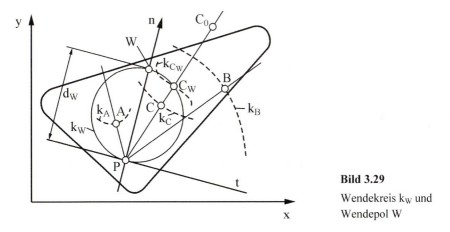

Bild 3.29
Wendekreis k_W und Wendepol W

Dieser Abstand bzw. der Durchmesser d_W des Wendekreises und mit dem t,n-System auch seine Lage relativ zum bewegten Glied ist im Allgemeinen für jede Lage des Gliedes anders.

Vom Pol aus gesehen sind die Bahnkurven von Gliedpunkten innerhalb des Wendekreises konvex (k_A und k_C) und außerhalb des Wendekreises konkav (k_B) gekrümmt. Die Krümmung ist also immer zum Wendekreis hin gerichtet. Die Gliedpunkte, die momentan auf dem Wendekreis liegen (z.B. C_W), durchlaufen einen Wendepunkt ihrer Bahn mit $\rho = \infty$ und haben demzufolge auch momentan keine Normalbeschleunigung.

Sind für eine Gliedlage das t,n-System und ein Gliedpunkt bekannt, dessen zugeordneter Krümmungsmittelpunkt im Unendlichen liegt (Gliedpunkt liegt auf dem Wendekreis), so ist der Wendekreis eindeutig bestimmt. Man ermittelt ihn, indem im betreffenden Gliedpunkt die Senkrechte zum zugehörigen Polstrahl gezeichnet wird, die auf der Polbahnnormalen den Wendekreisdurchmesser d_W abschneidet (THALESkreis).

Ein solcher Punkt auf dem Wendekreis lässt sich auf verschiedene Weise finden, wenn das t,n-System und ein Paar zugeordneter Krümmungsmittelpunkte bekannt sind. Ein graphisches Verfahren mit Hilfe des Satzes von BOBILLIER wurde bereits an Hand von Bild 3.28 erläutert. Rechnerisch kann dagegen unmittelbar der Schnittpunkt eines Polstrahles zu einem bekannten Punktepaar mit dem Wendekreis bestimmt werden. Bezeichnet man nach Bild 3.29 den Schnittpunkt des Polstrahles PCC_0 mit dem Wendekreis mit C_W, so lässt sich ablesen:

$$\overline{PC_W} = d_W \cdot \sin \beta_C . \tag{3.67}$$

Einsetzen in Gl. (3.65) liefert schließlich

$$\overline{PC_W} = \frac{\overline{PC} \cdot \overline{PC_0}}{\overline{PC_0} - \overline{PC}} = \frac{\overline{PC} \cdot \overline{PC_0}}{\overline{C_0 C}} . \tag{3.68}$$

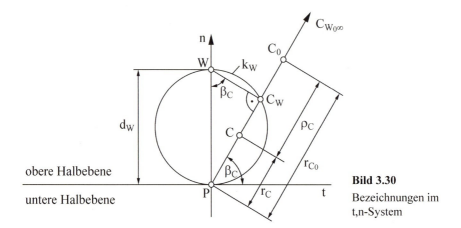

Bild 3.30
Bezeichnungen im t,n-System

Mit der genauen Kenntnis der Eigenschaften des Wendekreises lassen sich nun die Beziehungen zwischen zugeordneten Krümmungsmittelpunkten, dem t,n-System und dem Wendekreis durch die EULER-SAVARYsche Gleichung beschreiben.

3.3 Krümmung von Bahnkurven

Sinnvollerweise werden dazu die Lage eines Paares zugeordneter Krümmungsmittelpunkte im t,n-System und der Wendekreis durch folgende Größen gekennzeichnet (Bild 3.30):

r_C Abstand des betrachteten Gliedpunktes vom Pol, d.h. $r_C = \overline{PC}$,

r_{C_0} Abstand des zugeordneten Krümmungsmittelpunktes vom Pol, d.h. $r_{C_0} = \overline{PC_0}$,

ρ_C Krümmungsradius der Bahn des betrachteten Gliedpunktes an der Stelle seiner momentanen Lage, d.h. $\rho_C = \overline{C_0 C}$,

β_C Winkel zwischen der Polbahntangente und dem Polstrahl des betrachteten Paares zugeordneter Krümmungsmittelpunkte,

d_W Durchmesser des Wendekreises in der momentanen Gliedlage.

Mit diesen Bezeichnungen lässt sich die EULER-SAVARYsche Gleichung (3.61) in folgender Form darstellen:

$$\frac{1}{r_C} - \frac{1}{r_{C_0}} = \frac{1}{d_W \cdot \sin\beta} \qquad (3.69)$$

Dabei werden die Polabstände für Punkte, die in der oberen Halbebene liegen (auf der Seite der positiven Polbahnnormalen) als positiv und für Punkte in der unteren Halbebene als negativ vereinbart. Unter dieser Voraussetzung haben der Wendekreisdurchmesser d_W und der Sinus des Winkels β_C zwischen Polstrahl und Polbahntangente unabhängig von der Lage der Punkte immer positives Vorzeichen.

Für Punkte auf dem Wendekreis geht r_{C_0} gegen unendlich. Damit folgt für den Polabstand r_W der Punkte auf dem Wendekreis die allgemeine Formulierung von Gl. (3.66), nämlich.

$$r_W = d_W \cdot \sin\beta_C \ . \qquad (3.70)$$

Der Krümmungsradius ρ_C der Bahn eines Gliedpunktes ist die Differenz der Polabstände r_C und r_{C_0}:

$$\rho_C = \left| r_{C_0} - r_C \right| . \qquad (3.71)$$

Durch Umformung der EULER-SAVARYschen Gleichung (3.69) erhält man

$$\left(r_{C_0} - r_C \right) \cdot d_W \cdot \sin\beta_C = r_C \cdot r_{C_0} \ . \qquad (3.72)$$

Subtrahiert man nun von beiden Seiten dieser Gleichung r_C^2, so ergibt sich

$$\left(r_{C_0} - r_C \right) \cdot d_W \cdot \sin\beta_C - r_C^2 = r_C \cdot \left(r_{C_0} - r_C \right) . \qquad (3.73)$$

Damit erhält man letztlich folgende Gleichung für den gesuchten Krümmungsradius ρ_C, nämlich

$$\rho_C = \left| r_{C_0} - r_C \right| = \left| \frac{r_C^2}{d_W \cdot \sin\beta_C - r_C} \right| . \tag{3.74}$$

3.4 Übungsaufgaben

Aufgabe 3.1:

Konstruieren Sie mit dem Programm CINDERELLA

a) eine Strecke und

b) einen Winkel, die verstellbar sind.

Aufgabe 3.2:

Konstruieren Sie mit dem Programm CINDERELLA eine Kurbelschwinge mit verstellbaren Gliedlängen.

Aufgabe 3.3:

Ein Viergelenkgetriebe habe die Abmessungen

$\overline{A_0 A} = 32$ mm, $\overline{AB} = 48$ mm, $\overline{B_0 B} = 56$ mm, $\overline{A_0 B_0} = 50$ mm.

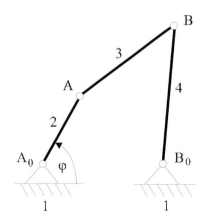

Die Antriebswinkelgeschwindigkeit $\omega \equiv \dot\varphi$ sei konstant.

a) Ermitteln Sie das Übersetzungsverhältnis von Antrieb zu Abtrieb und den Momentanpol der Koppel AB, wenn der Antriebswinkel in der gezeichneten Stellung $\varphi = 60°$ beträgt.

b) Das Übersetzungsverhältnis sowie der Momentanpol der Koppel sind zu ermitteln, wenn sich das Getriebe in der äußeren Totlage befindet (A_0, A, B liegen auf einer Geraden, A liegt zwischen A_0 und B).

3.4 Übungsaufgaben

Aufgabe 3.4:

Ein Planetengetriebe besteht aus Sonnenrad (2), Hohlrad (3), drei Planetenrädern (4) und dem die Planetenräder verbindenden Radträger (5), alle drehbar um die Achse 12 gelagert. Unter anderem sind folgende Fälle möglich:

I) Antrieb am Sonnenrad 2, Hohlrad 3 steht still, Abtrieb am Glied 5

II) Antrieb am Hohlrad 3, Sonnenrad 2 steht still, Abtrieb am Glied 5

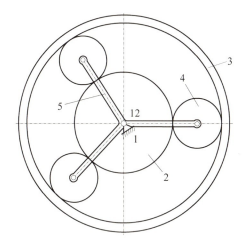

Gegeben sind die Radien r_2, r_3, r_4, r_5.

Ermitteln Sie für beide Fälle:

a) den Momentanpol P_{14} der Planetenräder 4,

b) die Winkelgeschwindigkeit ω_{41} der Planetenräder 4,

c) die Geschwindigkeit v_M des Mittelpunktes der Planetenräder 4,

d) das Übersetzungsverhältnis i zwischen dem antreibenden Rad und dem Abtriebsglied 5.

Aufgabe 3.5:

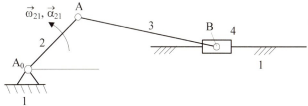

Das abgebildete exzentrische Schubkurbelgetriebe dient zur Umwandlung einer Drehung in eine Schiebung und wird z.B. in Verbrennungsmotoren eingesetzt. Die Kurbel A_0A drehe sich mit $\dot{\varphi}_{21} \equiv \omega_{21} = 1\ \text{rad/s}$ und $\dot{\omega}_{21} \equiv \alpha_{21} = 0{,}5\ \text{rad/s}^2$.

Ermitteln Sie zeichnerisch für die skizzierte Lage:

a) die Geschwindigkeiten aller Systempunkte im v-Plan,

b) die Geschwindigkeiten aller Systempunkte im ⌈v-Plan,

c) die Beschleunigungen aller Systempunkte im a-Plan.

Aufgabe 3.6:

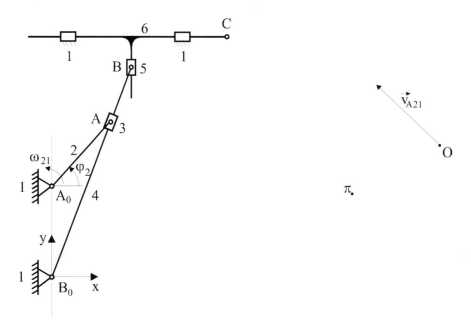

Das abgebildete sechsgliedrige Getriebe dient als Antrieb einer Horizontal-Stoßmaschine. Das Antriebsglied 2 dreht mit einer konstanten Winkelgeschwindigkeit ω_{21}.

Für die gezeichnete Stellung ($\varphi_2 = 45°$) und das gegebene $\vec{v}_{A21}$ sind zu ermitteln:

a) die Geschwindigkeiten aller Systempunkte,

b) die Beschleunigungen aller Systempunkte.

(Maßstäbe: $M_z = 1 \dfrac{\text{cm}}{\text{cm}_z}$, $M_v = 1 \dfrac{\text{cm/s}}{\text{cm}_z}$)

Aufgabe 3.7:

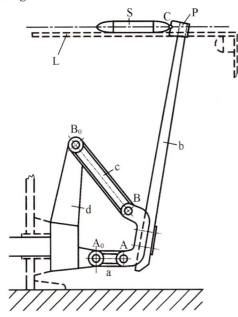

Die Skizze zeigt den Schlagmechanismus einer Webmaschine.

Dem Schlagstock (Koppel b des Getriebes) wird durch einen nicht dargestellten Antrieb eine schlagartige Beschleunigung erteilt und der Picker P treibt dadurch den Schützen S über die Ladenbahn L. Um eine ungestörte Bewegung des Schützen zu erreichen, soll der Berührpunkt C zwischen Picker und Schützenspitze eine möglichst geradlinige und waagerechte Bewegung ausführen.

Die Skizze zeigt das Getriebe gerade in der Stellung, in der C eine waagerechte Bewegungsrichtung hat.

Ermitteln Sie graphisch nach BOBILLIER

a) den momentanen Krümmungsradius der Bahnkurve des Punktes C,

b) die neue Lage B_0^* des Gestellgelenkes so, dass C waagerecht und annähernd geradlinig bewegt wird
      i) mit BOBILLIER
      ii) mit HARTMANN

4 Numerische Getriebeanalyse

Mit den bisher angesprochenen Berechnungsmethoden lassen sich die jeweils interessierenden kinematischen Größen wie Lage, Geschwindigkeit und Beschleunigung der Getriebeglieder nur für eine einzelne Stellung des Getriebes berechnen. Die Analyse eines Getriebes für eine Bewegungsperiode ist somit sehr zeitaufwendig, zumal die zeichnerisch-anschaulichen Verfahren komplizierter zu programmieren sind. Für die Berechnung mit dem Computer sind daher andere Ansätze notwendig.

In diesem Kapitel werden zwei Methoden vorgestellt, die sich besonders für die numerische Getriebeanalyse eignen, da sie einfach zu programmierende Algorithmen benutzen:

- Analytisch-vektorielle Methode
- Modulmethode

Die erste Methode setzt die Formulierung der vektoriellen Geschlossenheitsbedingung(en) für ein Getriebe voraus, aus denen sich die für ein Getriebe typische **Funktionalmatrix** aufbauen lässt, nämlich die **JACOBI-Matrix** oder **Matrix der partiellen Übertragungsfunktionen 1. Ordnung**. Da die meisten ebenen (und auch räumlichen) Getriebe eine oder mehrere geschlossene kinematischen Ketten zur Grundlage haben, ergeben sich die Geschlossenheitsbedingungen fast automatisch. Die Gleichungen für die Lage eines Getriebes sind wegen der auftretenden trigonometrischen Funktionen in den x- und y-Komponenten der vektoriellen Geschlossenheitsbedingungen allerdings fast immer nur iterativ zu lösen. Die Erweiterung der analytisch-vektoriellen Methode auf die Berechnung von Koppelkurven (Bahnen einzelner Getriebepunkte) ist wiederum sehr einfach, ebenso wie die Ermittlung von Geschwindigkeiten und Beschleunigungen.

Die zweite Methode zerlegt ein Getriebe in einfachere Bauformen (Elementargruppen), die für sich kinematisch (und kinetostatisch) bestimmt sind, d.h. deren kinematische Ausgangsgrößen sich bei bekannten kinematischen Eingangsgrößen eindeutig berechnen lassen. Diese Modulmethode bleibt für exakte, geschlossen-analytische Lösungen allerdings auf Zweischläge als Elementargruppen beschränkt und ist in der Richtlinie VDI 2729 umfassend beschrieben.

4.1 Analytisch-vektorielle Methode

Von einem Getriebe seien alle geometrischen Abmessungen sowie die Antriebsgrößen, d.h. deren Lage, Geschwindigkeit und Beschleunigung, bekannt. Gesucht sind die kinematischen Größen (Winkel und Wege sowie deren zeitliche Ableitungen) aller bewegten Getriebeglieder.

Bei der analytisch-vektoriellen Methode werden Gleichungen erstellt, die das Getriebe vollständig geometrisch beschreiben und alle bekannten und unbekannten Größen ($\varphi_i, \dot{\varphi}_i, \ddot{\varphi}_i, s_i, \dot{s}_i, \ddot{s}_i$) enthalten. Die Nullstellen dieser Gleichungen und damit die unbekannten kinematischen Größen werden dann numerisch ermittelt.

Die entsprechenden Gleichungen erhält man durch die Formulierung von **Geschlossenheitsbedingungen** bzw. **Zwangsbedingungen**. Als Beispiel sei eine einfache Schubkurbel betrachtet (Bild 4.1).

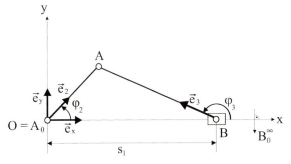

Bild 4.1

Bezeichnungen an einer zentrischen Schubkurbel für die analytisch-vektorielle Methode. Mit $\vec{e}$ sind die Einheitsvektoren auf den Verbindungsgeraden der Gelenke bezeichnet.

Von dieser Schubkurbel seien die folgenden Abmessungen gegeben:

$$\overline{A_0 A} = a = r_2$$

$$\overline{AB} = b = r_3$$

Gesucht sind zunächst die unbekannten Größen φ_3 und s_1.

Die Geschlossenheitsbedingung fordert anschaulich, dass das Getriebe nicht auseinander fällt, da die Getriebeglieder gelenkig miteinander verbunden sind. Ordnet man den Getriebegliedern Vektoren in der x-y-Ebene zu, so bedeutet die Geschlossenheitsbedingung, dass diese Vektoren sich zum Nullvektor ergänzen müssen:

$$\overline{A_0A} \cdot \vec{e}_2 - \overline{AB} \cdot \vec{e}_3 - s_1 \cdot \vec{e}_x = \vec{0}$$

oder (4.1)

$$r_2 \cdot \vec{e}_2 - r_3 \cdot \vec{e}_3 - s_1 \cdot \vec{e}_x = \vec{0}$$

Die letzten Terme der Gl. (4.1) sind negativ, weil Glied 3 und die Gestellgerade A_0B entgegen der positiven Richtung der Einheitsvektoren $\vec{e}_3$ und $\vec{e}_x$ durchlaufen werden.

Drückt man die Einheitsvektoren mit Hilfe der Winkel aus, erhält man die Vektorform

$$\vec{\Phi} \equiv r_2 \cdot \begin{bmatrix} \cos\varphi_2 \\ \sin\varphi_2 \end{bmatrix} - r_3 \cdot \begin{bmatrix} \cos\varphi_3 \\ \sin\varphi_3 \end{bmatrix} - \begin{bmatrix} s_1 \\ 0 \end{bmatrix} = \begin{bmatrix} 0 \\ 0 \end{bmatrix}. \qquad (4.2)$$

Gl. (4.2) kann aufgespalten werden in zwei Gleichungen; dies entspricht der Projektion der Vektoren auf die x- bzw. y-Achse:

$$\begin{aligned}\Phi_1 &\equiv r_2 \cdot \cos\varphi_2 - r_3 \cdot \cos\varphi_3 - s_1 = 0 \\ \Phi_2 &\equiv r_2 \cdot \sin\varphi_2 - r_3 \cdot \sin\varphi_3 = 0\end{aligned} \qquad (4.3)$$

In diesen beiden Gleichungen sind alle bekannten und unbekannten Winkel und Wege enthalten. Alle Kombinationen von s_1, φ_2 und φ_3, die Gl. (4.3) zu null werden lassen, sind mögliche Lagen des Getriebes. Da φ_2 als Antriebswinkel bekannt ist, reichen zwei Gleichungen zur Berechnung der Unbekannten s_1 und φ_3 aus. Jede Zwangsbedingung in der Form der Gl. (4.1) liefert zwei Gleichungen zur Bestimmung der Unbekannten. Für die Berechnung von jeweils zwei Unbekannten des Getriebes benötigt man also eine Zwangsbedingung bzw. **Schleifengleichung**. Bei ebenen Getrieben mit n Gliedern und g Gelenken vom Freiheitsgrad f = 1 beträgt die Anzahl p der notwendigen Schleifen

$$p = g - (n - 1). \qquad (4.4)$$

Die Zwangsbedingungen liefern also ein System von $2p$ nichtlinearen Gleichungen mit $2p$ Unbekannten, das in allgemeiner Form lautet:

$$\vec{\Phi}(\vec{q}) = \vec{0}. \qquad (4.5)$$

$\vec{\Phi}$ ist der Vektor der $2p$ Zwangsbedingungen, $\vec{q}$ der Vektor der $2p$ Unbekannten. Dieses Gleichungssystem kann fast immer nur iterativ gelöst werden. Im Fall der Schubkurbel ist eine geschlossen-analytische Lösung der Gl. (4.3) angebbar, die somit zum Vergleich mit der iterativen Lösung herangezogen werden kann.

4.1.1 Iterative Lösung der Lagegleichungen

Die Nullstellen nichtlinearer Gleichungssysteme lassen sich in der Regel nicht direkt ermitteln. Eine Möglichkeit zur numerischen Lösung solcher Gleichungssysteme ist die Iterationsmethode nach NEWTON-RAPHSON, die anhand eines einfachen, zweidimensionalen Beispiels erläutert werden soll [4.1].

In Bild 4.2 ist eine Funktion $\Phi(q)$ dargestellt, deren Nullstelle gesucht ist. Ausgehend vom Startwert q_i, für den also der Funktionswert $\Phi(q_i)$ und die Ableitung $\Phi'(q_i)$ bekannt sind, ist eine Näherung für die Nullstelle gegeben durch

$$\Phi(q_i) + \Phi'(q_i) \cdot \Delta q = 0 \ . \tag{4.6}$$

Daraus erhält man

$$\Delta q = -\frac{\Phi(q_i)}{\Phi'(q_i)} \ . \tag{4.7}$$

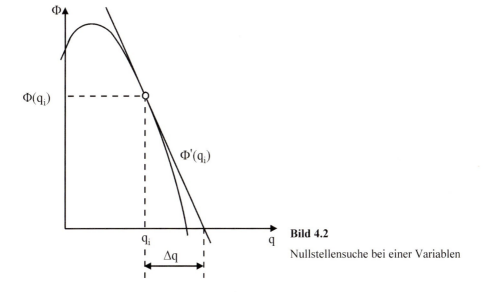

Bild 4.2
Nullstellensuche bei einer Variablen

Formal kommt man auf dasselbe Ergebnis, wenn man die Funktion Φ um den Startwert q_i in eine TAYLOR-Reihe entwickelt, d.h.

$$\Phi(q_i + \Delta q) = \Phi(q_i) + \Phi'(q_i) \cdot \Delta q - \frac{\Phi''(q_i)}{2!} \cdot \Delta q^2 + \ldots = 0 \ , \tag{4.8}$$

und nach dem linearen Glied abbricht. Aufgelöst nach Δq erhält man

$$\Delta q = -\frac{\Phi(q_i)}{\Phi'(q_i)}. \tag{4.9}$$

Einen verbesserten Wert für die Nullstelle q erhält man durch die Iterationsvorschrift

$$q_{i+1} = q_i + \Delta q. \tag{4.10}$$

Mit diesem q_{i+1} berechnet man erneut Δq und verbessert so die Näherung der Nullstelle schrittweise. Die Iteration wird abgebrochen, wenn Δq betragsmäßig eine bestimmte vorgegebene Grenze ε unterschreitet -

$$|\Delta q| < \varepsilon \tag{4.11}$$

- oder wenn $\Phi(q)$ betragsmäßig gegen null konvergiert -

$$|\Phi(q_{i+1})| < \varepsilon \tag{4.12}$$

- oder eine bestimmte Anzahl von Iterationen erreicht ist.

4.1.2 Erweiterung auf den mehrdimensionalen Fall

Ebenso wie die Funktion Φ mit einer Variablen kann die n-dimensionale Vektorfunktion $\vec{\Phi} = (\Phi_1, \Phi_2, \ldots, \Phi_n)^T$ in eine TAYLOR-Reihe entwickelt werden, die nach den linearen Gliedern abgebrochen wird:

$$\vec{\Phi}(\vec{q}_i + \Delta\vec{q}) = \vec{\Phi}(\vec{q}_i) + \frac{\partial\vec{\Phi}(\vec{q}_i)}{\partial\vec{q}_i}\Delta\vec{q} - \ldots = \vec{\Phi}(\vec{q}_i) + \mathbf{J}(\vec{q}_i)\Delta\vec{q} + \ldots = \vec{0}. \tag{4.13}$$

Der Term $\dfrac{\partial\vec{\Phi}(\vec{q}_i)}{\partial\vec{q}_i}$ wird **JACOBI-Matrix J** genannt. Für das Beispielgetriebe aus Bild 4.1 lautet die JACOBI-Matrix

$$\mathbf{J} = \frac{\partial\vec{\Phi}(\vec{q})}{\partial\vec{q}} = \begin{bmatrix} \dfrac{\partial\Phi_1}{\partial\varphi_3} & \dfrac{\partial\Phi_1}{\partial s_1} \\ \dfrac{\partial\Phi_2}{\partial\varphi_3} & \dfrac{\partial\Phi_2}{\partial s_1} \end{bmatrix} = \begin{bmatrix} r_3 \cdot \sin\varphi_3 & -1 \\ -r_3 \cdot \cos\varphi_3 & 0 \end{bmatrix}. \tag{4.14}$$

Den Vektor $\Delta\vec{q} = (\Delta q_1, \Delta q_2, \ldots, \Delta q_n)^T$ errechnet man aus

$$\Delta\vec{q} = -\mathbf{J}^{-1}(\vec{q}_i) \cdot \vec{\Phi}(\vec{q}_i) \tag{4.15}$$

4.1 Analytisch-vektorielle Methode

und den neuen Vektor $\vec{q}_{i+1}$ aus

$$\vec{q}_{i+1} = \vec{q}_i + \Delta\vec{q} \,. \tag{4.16}$$

Die Iteration wird abgebrochen, wenn eine der Bedingungen (4.11) oder (4.12) für alle n Komponenten erfüllt ist, d.h.:

$$|\Delta q| < \varepsilon \quad \text{oder} \tag{4.17}$$

$$|\Phi(\vec{q}_{i+1})| < \varepsilon \,. \tag{4.18}$$

In Bild 4.3 ist der gesamte Ablauf zusammengefasst.

Kennzeichnend für das NEWTON-RAPHSON-Verfahren ist eine schnelle Konvergenz in der Nähe der Nullstellen. Da aber gleichsam mit Hilfe des Gradienten auf die Nullstelle „gezielt" wird, ist ein guter Startwert, d.h. ein $\vec{q}_0$ in der Nähe der Lösung, notwendig. Diesen kann man z.B. einer maßstäblichen Zeichnung des Getriebes entnehmen. Ist der Startwert dagegen zu weit von der Lösung entfernt, besteht die Gefahr, dass das Iterationsverfahren versagt.

4.1.3 Berechnung der Geschwindigkeiten

Durch Differentiation der Gl. (4.5) nach der Zeit erhält man allgemein die Bestimmungsgleichung für die Geschwindigkeiten. Für das Beispielgetriebe aus Bild 4.1 gilt für die Ableitung der Gl. (4.3):

$$\begin{aligned}\dot{\Phi}_1 &\equiv -r_2 \cdot \dot{\varphi}_2 \cdot \sin\varphi_2 + r_3 \cdot \dot{\varphi}_3 \cdot \sin\varphi_3 - \dot{s}_1 = 0 \\ \dot{\Phi}_2 &\equiv r_2 \cdot \dot{\varphi}_2 \cdot \cos\varphi_2 - r_3 \cdot \dot{\varphi}_3 \cdot \cos\varphi_3 \phantom{- \dot{s}_1} = 0\end{aligned} \tag{4.19}$$

Ordnet man die Gleichung nach Bekannten/Unbekannten, ergibt sich ($\dot{\varphi}_2$ ist ebenso wie φ_2 gegeben)

$$\begin{bmatrix} r_3 \cdot \sin\varphi_3 & -1 \\ -r_3 \cdot \cos\varphi_3 & 0 \end{bmatrix} \cdot \begin{bmatrix} \dot{\varphi}_3 \\ \dot{s}_1 \end{bmatrix} = \begin{bmatrix} r_2 \cdot \dot{\varphi}_2 \cdot \sin\varphi_2 \\ -r_2 \cdot \dot{\varphi}_2 \cdot \cos\varphi_2 \end{bmatrix}. \tag{4.20}$$

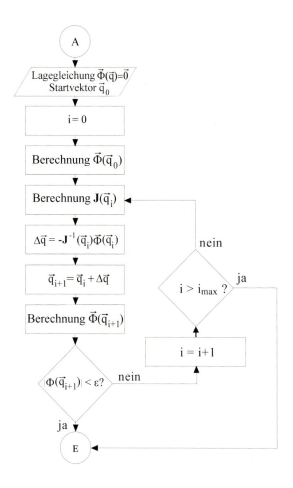

Bild 4.3

Ablaufplan der NEWTON-RAPHSON-Iteration

Offensichtlich liegt hier ein lineares Gleichungssystem für die Geschwindigkeiten $\dot{\varphi}_3$ und $\dot{s}_1$ vor, das sich z.B. mit Hilfe des GAUSS-Verfahrens lösen lässt [4.1]. Die Koeffizientenmatrix in Gl. (4.20) stimmt mit der JACOBI-Matrix aus Gl. (4.14) überein, so dass diese nur einmal berechnet werden muss. Einzig die rechte Seite des Gleichungssystems ist neu zu berechnen. Sind die unbekannten Lagevariablen bekannt (durch die Iteration der Lagegleichungen), ist auf der Geschwindigkeitsstufe keine Iteration mehr notwendig.

4.1.4 Berechnung der Beschleunigungen

Nochmaliges Differenzieren von Gl. (4.19) nach der Zeit führt zu den Gleichungen der Beschleunigungsstufe:

$$\ddot{\Phi}_1 \equiv -r_2\ddot{\varphi}_2\sin\varphi_2 - r_2\dot{\varphi}_2^2\cos\varphi_2 + r_3\ddot{\varphi}_3\sin\varphi_3 + r_3\dot{\varphi}_3^2\cos\varphi_3 - \ddot{s}_1 = 0$$
$$\ddot{\Phi}_2 \equiv r_2\ddot{\varphi}_2\cos\varphi_2 - r_2\dot{\varphi}_2^2\sin\varphi_2 - r_3\ddot{\varphi}_3\cos\varphi_3 + r_3\dot{\varphi}_3^2\sin\varphi_3 = 0 \quad (4.21)$$

Bei bekannten Größen $\varphi_2, \dot{\varphi}_2, \ddot{\varphi}_2$ und $\varphi_3, \dot{\varphi}_3$ kommt durch Ordnen das Gleichungssystem

$$\begin{bmatrix} r_3 \cdot \sin\varphi_3 & -1 \\ -r_3 \cdot \cos\varphi_3 & 0 \end{bmatrix} \cdot \begin{bmatrix} \ddot{\varphi}_3 \\ \ddot{s}_1 \end{bmatrix} = \begin{bmatrix} r_2\ddot{\varphi}_2\sin\varphi_2 + r_2\dot{\varphi}_2^2\cos\varphi_2 - r_3\dot{\varphi}_3^2\cos\varphi_3 \\ -r_2\ddot{\varphi}_2\cos\varphi_2 + r_2\dot{\varphi}_2^2\sin\varphi_2 - r_3\dot{\varphi}_3^2\sin\varphi_3 \end{bmatrix} \quad (4.22)$$

zustande. Gl. (4.22) unterscheidet sich nur in der rechten Seite von Gl. (4.20). Analog zu Gl. (4.20) können durch Inversion der JACOBI-Matrix die unbekannten Beschleunigungen errechnet werden.

Lehrbeispiel Nr. 4.1: Sechsgliedriges Getriebe mit Abtriebsschieber

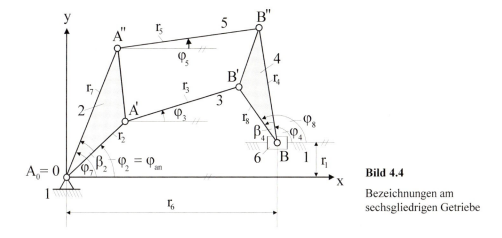

Bild 4.4

Bezeichnungen am sechsgliedrigen Getriebe

Das Getriebe besteht aus 6 Gliedern und 7 Gelenken mit f = 1. Folglich sind

$$p = g - (n-1) = 7 - (6-1) = 2$$

Zwangsbedingungen (= Schleifengleichungen) notwendig. Der Freiheitsgrad des Getriebes ist aber

$$F = b \cdot (n-1) - \sum u_i = 3 \cdot (6-1) - (7 \cdot 2) = 15 - 14 = 1$$

Hinweis: Man kann nicht vom Freiheitsgrad auf die Anzahl der für die Iteration notwendigen Gleichungen schließen.

Die beiden Schleifen ergeben sich durch zwei unterschiedliche Durchläufe durch das Getriebe:

$$\text{Schleife 1: } r_2 \vec{e}_2 + r_3 \vec{e}_3 - r_8 \vec{e}_8 - r_1 \vec{e}_y - r_6 \vec{e}_x = \vec{0}$$
$$\text{Schleife 2: } r_7 \vec{e}_7 + r_5 \vec{e}_5 - r_4 \vec{e}_4 - r_1 \vec{e}_y - r_6 \vec{e}_x = \vec{0}$$
(4.23)

Projiziert man diese Schleifengleichungen auf die x- und y-Achse, erhält man die vier Lagegleichungen:

$$\Phi_1 \equiv r_2 \cos\varphi_2 + r_3 \cos\varphi_3 - r_8 \cos\varphi_8 - r_6 = 0,$$
$$\Phi_2 \equiv r_2 \sin\varphi_2 + r_3 \sin\varphi_3 - r_8 \sin\varphi_8 - r_1 = 0,$$
$$\Phi_3 \equiv r_7 \cos\varphi_7 + r_5 \cos\varphi_5 - r_4 \cos\varphi_4 - r_6 = 0,$$
$$\Phi_4 \equiv r_7 \sin\varphi_7 + r_5 \sin\varphi_5 - r_4 \sin\varphi_4 - r_1 = 0.$$
(4.24)

Mit φ_2 als (bekanntem) Antriebswinkel enthält Gl. (4.24) insgesamt sechs Unbekannte ($\varphi_3, \varphi_4, \varphi_5, \varphi_7, \varphi_8, r_6$). Weil die Getriebeglieder 2 und 4 starr sind, gelten zwischen den Winkeln φ_2 und φ_7 sowie φ_4 und φ_8 folgende Beziehungen:

$$\varphi_7 = \varphi_2 + \beta_2$$
$$\varphi_8 = \varphi_4 + \beta_4$$
(4.25)

mit β_2 und β_4 als konstanten Winkeln.

Durch Einsetzen von Gl. (4.25) in Gl. (4.24) lauten die Geschlossenheitsbedingungen des Getriebes:

$$\vec{\Phi}(\varphi_3, \varphi_4, \varphi_5, r_6) = \begin{bmatrix} r_2 \cos\varphi_2 + r_3 \cos\varphi_3 - r_8 \cos(\varphi_4 + \beta_4) - r_6 \\ r_2 \sin\varphi_2 + r_3 \sin\varphi_3 - r_8 \sin(\varphi_4 + \beta_4) - r_1 \\ r_7 \cos(\varphi_2 + \beta_2) + r_5 \cos\varphi_5 - r_4 \cos\varphi_4 - r_6 \\ r_7 \sin(\varphi_2 + \beta_2) + r_5 \sin\varphi_5 - r_4 \sin\varphi_4 - r_1 \end{bmatrix} = \vec{0}$$
(4.26)

4.1 Analytisch-vektorielle Methode

Die Anzahl der Unbekannten beträgt nun vier ($\varphi_3, \varphi_4, \varphi_5, r_6$), so dass Gl. (4.26) mit Hilfe des NEWTON-RAPHSON-Verfahrens iterativ lösbar ist.

Die für die Iteration notwendige JACOBI-Matrix lautet

$$\mathbf{J} = \frac{\partial \vec{\Phi}(\vec{q})}{\partial \vec{q}} = \begin{bmatrix} -r_3 \sin \varphi_3 & r_8 \sin(\varphi_4 + \beta_4) & 0 & -1 \\ r_3 \cos \varphi_3 & -r_8 \cos(\varphi_4 + \beta_4) & 0 & 0 \\ 0 & r_4 \sin \varphi_4 & -r_5 \sin \varphi_5 & -1 \\ 0 & -r_4 \cos \varphi_4 & r_5 \cos \varphi_5 & 0 \end{bmatrix}. \quad (4.27)$$

Die Gleichungen der Geschwindigkeitsstufe sind jetzt:

$$\begin{aligned} -r_2 \dot{\varphi}_2 \sin \varphi_2 - r_3 \dot{\varphi}_3 \sin \varphi_3 + r_8 \dot{\varphi}_4 \sin(\varphi_4 + \beta_4) - \dot{r}_6 &= 0 \\ r_2 \dot{\varphi}_2 \cos \varphi_2 + r_3 \dot{\varphi}_3 \cos \varphi_3 - r_8 \dot{\varphi}_4 \cos(\varphi_4 + \beta_4) &= 0 \\ -r_7 \dot{\varphi}_2 \sin(\varphi_2 + \beta_2) - r_5 \dot{\varphi}_5 \sin \varphi_5 + r_4 \dot{\varphi}_4 \sin \varphi_4 - \dot{r}_6 &= 0 \\ r_7 \dot{\varphi}_2 \cos(\varphi_2 + \beta_2) + r_5 \dot{\varphi}_5 \cos \varphi_5 - r_4 \dot{\varphi}_4 \cos \varphi_4 &= 0 \end{aligned} \quad (4.28)$$

Alle Terme in Gl. (4.28), die nur bekannte Größen enthalten, werden auf die rechte Seite der Gleichung gebracht:

$$\mathbf{J} \cdot \begin{bmatrix} \dot{\varphi}_3 \\ \dot{\varphi}_4 \\ \dot{\varphi}_5 \\ \dot{r}_6 \end{bmatrix} = \begin{bmatrix} r_2 \dot{\varphi}_2 \sin \varphi_2 \\ -r_2 \dot{\varphi}_2 \cos \varphi_2 \\ r_7 \dot{\varphi}_2 \sin(\varphi_2 + \beta_2) \\ -r_7 \dot{\varphi}_2 \cos(\varphi_2 + \beta_2) \end{bmatrix} \quad (4.29)$$

Differenziert man Gl. (4.28) ein weiteres Mal nach der Zeit, erhält man die Gleichungen der Beschleunigungsstufe:

$$-r_2\ddot{\varphi}_2 \sin\varphi_2 - r_2\dot{\varphi}_2^2 \cos\varphi_2 - r_3\ddot{\varphi}_3 \sin\varphi_3 - r_3\dot{\varphi}_3^2 \cos\varphi_3 +$$
$$+ r_8\ddot{\varphi}_4 \sin(\varphi_4 + \beta_4) + r_8\dot{\varphi}_4^2 \cos(\varphi_4 + \beta_4) - \ddot{r}_6 = 0$$

$$r_2\ddot{\varphi}_2 \cos\varphi_2 - r_2\dot{\varphi}_2^2 \sin\varphi_2 + r_3\ddot{\varphi}_3 \cos\varphi_3 - r_3\dot{\varphi}_3^2 \sin\varphi_3 -$$
$$- r_8\ddot{\varphi}_4 \cos(\varphi_4 + \beta_4) + r_8\dot{\varphi}_4^2 \sin(\varphi_4 + \beta_4) = 0$$

(4.30)

$$-r_7\ddot{\varphi}_2 \sin(\varphi_2 + \beta_2) - r_7\dot{\varphi}_2^2 \cos(\varphi_2 + \beta_2) - r_5\ddot{\varphi}_5 \sin\varphi_5 -$$
$$- r_5\dot{\varphi}_5^2 \cos\varphi_5 + r_4\ddot{\varphi}_4 \sin\varphi_4 + r_4\dot{\varphi}_4^2 \cos\varphi_4 - \ddot{r}_6 = 0$$

$$r_7\ddot{\varphi}_2 \cos(\varphi_2 + \beta_2) - r_7\dot{\varphi}_2^2 \sin(\varphi_2 + \beta_2) + r_5\ddot{\varphi}_5 \cos\varphi_5 -$$
$$- r_5\dot{\varphi}_5^2 \sin\varphi_5 - r_4\ddot{\varphi}_4 \cos\varphi_4 + r_4\dot{\varphi}_4^2 \sin\varphi_4 = 0$$

Durch Ordnen nach bekannten und unbekannten Größen ergibt sich

$$\mathbf{J} \cdot \begin{bmatrix} \ddot{\varphi}_3 \\ \ddot{\varphi}_4 \\ \ddot{\varphi}_5 \\ \ddot{r}_6 \end{bmatrix} =$$

$$= \begin{bmatrix} r_2\ddot{\varphi}_2 \sin\varphi_2 + r_2\dot{\varphi}_2^2 \cos\varphi_2 + r_3\dot{\varphi}_3^2 \cos\varphi_3 - r_8\dot{\varphi}_4^2 \cos(\varphi_4 + \beta_4) \\ -r_2\ddot{\varphi}_2 \cos\varphi_2 + r_2\dot{\varphi}_2^2 \sin\varphi_2 + r_3\dot{\varphi}_3^2 \sin\varphi_3 - r_8\dot{\varphi}_4^2 \sin(\varphi_4 + \beta_4) \\ r_7\ddot{\varphi}_2 \sin(\varphi_2 + \beta_2) + r_7\dot{\varphi}_2^2 \cos(\varphi_2 + \beta_2) + r_5\dot{\varphi}_5^2 \cos\varphi_5 - r_4\dot{\varphi}_4^2 \cos\varphi_4 \\ -r_7\ddot{\varphi}_2 \cos(\varphi_2 + \beta_2) + r_7\dot{\varphi}_2^2 \sin(\varphi_2 + \beta_2) + r_5\dot{\varphi}_5^2 \sin\varphi_5 - r_4\dot{\varphi}_4^2 \sin\varphi_4 \end{bmatrix}$$

(4.31)

Durch iteratives Lösen der Gl.(4.24) errechnet man im ersten Schritt alle unbekannten Winkel, um danach durch Inversion von Gl. (4.29) die unbekannten Geschwindigkeiten, durch Inversion von Gl. (4.31) die unbekannten Beschleunigungen zu errechnen.

4.1.5 Berechnung von Koppel- und Vektorkurven

Die Iterationsmethode liefert nicht direkt die kinematischen Größen einzelner Getriebepunkte. Diese können aber leicht in einer **Nachlaufrechnung** ermittelt werden. Für das Lehrbeispiel Nr. 4.1 soll die Bahn, Geschwindigkeit und Beschleunigung des Gelenkpunktes B'' berechnet werden.

4.1 Analytisch-vektorielle Methode

Für die Koordinaten $x_{B''}, y_{B''}$ in Bild 4.4 gilt

$$\begin{aligned} x_{B''} &= r_7 \cos(\varphi_2 + \beta_2) + r_5 \cos\varphi_5 , \\ y_{B''} &= r_7 \sin(\varphi_2 + \beta_2) + r_5 \sin\varphi_5 \end{aligned} \qquad (4.32)$$

oder

$$\begin{aligned} x_{B''} &= r_6 + r_4 \cos\varphi_4 , \\ y_{B''} &= r_1 + r_4 \sin\varphi_4 . \end{aligned} \qquad (4.33)$$

Die Geschwindigkeit und Beschleunigung des Punktes B'' erhält man durch Differenzieren von z.B. Gl. (4.33):

$$\begin{aligned} \dot{x}_{B''} &= \dot{r}_6 - r_4 \dot{\varphi}_4 \sin\varphi_4 \\ \dot{y}_{B''} &= r_4 \dot{\varphi}_4 \cos\varphi_4 \\ \ddot{x}_{B''} &= \ddot{r}_6 - r_4 \ddot{\varphi}_4 \sin\varphi_4 - r_4 \dot{\varphi}_4^{\,2} \cos\varphi_4 \\ \ddot{y}_{B''} &= r_4 \ddot{\varphi}_4 \cos\varphi_4 - r_4 \dot{\varphi}_4^{\,2} \sin\varphi_4 \end{aligned} \qquad (4.34)$$

4.1.6 Die Bedeutung der JACOBI-Matrix

Für die kinematische Beschreibung von Getrieben hat die JACOBI-Matrix eine zentrale Bedeutung.

Mathematisch gesehen beschreibt die JACOBI-Matrix die partiellen Steigungen der Getriebegliedlagen, d.h. partielle Übertragungsfunktionen 1. Ordnung. Die Schleifengleichungen sind für jede Kombination von Unbekannten (Winkel und Wege) erfüllt, die zu einer zulässigen Lage des den Gleichungen zugrunde liegenden Getriebes gehören. Bei einem Getriebe mit einem Freiheitsgrad F = 1 entspricht dies einer Kurve, bei F = 2 einer Fläche im Raum. Jede Lage des Getriebes liegt auf dieser Kurve. Die JACOBI-Matrix gibt nun in jedem Punkt der Kurve die Steigung an. Parameter dieser Kurve ist die Antriebskoordinate, d.h. sinngemäß, die Antriebskoordinate bestimmt, auf welchem Punkt der Kurve man sich befindet. Bei umlauffähigen Getrieben sind die Kurven geschlossen. Bei dem in Bild 4.5 skizzierten sog. **Phasendiagramm** handelt es sich um die Darstellung „Schubweg s_1 über Koppelwinkel φ_3" der zentrischen Schubkurbel, vgl. Bild 4.1.

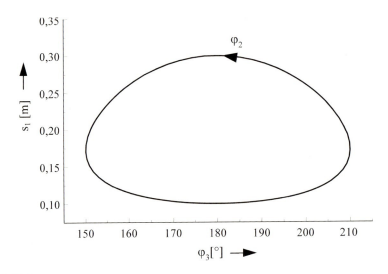

Bild 4.5
„Phasendiagramm" einer Schubkurbel (Antrieb durch Kurbel)

Die JACOBI-Matrix enthält somit alle notwendigen Informationen über das Bewegungsverhalten des Getriebes. Sie stellt einen eindeutigen Zusammenhang zwischen den Antriebs- und Abtriebskoordinaten her.

Immer dann, wenn dieser eindeutige Zusammenhang verloren geht, z.B. wenn das Getriebe sperrt oder zusätzliche Bewegungsfreiheiten gewinnt, ist die Determinante der JACOBI-Matrix null. Man nennt dies eine **singuläre Stellung** des Getriebes [4.2]. Das soll am Beispiel der Schubkurbel gezeigt werden.

Die Schleifengleichungen der Schubkurbel werden hier nochmals angegeben:

$$\Phi_1 \equiv r_2 \cdot \cos\varphi_2 - r_3 \cdot \cos\varphi_3 - s_1 = 0,$$
$$\Phi_2 \equiv r_2 \cdot \sin\varphi_2 - r_3 \cdot \sin\varphi_3 = 0.$$

(4.35)

Wenn der Antrieb am Schieber erfolgt, lautet die JACOBI-Matrix:

$$\mathbf{J}_S = \begin{bmatrix} -r_2 \cdot \sin\varphi_2 & r_3 \cdot \sin\varphi_3 \\ r_2 \cdot \cos\varphi_2 & -r_3 \cdot \cos\varphi_3 \end{bmatrix}.$$

(4.36)

Für die Determinante gilt

$$\det(\mathbf{J}_S) = r_2 r_3 \sin\varphi_2 \cos\varphi_3 - r_2 r_3 \cos\varphi_2 \sin\varphi_3.$$

(4.37)

In den Totlagen ($v_B = 0$) der zentrischen Schubkurbel ist $\varphi_2 = \varphi_3 = 0$ bzw. π, und damit wird die Determinante in diesen Stellungen

$$\det(\mathbf{J}_S)\big|_{\varphi_2=\varphi_3=0,\pi} = 0. \tag{4.38}$$

Anschaulich bedeutet dies, dass vom Schieber aus die Kurbel nicht bewegt werden kann; das Getriebe sperrt! Andererseits kann man die Antriebskurbel (differentiell) verdrehen, ohne dass sich der Schieber bewegt. Dieser Effekt wird in **Kniehebelgetrieben** ausgenutzt.

Bildet man die JACOBI-Matrix für den Fall, dass der Antrieb an der Kurbel erfolgt, so erhält man für die Determinante (vgl. Gl. (4.14))

$$\det(\mathbf{J}_K) = -r_3 \cdot \cos\varphi_3. \tag{4.39}$$

Die Determinante wird für $\varphi_3 = \pi/2$ null. Dieser Fall kann nur dann eintreten, wenn $r_2 = r_3$ ist. Für den Normalfall $r_2 < r_3$ erreicht die Schubkurbel niemals eine singuläre Stellung, wenn an der Kurbel angetrieben wird.

4.2 Modulmethode

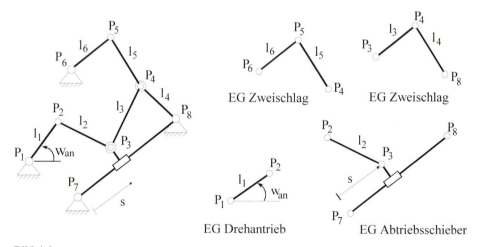

Bild 4.6
Zerlegung eines ebenen Getriebes in Elementargruppen (EG)

Ebene Getriebe bestehen gewöhnlich aus einer Reihe von einfachen Baugruppen, die kinematische **Elementargruppen** [4.3] genannt werden. Die Elementargruppen sind kinematisch bestimmt, d.h. es existiert ein eindeutiger Zusammenhang zwischen den kinematischen Eingangs- und Ausgangsgrößen. In Bild 4.6 sind die Elementargruppen eines achtgliedrigen Getriebes dargestellt.

Die Eingangs- und Ausgangsgrößen jeder Elementargruppe, z.B. die x-y-Koordinaten eines Punktes P sowie deren Ableitungen nach der Zeit oder ein Winkel w oder ein Weg s mit zeitlichen Ableitungen werden im Vektor $\vec{P}$ bzw. $\vec{W}$ oder $\vec{S}$ zusammengefasst. Die Ausgangsgrößen einer EG sind die Eingangsgrößen einer anderen EG. Dadurch kann das Getriebe durch sukzessives Abarbeiten der EG vollständig berechnet werden, ohne dass weitere Zwischenrechnungen notwendig sind. Die Rechenreihenfolge für das Getriebe in Bild 4.6 ist beispielsweise:

Elementargruppe	Eingangsgrößen	Ausgangsgrößen
Drehantrieb DAN	$l_1, \vec{P}_1, \vec{W}_{an}$	$\vec{P}_2$
Abtriebsschieber DDS	$l_2, \vec{P}_2, \vec{P}_7, \vec{P}_8$	$\vec{P}_3$
Zweischlag DDD	$l_3, l_4, \vec{P}_3, \vec{P}_8$	$\vec{P}_4$
Zweischlag DDD	$l_5, l_6, \vec{P}_4, \vec{P}_6$	$\vec{P}_5$

Diese Vorgehensweise wird **Modulare Getriebeanalyse** oder kurz **Modulmethode** nach Richtlinie VDI 2729 genannt. Die Methode ist immer dann anwendbar, wenn

– sich das gesamte Getriebe auf **Zweischläge** zurückführen lässt,
– die Anzahl der Freiheiten gleich der Anzahl der Antriebe ist,
– bei der betrachteten Getriebestellung alle Antriebsgrößen (Lage, Geschwindigkeit, Beschleunigung) bekannt sind,
– alle Getriebeglieder als starr und alle Gelenke als spielfrei betrachtet werden können.

Diese Voraussetzungen sind bei dem Beispielgetriebe in Bild 4.6 gegeben. Für die computergestützte Getriebeanalyse können die Gleichungen für jede Elementargruppe zu einem **Unterprogramm** zusammengefasst werden. Das Hauptprogramm enthält dann nur noch die Deklaration der Variablen und die Aufrufe der Unterprogramme (Module). Die Unterprogramme können leicht innerhalb einer Schleife für die Antriebsgröße(n) aufgerufen werden, so dass jede Stellung des Getriebes berechnet wird.

Im Gegensatz zur Iterationsmethode, bei der zunächst nur Winkel und Wege berechnet werden, erhält man bei der Modulmethode alle kinematischen Größen der Gelenkpunkte, d.h. ihre Koordinaten, Geschwindigkeiten und Beschleunigungen. Winkel und Wege sowie deren zeitliche Ableitungen können mit **Hilfsmodulen** berechnet werden. Ein wichtiger Unterschied zur Iterationsmethode ist weiterhin, dass die Modulmethode die

4.2 Modulmethode   115

exakte und nicht nur eine Näherungslösung liefert. Ein Nachteil der Modulmethode ist die Beschränkung auf Zweischläge. Getriebe wie in Bild 4.7 lassen sich nicht mit der Modulmethode berechnen, weil
– entweder die Lage eines Bezugsgliedes nicht unabhängig ist von dem Antrieb, der relativ zu diesem Bezugsglied eingeleitet wird, oder
– das vom Antrieb befreite „Restgetriebe" sich nicht in Zweischläge zerlegen lässt, sondern selbst eine Elementargruppe höherer Bauform darstellt (Kontrollgleichung: $3n - 2g = 0$, s. Abschnitt 5.2.1).

Eine Übersicht über alle in der Richtlinie VDI 2729 vorhandenen Module gibt Tafel 4.1. In der Richtlinie sind sämtliche Berechnungsgleichungen in besonders effizienter Form aufgeführt.

Antrieb wirkt auf zwei bewegte Glieder   Viergliedrige Anschlußgruppen

Bild 4.7

Mit der Modulmethode nicht berechenbare Getriebe (nach VDI 2729)

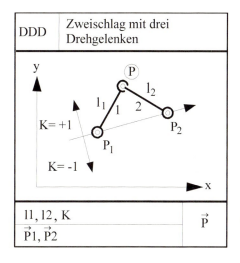

Bild 4.8

Elementargruppe „Zweischlag" (DDD)

Tafel 4.1 Module nach Richtlinie VDI 2729 (Anschlussgelenke: ⊚)

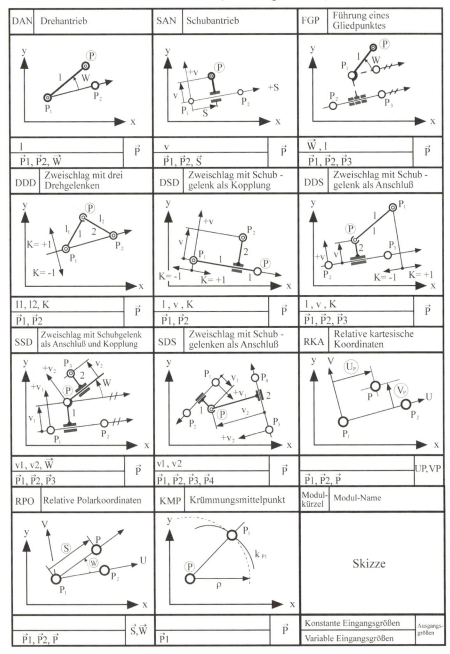

4.2 Modulmethode

Für einige Elementargruppen ist neben der Eingabe von Punktkoordinaten und Längen auch die Eingabe von **Lageparametern** notwendig, mit denen die Lage der Getriebeglieder zu einer Bezugsachse angegeben wird. Ein Beispiel dafür ist das Modul „DDD", bei dem der Parameter K angibt, ob der Punkt P ober- oder unterhalb der Bezugsgeraden P_1P_2 liegt. Das ist notwendig, weil die entsprechenden Abstände des Punktes P von dieser Bezugsgeraden sich mathematisch nur durch das Vorzeichen einer Quadratwurzel unterscheiden, Bild 4.8.

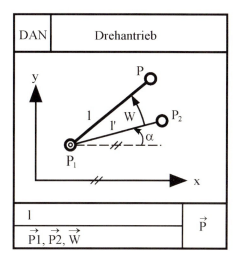

Bild 4.9

Elementargruppe „Drehantrieb" (DAN) mit Zusatzgrößen α und l'

Für die Elementargruppe „Drehantrieb" (DAN) seien nun beispielhaft die Gleichungen hergeleitet, Bild 4.9.

Eingangsgrößen sind alle kinematischen Größen der Punkte P_1 und P_2, d.h. $x_{P1}, y_{P1}, \dot{x}_{P1}, \dot{y}_{P1}, \ddot{x}_{P1}, \ddot{y}_{P1}, x_{P2}, y_{P2}, \dot{x}_{P2}, \dot{y}_{P2}, \ddot{x}_{P2}, \ddot{y}_{P2}$, des Winkels W ($w, \dot{w}, \ddot{w}$) und die Länge l der Kurbel. Ausgangsgrößen sind alle kinematischen Größen des Punktes P ($x_P, y_P, \dot{x}_P, \dot{y}_P, \ddot{x}_P, \ddot{y}_P$).

Der Abstand zwischen P_1 und P_2 ist

$$l' = \sqrt{(x_{P2} - x_{P1})^2 + (y_{P2} - y_{P1})^2} . \qquad (4.40)$$

Für den Winkel α, den die Gerade P_1P_2 mit der x-Achse einschließt, gilt

$$\sin \alpha = \frac{y_{P2} - y_{P1}}{l'} \text{ oder } \cos \alpha = \frac{x_{P2} - x_{P1}}{l'} . \qquad (4.41)$$

Die Koordinaten des Punktes P lauten:

$$\begin{aligned} x_P &= x_{P1} + l \cdot \cos(\alpha + w) \\ &= x_{P1} + l \cdot (\cos\alpha \cos w - \sin\alpha \sin w) \\ &= x_{P1} + l \cdot \left(\frac{x_{P2} - x_{P1}}{l'} \cos w - \frac{y_{P2} - y_{P1}}{l'} \sin w \right), \end{aligned} \qquad (4.42)$$

$$\begin{aligned} y_P &= y_{P1} + l \cdot \sin(\alpha + w) \\ &= y_{P1} + l \cdot \left(\frac{y_{P2} - y_{P1}}{l'} \cos w + \frac{x_{P2} - x_{P1}}{l'} \sin w \right). \end{aligned} \qquad (4.43)$$

Ausgehend von Gl. (4.42) und (4.43) gilt für die Geschwindigkeiten:

$$\dot{x}_P = \dot{x}_{P1} - l \cdot (\dot{\alpha} + \dot{w}) \cdot \sin(\alpha + w),$$

$$\dot{y}_P = \dot{y}_{P1} + l \cdot (\dot{\alpha} + \dot{w}) \cdot \cos(\alpha + w). \qquad (4.44)$$

Die Größen $\dot{x}_{P1}$, $\dot{y}_{P1}$, $\dot{w}$ sind bekannt, $\dot{\alpha}$ erhält man aus Gl. (4.41):

$$\frac{d}{dt}(\sin\alpha) = \dot{\alpha} \cdot \cos\alpha = \frac{(\dot{y}_{P2} - \dot{y}_{P1}) \cdot l' - (y_{P2} - y_{P1}) \cdot \dot{l}'}{l'^2}, \qquad (4.45)$$

$$\dot{l}' = \frac{(x_{P2} - x_{P1})(\dot{x}_{P2} - \dot{x}_{P1}) + (y_{P2} - y_{P1})(\dot{y}_{P2} - \dot{y}_{P1})}{\sqrt{(x_{P2} - x_{P1})^2 + (y_{P2} - y_{P1})^2}}. \qquad (4.46)$$

Löst man Gl. (4.45) nach $\dot{\alpha}$ auf, ergibt sich:

$$\dot{\alpha} = \frac{(\dot{y}_{P2} - \dot{y}_{P1})}{(x_{P2} - x_{P1})} - \frac{(y_{P2} - y_{P1})}{(x_{P2} - x_{P1})} \cdot \frac{\dot{l}'}{l'}. \qquad (4.47)$$

Einsetzen von Gl. (4.47) in Gl. (4.44) und Anwenden der Additionstheoreme liefert die gewünschten Gleichungen für die Geschwindigkeiten. Zur Ermittlung der Beschleunigungen leitet man Gl. (4.44) ein zweites Mal nach der Zeit ab. Als neue Unbekannte erscheint $\ddot{\alpha}$, die durch Ableiten von Gl. (4.47) bestimmt wird.

4.3 Übungsaufgaben

Aufgabe 4.1:

Das dargestellte gleichschenklige Viergelenkgetriebe dient zur Umsetzung einer umlaufenden Dreh- in eine Schwingbewegung. Mit Hilfe der Iterationsmethode soll das Getriebe analysiert werden. Der Antrieb erfolgt an Glied 2, Abtrieb ist Glied 4.

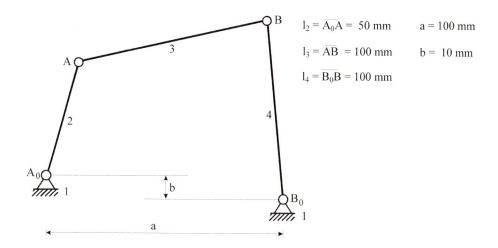

$l_2 = \overline{A_0A} = 50$ mm $a = 100$ mm

$l_3 = \overline{AB} = 100$ mm $b = 10$ mm

$l_4 = \overline{B_0B} = 100$ mm

a) Welche Variablen benötigen Sie? Weisen Sie den Variablen Startwerte zu.

b) Wie viele Schleifengleichungen werden benötigt?

c) Geben Sie einen Satz Schleifengleichungen an.

d) Stellen Sie die für das NEWTON-RAPHSON-Verfahren benötigte JACOBI-Matrix auf.

Aufgabe 4.2:

Das dargestellte Schubkurbelgetriebe dient zur Geradführung z.B. von Werkstücken auf dem Koppelpunkt C. Das Getriebe soll mit Hilfe der Modulmethode analysiert werden.

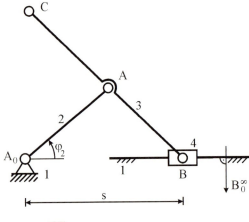

$l_2 = \overline{A_0A} = 100$ mm

$l_3 = \overline{AB} = 100$ mm

$l_3' = \overline{AC} = 100$ mm

a) Der Antrieb erfolgt am Glied 2 mit konstanter Winkelgeschwindigkeit ω_2 = const.

  1) Welche Variablen werden benötigt?

  2) Stellen Sie die Modulaufrufreihenfolge zur Berechnung der Koppelkurve des Punktes C auf.

b) Der Antrieb erfolgt am Glied 4 (Schubglied).

  1) Definieren Sie alle Variablen.

  2) Stellen Sie die Modulaufrufreihenfolge zur Berechnung der Koppelkurve des Punktes C auf.

Aufgabe 4.3:

Das dargestellte sechsgliedrige Getriebe setzt eine Dreh- in eine Schleifenbewegung um und könnte z.B. als Antrieb einer Kolbenpumpe dienen. Der Antrieb erfolgt am Glied 2.

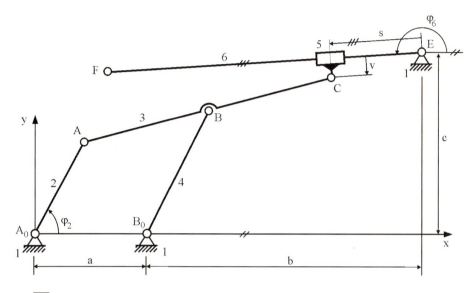

$l_2 = \overline{A_0A} = 49{,}5$ mm $a = 64$ mm

$l_3 = \overline{AB} = 71$ mm $b = 200$ mm

$l_3' = \overline{BC} = 71$ mm $c = 90$ mm

$l_4 = \overline{B_0B} = 71$ mm $v = 10$ mm

$l_6 = \overline{EF} = 400$ mm

a) Geben Sie die für die Iterationsmethode benötigten Variablen an.

b) Stellen Sie den erforderlichen Satz Schleifengleichungen auf.

c) Geben Sie die für das NEWTON-RAPHSON-Verfahren benötigte JACOBI-Matrix an.

d) Bestimmen Sie die Modulaufrufreihenfolge für die Modulmethode zur Bestimmung des Schubweges s.

5 Kinetostatische Analyse ebener Getriebe

Dieses Kapitel gibt einen Überblick über die gebräuchlichsten Verfahren für die Ermittlung von Kräften in Getrieben und stellt die dafür notwendigen grundlegenden Gleichungen zur Verfügung, die allesamt auf Prinzipien der (technischen) Mechanik aufbauen.

Man unterscheidet zwischen der **statischen Analyse** und der **kinetostatischen Analyse** von Getrieben, je nachdem, ob die Trägheitswirkungen nach dem d´ALEMBERTschen Prinzip ausgeklammert oder als eine besondere Gruppe von Kräften berücksichtigt werden. Um den Rahmen des Buches nicht zu sprengen, werden keine Bewegungsdifferentialgleichungen gelöst, sondern der Beschleunigungszustand eines Getriebes als determiniert, d.h. bekannt vorausgesetzt (2. WITTENBAUERsche Grundaufgabe).

Nach einer Definition der in einem Getriebe wirkenden Kräfte werden das Gelenkkraftverfahren, die synthetische Methode und das Prinzip der virtuellen Leistungen vorgestellt und eingehend anhand von Lehrbeispielen erläutert. Das Gelenkkraftverfahren ist dabei besonders anschaulich und leicht nachvollziehbar.

5.1 Einteilung der Kräfte

Die Kräftebestimmung in Getrieben setzt die Kenntnis aller am Getriebe als mechanischem System wirksamen Kräfte und Momente (= Kräftepaare) voraus. Dabei ist zwischen **inneren, äußeren** und **Trägheitskräften** zu unterscheiden.

Bild 5.1a zeigt ein viergliedriges Getriebe, bestehend aus einem Verband starrer Scheiben, die mittels Federn und von außen angreifenden Kräften und Momenten gegeneinander verspannt sind. Wird der Scheibenverband an den Verbindungsstellen (z.B. Drehgelenke) aufgetrennt und werden die Federn durch ihre wirksamen Federkräfte ersetzt, ist das Getriebe in einzelne Glieder zerlegt (Bild 5.1b), die für sich jeweils im Kräfte- und Momentengleichgewicht sein müssen.

5.1 Einteilung der Kräfte

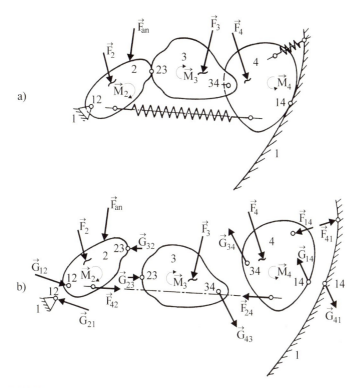

Bild 5.1
a) Viergliedriges Getriebe als Verband starrer Scheiben, b) mit freigeschnittenen Gliedern

Wie schon erwähnt, lassen sich die nicht zu den Trägheitskräften zählenden Kräfte in innere und äußere Kräfte unterteilen:

- **Innere Kräfte** treten stets paarweise auf, ergänzen sich zum Nullvektor und erhalten einen Doppelindex, z.B.

  - Gelenkkräfte $\vec{G}_{ij} = -\vec{G}_{ji}$

  - Federkräfte $\vec{F}_{kl} = -\vec{F}_{lk}$

Dabei gibt der erste Index an, von welchem Getriebeglied die Kraft kommt, und der zweite Index, an welchem Getriebeglied die Kraft wirkt.

- **Äußere Kräfte** sind meist physikalischen Ursprungs, d.h. vorgegebene, sog. eingeprägte Kräfte. Sie erhalten einen Einfachindex, der angibt, an welchem Getriebeglied die Kraft wirkt, z.B.

- Antriebskräfte $\vec{F}_i$,

- Abtriebsmomente (= Abtriebskräftepaare) $\vec{M}_j$,

- Gewichtskräfte $\vec{G}_k$.

Die Unterteilung in „innere" Kräfte und „äußere" Kräfte hängt ab vom Systembegriff, d.h. von den betrachteten Systemgrenzen. Wir unterscheiden zwischen

- einem einzelnen Getriebeglied mit F = 3 in der Ebene,
- einer Gruppe von Getriebegliedern, die für sich (kineto-)statisch bestimmt ist, d.h für die F = 0 gilt und
- dem Gesamtgetriebe mit F ≥ 1.

5.1.1 Trägheitskräfte

Trägheitskräfte sind als kinetische Reaktion oder Rückwirkung auf eine erzwungene Bewegung eines Getriebegliedes zu verstehen. Sie lassen sich aus den kinetischen Grundgleichungen (Impuls- und Drallsatz) ermitteln. Trägheitskräfte sind abhängig von

- der Masse,
- der Massenverteilung und
- dem Beschleunigungszustand

eines Getriebegliedes. Sie belasten zusätzlich jedes massebehaftete Glied und somit auch die Verbindungsgelenke zwischen den Gliedern. In Bild 5.2 sind die Trägheitswirkungen einer in der x-y-Ebene beschleunigten Scheibe mit dem **polaren Massenträgheitsmoment** (Drehmasse) $J_s = \int r^2 dm$ um die z-Achse senkrecht zur x-y-Ebene durch den Schwerpunkt S mit der Masse m dargestellt.

5.1 Einteilung der Kräfte

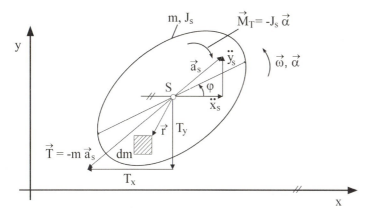

Bild 5.2
In der x-y-Ebene bewegte starre Scheibe

Bei einer Winkelbeschleunigung der Scheibe

$$\alpha \equiv \dot{\omega} \equiv \frac{d\omega}{dt} = \ddot{\varphi} \equiv \frac{d^2\varphi}{dt^2}$$

und einer Linearbeschleunigung $\vec{a}_s = [\ddot{x}_s, \ddot{y}_s]^T$ des Schwerpunkts lassen sich die Trägheitswirkungen nach dem **d'ALEMBERTschen Prinzip** als äußere Kräfte/Momente darstellen; nämlich als

- Trägheitskraft: $\vec{T} = -m \cdot \vec{a}_s$ und als

- Drehmoment infolge der Trägheitswirkung (Massendrehmoment):
  $\vec{M}_T = -J_s \cdot \vec{\alpha}$.

5.1.2 Gelenk- und Reibungskräfte

Die Gelenkkräfte zwischen den Getriebegliedern werden an den Berührstellen der Gelenkelemente übertragen. In Bild 5.3 sind drei verschiedene Bauformen von Gelenken dargestellt: Kurvengelenk, Drehgelenk, und Schubgelenk. Die am j-ten Element auftretende Gelenkkraft $\vec{G}_{ij}$, aufgebracht vom i-ten Element, lässt sich zerlegen in eine **Normalkraft** $\vec{N}_{ij}$ und in eine **Reibungskraft** $\vec{R}_{ij}$. Die Normalkraft weist in Richtung der Berührungsnormalen n der beiden zugeordneten Glieder. Die Richtung der Reibungskraft ist durch die zugehörige Tangente t an der Berührstelle vorgegeben. Eine Verformung der Berührstelle soll vernachlässigt werden. Damit kann eine relative Bewegung des Gliedes j gegenüber dem Glied i mit der Geschwindigkeit $\vec{v}_{ji}$ nur in Richtung dieser Tangente t stattfinden. Es gilt

$$\vec{G}_{ij} = \vec{N}_{ij} + \vec{R}_{ij} \quad \text{und} \quad |\vec{G}_{ij}| = \sqrt{|\vec{N}_{ij}|^2 + |\vec{R}_{ij}|^2} \ . \tag{5.1}$$

Mit Einführung einer **Reibungszahl** μ_R kann die Reibungskraft wie folgt formuliert werden:

$$|\vec{R}_{ij}| = \mu_R \cdot |\vec{N}_{ij}| \tag{5.2}$$

Die Reibungskraft $\vec{R}_{ij}$ ist stets der Relativgeschwindigkeit $\vec{v}_{ji} = \vec{v}_{jl} - \vec{v}_{il}$ entgegengerichtet. Aus Bild 5.3 lässt sich ablesen:

$$\tan \rho_R = \frac{R_{ij}}{N_{ij}} = \mu_R \tag{5.3}$$

mit ρ_R als **Reibungswinkel**.

Für $\mu_R = 0$ (Vernachlässigung der Reibung) ist $\vec{G}_{ij} = \vec{N}_{ij}$. Bei Berührungen von zwei Körpern gibt es nicht nur die Reibungskraft, sondern auch eine **Haftkraft**. Dieser Haftkraft ist - wie μ_R bei der Reibungskraft - eine **Haftzahl** μ_H zugeordnet. Es gilt

$$\mu_R < \mu_H . \tag{5.4}$$

Erst nach Überwinden der Haftkraft kann eine Relativbewegung (Gleiten) eintreten. Dies bedeutet einen Sprung in den Kräfteverhältnissen (slip-stick-Effekte).

Es werden verschiedene Arten von Reibungskräften unterschieden, die alle immer der Bewegung entgegenwirken.

Allgemein lässt sich schreiben

$$\vec{R}_{ij} \sim -\vec{v}_{ji} \cdot |\vec{v}_{ji}|^{p-1} ; \tag{5.5}$$

dabei liegt mit

- $p = 0$ COULOMBsche Reibung,
- $p = 1$ NEWTONsche Reibung und
- $p = 2$ Strömungsreibung

vor. Der Proportionalitätsfaktor für Gl. (5.5) hängt von den physikalischen Bedingungen an der Berührstelle der Gelenkelemente ab. Bei einem Drehgelenk (Bild 5.3b) mit dem Zapfenradius r kommt im Fall der COULOMBschen Reibung ein weiterer Begriff

5.1 Einteilung der Kräfte

hinzu, der **Reibungskreis** mit dem Radius r_R. Dieser Kreis wird von der Gelenkkraft $\vec{G}_{ji}$ tangiert.

a)
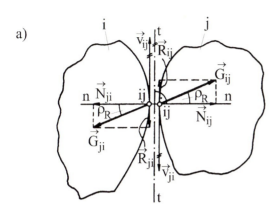

b)
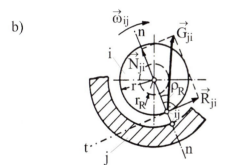

c)
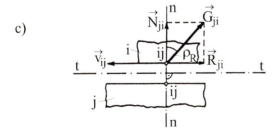

Bild 5.3
Gelenkkräfte mit Reibungsanteil:
a) Kurvengelenk,
b) Drehgelenk,
c) Schubgelenk

Es gilt:

$$r_R = r \cdot \sin\rho_R = \frac{r \cdot \mu_R}{\sqrt{1+\mu_R^2}}.$$ (5.6)

Das am Drehgelenk auftretende **Reibmoment** hat die Größe

$$M_{Rji} = r \cdot R_{ji} = r_R \cdot G_{ji}.$$ (5.7)

Das Reibmoment M_{Rji} ist stets der Relativwinkelgeschwindigkeit $\vec{\omega}_{ij} = \vec{\omega}_{il} - \vec{\omega}_{jl}$ entgegengerichtet.

5.2 Grundlagen der Kinetostatik

Es gibt zwei Hauptaufgaben der Kinetostatik:

1. Ermittlung der **Beanspruchung** von Gliedern und Gelenken infolge der äußeren Kräfte, einschließlich der Trägheitskräfte,

2. Ermittlung der **Leistungsbilanz** eines Getriebes als Gesamtsystem durch Gleichgewicht der äußeren Kräfte, einschließlich der Trägheitskräfte.

Nach dem d'ALEMBERTschen Prinzip sind die Trägheitswirkungen erst zu ermitteln, wenn die kinematischen Größen bekannt sind; die kinematische Analyse stellt also die Vorstufe der kinetostatischen Analyse dar.

Zur Lösung der beiden Hauptaufgaben gibt es verschiedene Methoden:

1. **Gelenkkraftverfahren**: ein überwiegend graphisches Verfahren mit großer Anschaulichkeit; hierzu gehören auch das Kraft- und Seileckverfahren.

2. **Synthetische Methode**: ein rechnerisches Verfahren nach dem Schnittprinzip (Freischneiden der Getriebeglieder); hierzu gehört der Aufbau eines linearen Gleichungssystems mit unbekannten Kraftkomponenten und Momenten.

3. **Prinzip der virtuellen Leistungen**: ein sowohl rechnerisches als auch graphisches Verfahren für das Getriebe als Gesamtsystem, bei dem Reibungseinflüsse global betrachtet werden können, um zu Abschätzungen hinsichtlich der Auswirkungen zu gelangen [19]. Das entsprechende graphische Verfahren ist auch unter dem Begriff „JOUKOWSKY-Hebel" bekannt.

5.2.1 Gelenkkraftverfahren

Das Gelenkkraftverfahren lässt sich auf die Lösung der **Elementar-Gleichgewichtsaufgabe** für drei Kräfte im Dreieck zurückführen, Bild 5.4.

> **Satz:** Drei an einem starren Getriebeglied i angreifende Kräfte sind dann und nur dann im Gleichgewicht, wenn
>
> a) sich ihre **Wirkungslinien** im **Lageplan** (Bild 5.4a) in einem Punkt schneiden (Schnittpunkt SP_i) und
>
> b) ihre Vektorsumme im **Kräfteplan** (Bild 5.4b) einem Nullvektor entspricht, d.h. $\vec{G}_i + \vec{G}_{ji} + \vec{G}_{i-1,i} = \vec{0}$.

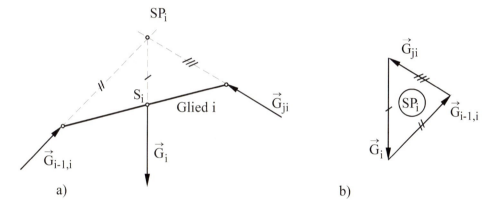

Bild 5.4
Drei Kräfte an einem Getriebeglied i: a) Lageplan, b) Kräfteplan (Gewichtskraft $\vec{G}_i$ im Schwerpunkt S_i)

Eine Ausnahme bildet der masselose Stab mit $\vec{G}_i = \vec{0}$; in diesem Fall ist $\vec{G}_{ji} = -\vec{G}_{i-1,i}$, d.h. der Stab überträgt nur **Zug-** oder **Druckkräfte**.

Um ein Kräftedreieck im Kräfteplan zeichnen zu können, müssen Richtung (Wirkungslinie), Richtungssinn und Betrag einer Kraft bekannt sein, von einer zweiten Kraft nur die Richtung.

Glieder und Gliedergruppen, die sich durch ein- oder mehrmalige Lösung der Elementar-Gleichgewichtsaufgabe hinsichtlich der Kräfte analysieren lassen, sind (kineto-)statisch bestimmt. Sie lassen sich nach ASSUR in Klassen einteilen [6]. Bild 5.5 zeigt einige Beispiele. Wenn die Anschlussgelenke dieser Gruppen als gestellfest aufgefasst werden, haben sie den Getriebefreiheitsgrad F = 0, d.h. sie sind **Fachwerke** oder (kineto-)statische Elementargruppen (EG). Für eine EG der Klasse II und höher mit nur Dreh- und Schubgelenken gilt 3n - 2g = 0 (n: Anzahl der Glieder, g: Anzahl der Gelenke). Die Klasse I umfasst vornehmlich einfache Antriebsglieder und verlangt außer der durch einen Pfeil gekennzeichneten gegebenen Einzelkraft noch die weitere Vorgabe der Richtung einer Gelenkkraft, symbolisch dargestellt durch eine gestrichelte Linie. Damit sind Glieder dieser Gruppe mit belasteten Balken vergleichbar.

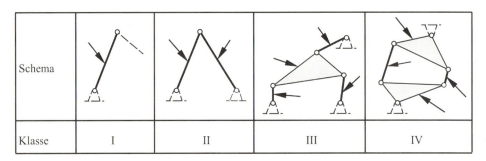

Bild 5.5
Elementargruppen der Klassen I - IV mit angreifenden äußeren Kräften

Die in Bild 5.5 gezeichneten Drehgelenke sind mit Schubgelenken austauschbar, wobei bei fehlender Reibung die entsprechende Gelenkkraft senkrecht auf der Schub- oder Schleifenrichtung steht, Bild 5.6.

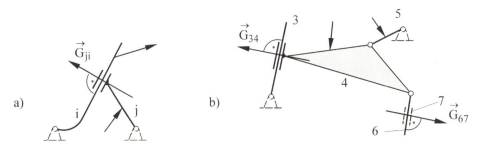

Bild 5.6
Zwei Elementargruppen II. und III. Klasse - a) bzw. b) - mit Dreh- und Schubgelenken

Die EG sind mit den bereits in Abschnitt 4.2 eingeführten Modulen (kinematische EG) direkt vergleichbar.

5.2 Grundlagen der Kinetostatik

Satz:	Vor der Kraftanalyse eines Getriebes auf der Grundlage des Gelenkkraftverfahrens ist das Getriebe in die entsprechenden Elementargruppen zu zerlegen.

Es ist zweckmäßig, an jedem einzelnen Glied des Getriebes alle (eingeprägten) äußeren Kräfte - wie Gewichtskräfte, Feder-, Abtriebs- und Antriebskräfte - und die Trägheitskräfte zu einer resultierenden Kraft zusammenzufassen. Momente sind durch Kräftepaare zu ersetzen.

5.2.1.1 Kraft- und Seileckverfahren

Das Kraft- und Seileckverfahren mit Lage- und Kräfteplan leistet bei der Zusammenfassung von Kräften gute Dienste, insbesondere wenn es um die Ermittlung der Wirkungslinie der resultierenden Kraft geht, Bild 5.7.

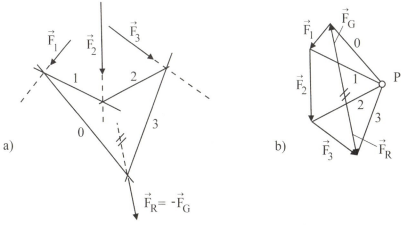

Bild 5.7
Kraft- und Seileckverfahren mit drei gegebenen Kräften

Die im Lageplan (Bild 5.7a) skizzierten Kräfte $\vec{F}_1$, $\vec{F}_2$ und $\vec{F}_3$ greifen z.B. alle an einem Glied an. Die resultierende Kräftesumme $\vec{F}_R$ ist im Kräfteplan (Bild 5.7b) sofort zu ermitteln. Nach Wahl eines beliebigen Punktes P als „Kraftpol" werden vier „Seilkräfte" 0 bis 3 so gezeichnet, dass jede Kraft $\vec{F}_i$ mit zwei Seilkräften ein Dreieck bildet. Jedem Dreieck im Kräfteplan entspricht ein Schnittpunkt von sich entsprechenden parallelen „Seilstrahlen" im Lageplan; der erste und letzte Seilstrahl schneiden sich auf der Wirkungslinie von $\vec{F}_R$.

Satz 1: Eine Kräftegruppe ist im Gleichgewicht, wenn Krafteck $\left(\sum \vec{F}_i = \vec{0}\right)$ und Seileck $\left(\sum \vec{M}_i = \vec{0}\right)$ geschlossen sind, d.h. die Gleichgewichtskraft $\vec{F}_G = -\vec{F}_R$ liegt auf derselben Wirkungslinie wie $\vec{F}_R$ im Lageplan.

Satz 2: Das Kraft- und Seileckverfahren ist sinngemäß auch auf Elementargruppen mit F = 0 anwendbar.

5.2.1.2 CULMANN-Verfahren

Greifen an einem Getriebeglied oder an einer Elementargruppe mit F = 0 vier betragsmäßig bekannte oder unbekannte Kräfte an, so können die Kräfte paarweise zu zwei resultierenden **CULMANN-Kräften** zusammengefasst werden, die entgegengesetzt gerichtet und gleich groß auf einer gemeinsamen Wirkungslinie liegen, der **CULMANN-Geraden**, Bild 5.8.

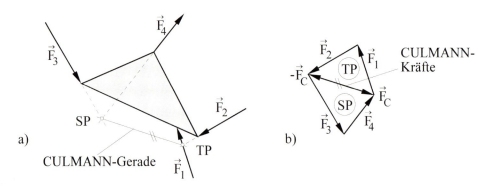

Bild 5.8
CULMANN-Verfahren für vier Kräfte an einem Glied: a) Lageplan, b) Kräfteplan

Das paarweise Zusammenfassen der Kräfte ist willkürlich:

$$\underbrace{\vec{F}_1 + \vec{F}_2}_{-\vec{F}_C} + \underbrace{\vec{F}_3 + \vec{F}_4}_{+\vec{F}_C} = \vec{0}$$

Die Richtung der CULMANN-Geraden kann aus dem Lageplan ermittelt werden; sie ist durch die Schnittpunkte SP und TP der paarweise zusammengefassten Kräfte bestimmt. Das CULMANN-Verfahren führt das Gleichgewichtsproblem mit vier Kräften auf die

5.2 Grundlagen der Kinetostatik

zweimalige Lösung der Elementar-Gleichgewichtsaufgabe mit drei Kräften (zwei Kraftdreiecke) zurück:

$$\vec{F}_1 + \vec{F}_2 + \vec{F}_c = \vec{0} \text{ und}$$

$$-\vec{F}_c + \vec{F}_3 + \vec{F}_4 = \vec{0}.$$

5.2.1.3 Kräftegleichgewicht an der Elementargruppe II. Klasse

Die Ermittlung der Gelenkreaktionen am belasteten Dreigelenkbogen (Zweischlag) (Bild 5.9) kann entweder mit Hilfe des Kraft- und Seileckverfahrens oder nach dem **Superpositionsprinzip** vorgenommen werden.

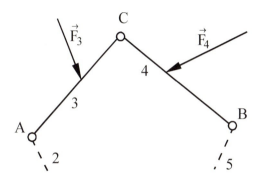

Bild 5.9
Dreigelenkbogen mit zwei äußeren Einzelkräften

Zunächst denkt man sich $\vec{F}_4 = \vec{0}$, d.h. der Stab 4 überträgt nur Zug- oder Druckkräfte in Richtung seiner Achse BC (Bild 5.10). Entsprechend Bild 5.4 erhält man $\vec{G}'_{23}$ als Gelenkkraft im Punkt A und $\vec{G}'_{43} = \vec{G}'_{54}$ als Gelenkkraft im Punkt C infolge der Kraft $\vec{F}_3$. In einem zweiten Schritt denkt man sich $\vec{F}_3 = \vec{0}$ und erhält analog $\vec{G}''_{54}$ als Gelenkkraft im Punkt B und $\vec{G}''_{34} = \vec{G}''_{23}$ als Gelenkkraft im Punkt C infolge der Kraft $\vec{F}_4$. Die Gesamt-Gelenkreaktionen ergeben sich aus der Vektoraddition der Teilkräfte, d.h.

in A: $\quad \vec{G}_{23} = \vec{G}'_{23} + \vec{G}''_{23}$,

in B: $\quad \vec{G}_{54} = \vec{G}'_{54} + \vec{G}''_{54}$,

in C: $\quad \vec{G}_{34} = \vec{G}'_{34} + \vec{G}''_{34} = -\vec{G}'_{43} + \vec{G}''_{23}$.

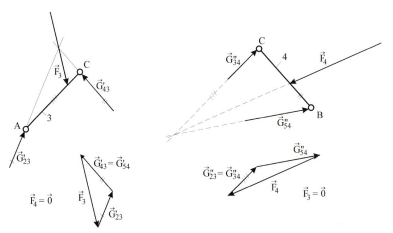

Bild 5.10
Kräfteermittlung am Dreigelenkbogen nach dem Superpositionsprinzip

5.2.1.4 Kräftegleichgewicht an der Elementargruppe III. Klasse

Hier sind zwei verschiedene Fälle zu diskutieren.

1. Fall: Eine Kraft greift am Dreigelenkglied an (Bild 5.11), d.h.

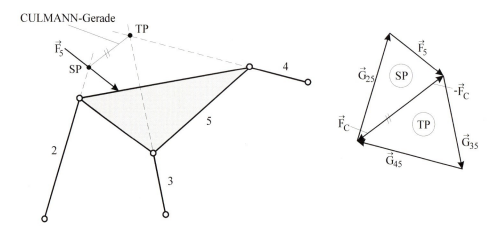

Bild 5.11
Kraftangriff am Dreigelenkglied

5.2 Grundlagen der Kinetostatik

am Glied 5 greifen vier Kräfte an, von denen eine vollständig bekannt ist ($\vec{F}_5$), von den anderen sind nur die Richtungen bekannt. Die unbekannten Gelenkreaktionen können mit Hilfe des CULMANN-Verfahrens bestimmt werden; die Glieder 2, 3 und 4 gelten als Zug- oder Druckstäbe.

2. **Fall:** Eine Kraft greift an einem Zweigelenkglied an (Bild 5.12).

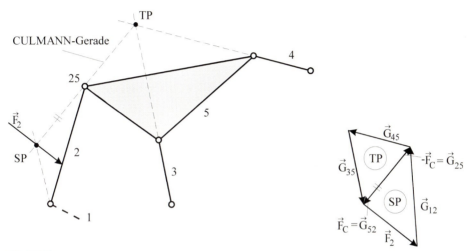

Bild 5.12
Kraftangriff am Zweigelenkglied

Jetzt greift z.B. am Glied 2 die äußere Kraft $\vec{F}_2$ an, die vollständig bekannt ist. Damit gelten nur noch die Glieder 3 und 4 als Zug- oder Druckstäbe. Die Gelenkkraft $\vec{G}_{25} = -\vec{G}_{52}$ bestimmt die CULMANN-Gerade durch das Gelenk 25, beide Kräfte sorgen einzeln für das Gleichgewicht an den Gliedern 2 und 5 und zusammen für das Gleichgewicht an der EG 2-3-4-5.

Lehrbeispiel Nr. 5.1: Kreuzschubkurbel als Verstellgetriebe

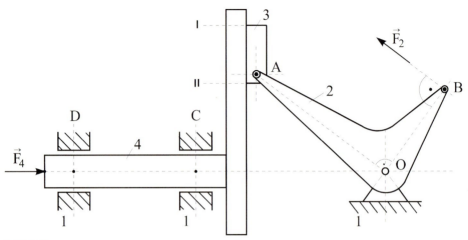

Bild 5.13
Bezeichnungen an der Kreuzschubkurbel

Aufgabenstellung:

An einem viergliedrigen Verstellgetriebe (Kreuzschubkurbel) greifen die beiden äußeren Kräfte $\vec{F}_2$ (Handkraft) und $\vec{F}_4$ (Presskraft) an (Bild 5.13). Zwischen den Gliedern 3 und 4 tritt COULOMBsche Gleitreibung mit der Reibungszahl μ_R auf. Die Abmessungen des Gleitsteins 3 sind bei der Kräfteermittlung zu berücksichtigen.

Für die gegebenen Werte $F_4 = 60$ N, $\mu_R = 0{,}306$ und die Maßstäbe $M_z = 1\text{cm/cm}_z$, $M_F = 10 \text{ N/cm}_z$ sollen in der gezeichneten Lage bestimmt werden:

1. die am Glied 4 (Schieber) angreifenden Lagerkräfte in C und D;

2. die zwischen den Gliedern 3 und 4 auftretenden Kantenkräfte G'_{34} (obere Kante) und G''_{34} (untere Kante);

3. die am Glied 2 (Winkelhebel) erforderliche Handkraft F_2 bei vorgeschriebener Wirkungslinie und die Auflagerkraft in O (Gelenk 12);

4. die Normalkraft N_{34} und Reibungskraft R_{34} zwischen den Gliedern 3 und 4;

5. das Antriebsmoment M_2 am Winkelhebel;

6. der momentan gültige Wirkungsgrad η als Quotient „Abtriebsleistung P_{ab}/ Antriebsleistung P_{an}" des Verstellgetriebes.

Lösung:

Die Glieder 3 und 4 stellen eine EG dar, zwei der drei Drehgelenke des Dreigelenkbogens (Elementargruppe II. Klasse) sind durch Schub- bzw. Schleifengelenke ersetzt; die Lagerstellen C und D zählen für die Systematik als ein Gelenk 14.

1. Gleichgewicht am Glied 4:

$$\underline{\underline{\vec{F}_4}} + \underline{\vec{G}_{D14}} + \underline{\vec{G}_{C14}} + \underbrace{\vec{G}'_{34} + \vec{G}''_{34}}_{\vec{G}_{34}} = \vec{0}$$

Zwei Unterstriche bedeuten „Betrag und Richtung bekannt",

ein Unterstrich bedeutet „nur Richtung bekannt".

Es ist $\rho_R = \arctan(R_{34}/N_{34}) = \arctan(\mu_R) = 17°$. Die Reibungskraft $\vec{R}_{34}$ wirkt der Relativgeschwindigkeit $\vec{v}_{A43} = \vec{v}_{A41} - \vec{v}_{A31} = \vec{v}_{A41} - \vec{v}_{A21} = \vec{v}_E - \vec{v}_A$ entgegen bzw. in gleicher Richtung wie $\vec{v}_{A34} = -\vec{v}_{A43} = \vec{v}_A - \vec{v}_E$. Wegen gleicher Reibverhältnisse an der oberen und unteren Kante des Gleitsteins sind die beiden Kantenkräfte $\vec{G}'_{34}$ und $\vec{G}''_{34}$ parallel und können zur Resultierenden $\vec{G}_{34}$ zusammengefasst werden, die durch den Punkt A gehen muss, da das Drehgelenk hier kein Drehmoment aufnehmen kann. Jetzt greifen 4 Kräfte am Glied 4 an; d.h. das CULMANN-Verfahren liefert (Bild 5.14a)

$$\underline{\underline{\vec{F}_4}} + \underbrace{\underline{\vec{G}_{D14}}}_{\vec{F}_C} + \underbrace{\underline{\vec{G}_{C14}} + \underline{\vec{G}_{34}}}_{-\vec{F}_C} = \vec{0} \text{ mit}$$

$$\vec{F}_C + \underline{\vec{G}_{C14}} + \underline{\vec{G}_{34}} = \vec{0} \Rightarrow TP_4 \text{ und}$$

$$\underline{\underline{\vec{F}_4}} + \underline{\vec{G}_{D14}} - \vec{F}_C = \vec{0} \Rightarrow SP_4; \vec{G}_{D14}, \vec{F}_C$$

Satz 1:	Eine unbekannte Wirkungslinie (Richtung) lässt sich ermitteln, wenn im Gleichgewichtssystem dreier Kräfte (Vektorsumme) zwei Wirkungslinien (zwei Unterstriche) bekannt sind (Schnittpunkt im Lageplan).
Satz 2:	Zwei unbekannte Kräfte lassen sich vollständig ermitteln, wenn im Gleichgewichtssystem dreier Kräfte Betrag und Richtungssinn einer Kraft bekannt sind (doppelter Unterstrich) und bei den restlichen zwei Kräften in der Summe drei Unterstriche fehlen (Dreieck im Kräfteplan).

2. Die Aufteilung der Gelenkkraftresultierenden $\vec{G}_{34} = \vec{G}'_{34} + \vec{G}''_{34}$ in die beiden parallelen Kantenkräfte $\vec{G}'_{34}$ und $\vec{G}''_{34}$ erfolgt mit Hilfe des Kraft- und Seileckverfahrens (Bild 5.14a/b). Der erste und letzte Seilstrahl 1 bzw. 3, ausgehend von einem beliebig zu wählenden Kraftpol P, schneiden sich auf der Wirkungslinie der Gelenkkraft $\vec{G}_{34}$ durch A (vgl. Abschnitt 5.2.1.1).

3. Gleichgewicht am Glied 2 (Bild 5.14b):

$$\underline{\vec{F}_2} + \vec{G}_{12} + \underline{\underline{\vec{G}_{32}}} = \vec{0} \Rightarrow SP_2; \vec{G}_{12}, \vec{F}_2$$

Die Gelenkkraft $\vec{G}_{23}$ ist vollständig bekannt (zwei Unterstriche), weil folgende Gleichungen gültig sind:

$\vec{G}'_{43} + \vec{G}''_{43} + \vec{G}_{23} = \vec{0}$ bzw. $\vec{G}_{23} = \vec{G}'_{34} + \vec{G}''_{34} = \vec{G}_{34}$ (aus Teilaufgabe 2)

4. $\vec{G}_{34} = \vec{N}_{34} + \vec{R}_{34} = \vec{G}_{23}$

5. $M_2 = F_2 \cdot \overline{OB} = 230$ Ncm

6. $\eta = P_{ab} / P_{an} = (F_4 / F_2) \cdot (v_E / v_B) = 0{,}65$

5.2 Grundlagen der Kinetostatik

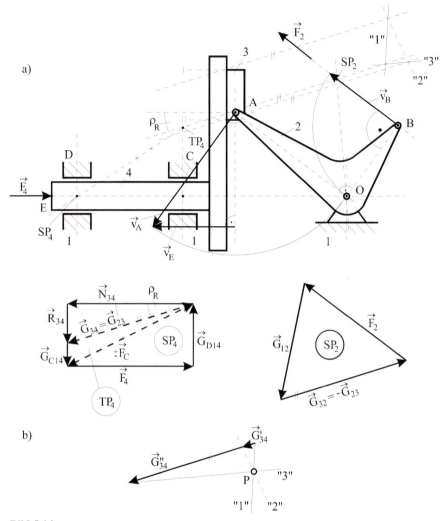

Bild 5.14
Graphische Lösungen zum Lehrbeispiel „Verstellgetriebe": a) Lageplan, b) Kräftepläne

5.2.2 Synthetische Methode (Schnittprinzip)

Die synthetische Methode gliedert sich in folgende Lösungsschritte:

- Jedes bewegte Getriebeglied wird durch Gelenkschnitte von seinen Bindungen zu Nachbargliedern befreit.

- Gelenk- und Auflagerreaktionen werden unter Berücksichtigung des Prinzips „Aktion = Reaktion" ($\vec{G}_{ij} = -\vec{G}_{ji}$ und $\vec{M}_{ij} = -\vec{M}_{ji}$) zwischen benachbarten Gliedern eingeführt.

- Eingeprägte Kräfte und Momente sowie Trägheitskräfte und -drehmomente nach dem d'ALEMBERTschen Prinzip vervollständigen die Kräftebilanz für jedes bewegte Getriebeglied.

- Für jedes bewegte Getriebeglied sind drei Gleichgewichtsbedingungen aufzustellen:

  die Kräftesumme in x- und y-Richtung

  $$\sum_i (\vec{F}_i) = \vec{0}, \text{ d.h. } \sum_i (F_{xi}) = 0 \text{ und } \sum_i (F_{yi}) = 0, \qquad (5.8)$$

  und die Momentensumme

  $$\sum_i [M_i(B_i)] = 0. \qquad (5.9)$$

Die Bezugspunkte B_i für die Momente sind für jedes Glied frei wählbar.

Die Anzahl k_1 der Gleichungen für ein Getriebe mit n-1 bewegten Getriebegliedern ist somit

$$k_1 = 3(n-1); \qquad (5.10)$$

die Anzahl k_2 der Gelenkkräfte ergibt sich aus

$$k_2 = 2g_1 + g_2. \qquad (5.11)$$

hierbei ist

g_1 die Anzahl der Gelenke mit f = 1 und

g_2 die Anzahl der Gelenke mit f = 2.

Wird nun für jedes Teilsystem Gleichgewicht gefordert, und somit auch für das Gesamtsystem, so können alle unbekannten Kräfte aus dem sich ergebenden linearen Gleichungssystem ermittelt werden. Deshalb muss gelten $k_1 = k_2$; dies bedeutet, die F freien Bewegungen werden durch Zwangsbewegungen (Antriebszeitfunktionen) vorgeben, vgl. Gl. (2.12).

Lehrbeispiel Nr. 5.2: Massebehaftete Kurbelschwinge im Schwerkraftfeld

Aufgabenstellung:

An einer Kurbelschwinge mit den Gliedern 1 bis 4 im Schwerkraftfeld (Fallbeschleunigung g = 9,81 m/s²) greifen das Antriebsmoment $\vec{M}_2$ und das Abtriebsmoment $\vec{M}_4$

5.2 Grundlagen der Kinetostatik

an, Bild 5.15. Die Kurbel A_0A rotiert mit konstanter Winkelgeschwindigkeit $\omega_{21} = \dot\varphi = \Omega$. Für jede Stellung $\varphi_2 = \varphi$ der Antriebskurbel sind die Gelenkkräfte in $A = 23$ und $B = 34$, die Auflagerkräfte in $A_0 = 12$ und $B_0 = 14$ sowie das Moment M_2 bei gegebenem Moment M_4 zu berechnen.

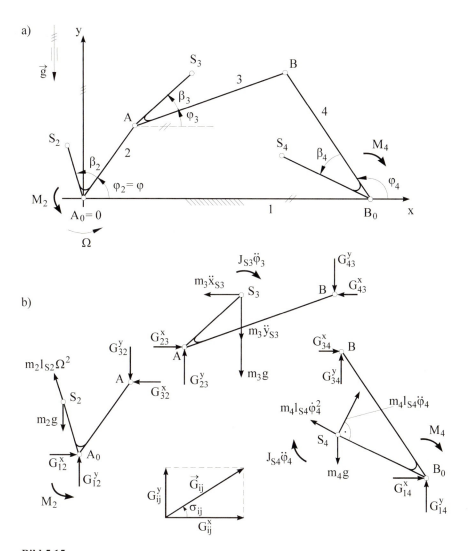

Bild 5.15
Massebehaftete Kurbelschwinge mit freigeschnittenen bewegten Getriebegliedern (a) sowie Gelenkreaktionen (b) unter Berücksichtigung des Prinzips „Aktion = Reaktion"

Mit S_i sind die Schwerpunkte, mit l_{Si} die Schwerpunktabstände und mit β_i (i = 2, 3, 4) die Schwerpunktwinkel der bewegten Getriebeglieder bezeichnet; m_2 bis m_4 sind die Massen der Glieder 2 bis 4, J_{S3} und J_{S4} die polaren Massenträgheitsmomente der Glieder 3 und 4 bezüglich ihrer Schwerpunkte, l_i die Gliedlängen. Da Glied 2 mit konstanter Winkelgeschwindigkeit rotiert, ist die Größe von J_{S2} ohne Belang.

Lösung:

Gleichgewicht am Glied 2:

$$G_{12}^x - G_{32}^x + m_2 l_{S2} \Omega^2 \cos(\varphi + \beta_2) = 0$$

$$G_{12}^y - G_{32}^y - m_2 g + m_2 l_{S2} \Omega^2 \sin(\varphi + \beta_2) = 0$$

$$l_2 \left(G_{32}^x \sin\varphi - G_{32}^y \cos\varphi \right) - m_2 g l_{S2} \cos(\varphi + \beta_2) + M_2 = \sum \left[M_i(A_0) \right] = 0$$

Gleichgewicht am Glied 3:

$$G_{23}^x - G_{43}^x - m_3 \ddot{x}_{S3} = 0$$

$$G_{23}^y - G_{43}^y - m_3 \left(g + \ddot{y}_{S3} \right) = 0$$

$$m_3 l_{S3} \left[\ddot{x}_{S3} \sin(\varphi_3 + \beta_3) - (\ddot{y}_{S3} + g) \cos(\varphi_3 + \beta_3) \right]$$

$$- J_{S3} \ddot{\varphi}_3 + l_3 \left(G_{43}^x \sin\varphi_3 - G_{43}^y \cos\varphi_3 \right) = \sum \left[M_i(A) \right] = 0$$

Gleichgewicht am Glied 4:

$$G_{14}^x + G_{34}^x + m_4 l_{S4} \left[\dot{\varphi}_4^2 \cos(\varphi_4 + \beta_4) + \ddot{\varphi}_4 \sin(\varphi_4 + \beta_4) \right] = 0$$

$$G_{14}^y + G_{34}^y - m_4 g + m_4 l_{S4} \left[\dot{\varphi}_4^2 \sin(\varphi_4 + \beta_4) - \ddot{\varphi}_4 \cos(\varphi_4 + \beta_4) \right] = 0$$

$$l_4 \left(-G_{34}^x \sin\varphi_4 + G_{34}^y \cos\varphi_4 \right) - m_4 g l_{S4} \cos(\varphi_4 + \beta_4) - \left(J_{S4} + m_4 l_{S4}^2 \right) \ddot{\varphi}_4$$

$$- M_4 = \sum \left[M_i(B_0) \right] = 0$$

Das entgegengesetzte Vorzeichen der Gelenkkräfte an benachbarten Gliedern ist sowohl in Bild 5.15b als auch in den vorstehenden Gleichungen bereits berücksichtigt worden, so dass z.B. G_{ij}^x und G_{ji}^x nur eine Unbekannte darstellen. Die Auflösung der linearen Gleichungen nach den neun Unbekannten liefert:

5.2 Grundlagen der Kinetostatik

(1) $G_{34}^x = G_B^x =$
$\left[m_4 g l_{S4} \cos(\varphi_4 + \beta_4) + \left(J_{S4} + m_4 l_{S4}^2\right)\ddot{\varphi}_4 + M_4\right] / \left[l_4(\tan\varphi_3 - \tan\varphi_4)\cos\varphi_4\right]$
$+ \left\{J_{S3}\ddot{\varphi}_3 - m_3 l_{S3}\left[\ddot{x}_{S3}\sin(\varphi_3 + \beta_3) - (g + \ddot{y}_{S3})\cos(\varphi_3 + \beta_3)\right]\right\}$
$/ \left[l_3(\tan\varphi_3 - \tan\varphi_4)\cos\varphi_3\right]$

(2) $G_{34}^y = G_B^y =$
$G_B^x \tan\varphi_4 + \left[m_4 g l_{S4} \cos(\varphi_4 + \beta_4) + \left(J_{S4} + m_4 l_{S4}^2\right)\ddot{\varphi}_4 + M_4\right] / (l_4 \cos\varphi_4)$

(3) $G_{14}^x = G_{B0}^x = -G_B^x - m_4 l_{S4}\left[\dot{\varphi}_4^2 \cos(\varphi_4 + \beta_4) + \ddot{\varphi}_4 \sin(\varphi_4 + \beta_4)\right]$

(4) $G_{14}^y = G_{B0}^y = -G_B^y + m_4 g - m_4 l_{S4}\left[\dot{\varphi}_4^2 \sin(\varphi_4 + \beta_4) - \ddot{\varphi}_4 \cos(\varphi_4 + \beta_4)\right]$

(5) $G_{23}^x = G_A^x = G_B^x + m_3 \ddot{x}_{S3}$

(6) $G_{23}^y = G_A^y = G_B^y + m_3(g + \ddot{y}_{S3})$

(7) $G_{12}^x = G_{A0}^x = G_A^x - m_2 l_{S2} \Omega^2 \cos(\varphi + \beta_2)$

(8) $G_{12}^y = G_{A0}^y = G_A^y + m_2 g - m_2 l_{S2} \Omega^2 \sin(\varphi + \beta_2)$

(9) $M_2 = l_2\left(G_A^y \cos\varphi - G_A^x \sin\varphi\right) + m_2 g l_{S2} \cos(\varphi + \beta_2)$

Die Umrechnung von kartesischen in Polarkoordinaten mit Hilfe der Gleichungen $G_{ij} = \sqrt{\left(G_{ij}^x\right)^2 + \left(G_{ij}^y\right)^2}$ und $\sigma_{ij} = \text{ATAN2}\left(G_{ij}^x, G_{ij}^y\right)$ liefert Betrag, Richtung und Richtungssinn der Gelenkkräfte.

5.2.3 Prinzip der virtuellen Leistungen (Leistungssatz)

Die Ermittlung einzelner Kräfte nach dem Leistungsprinzip ist mit relativ geringem Aufwand verbunden.

Satz:	Ein System (ein freigeschnittenes Teilsystem) befindet sich im Gleichgewicht, wenn die Summe aller Leistungen der angreifenden Kräfte / Momente gleich null ist.

$$\sum_i (P_i) = \sum_i (\vec{F}_i \vec{v}_i) + \sum_i (M_i \omega_i) + \sum_i (|P_{Ri}|) = 0 \qquad (5.12)$$

Die ersten beiden Summanden in Gl. (5.12) stellen Skalarprodukte dar, es ist also z.B.

$$\vec{F}_i \vec{v}_i = |\vec{F}_i||\vec{v}_i| \cos\left[\angle(\vec{F}_i, \vec{v}_i)\right] = |\vec{F}_i||\vec{v}_i| \cos\alpha_i. \qquad (5.13)$$

Da M_i und ω_i bei ebenen Getrieben stets senkrecht auf der x-y-Ebene (Zeichenebene) stehen, kann auf eine Vektorschreibweise verzichtet werden.

Es bedeuten

$\vec{F}_i$: am Glied i angreifende äußere Kraft, einschließlich Trägheitskraft (Massenkraft)

$\vec{v}_i$: Geschwindigkeit des Angriffspunktes von $\vec{F}_i$

α_i : von $\vec{F}_i$ und $\vec{v}_i$ eingeschlossener Winkel

ω_i : Winkelgeschwindigkeit des Gliedes i, an dem M_i angreift

M_i : am Glied i angreifendes äußeres Moment, einschließlich Massendrehmoment

P_{Ri} : Verlustleistungen durch Reibung

Die Gl. (5.12) kann sowohl rechnerisch als auch zeichnerisch ausgewertet werden. Die auftretenden Geschwindigkeiten können real oder auch nur mit dem System verträglich, also virtuell sein.

5.2.3.1 JOUKOWSKY-Hebel

Die zeichnerische Auswertung ist unter dem Namen „JOUKOWSKY-Hebel" bekannt und eignet sich besonders dann, wenn an einem Getriebe nur Kräfte angreifen.

5.2 Grundlagen der Kinetostatik

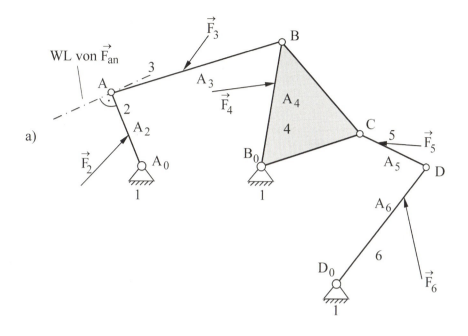

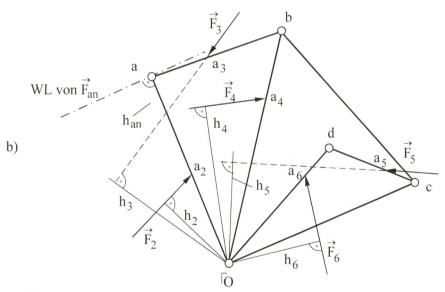

Bild 5.16
Beispiel zum JOUKOWSKY-Hebel: a) Lageplan, b) ⌈v-Plan

Die Skalarprodukte $\sum (\vec{F}_i \vec{v}_i)$ können mit Hilfe eines auf der x-y-Ebene (Zeichenebene) senkrecht stehenden Einheitsvektors $\vec{e}$ (in Richtung der z-Achse) auf Spatprodukte umgeformt werden. Es ist dann mit den zu $\vec{v}_i$ um 90° gedrehten Geschwindigkeitsvektoren $^\lceil \vec{v}_i$

$$\vec{v}_i = \vec{e} \times {}^\lceil \vec{v}_i \qquad (5.14)$$

und

$$\sum_i (\vec{F}_i \vec{v}_i) = \sum_i [\vec{F}_i (\vec{e} \times {}^\lceil \vec{v}_i)] = \sum_i [\vec{e} ({}^\lceil \vec{v}_i \times \vec{F}_i)] = 0, \qquad (5.15)$$

d.h.

$$\sum_i ({}^\lceil \vec{v}_i \times \vec{F}_i) = \sum_i (h_i F_i) = 0. \qquad (5.16)$$

Satz: In einem Plan der um 90° gedrehten Geschwindigkeiten ($^\lceil v$-Plan) mit einem willkürlich gewählten Ursprung $^\lceil O$ bedeutet der Leistungssatz das „Drehgleichgewicht" der Kräfte $\vec{F}_i$ um $^\lceil O$.

Lehrbeispiel Nr. 5.3: Sechsgliedriges Dreistandgetriebe

Aufgabenstellung:

An dem in Bild 5.16 skizzierten sechsgliedrigen Dreistandgetriebe greifen an den Punkten A_2 bis A_6 auf den entsprechenden Gliedern mit gleicher Nummer die äußeren Kräfte $\vec{F}_2$ bis $\vec{F}_6$ an. Gesucht ist der Betrag und der Richtungssinn der Antriebskraft $\vec{F}_{an}$ auf vorgegebener Wirkungslinie (WL) im Punkt A des Glieds 2.

Lösung:

Nach der Wahl von $^\lceil O$ und einer beliebigen Geschwindigkeit $\vec{v}_A$ des Punktes A, die der Strecke $^\lceil Oa$ entspricht, kann der $^\lceil v$-Plan gezeichnet werden (meistens denkt man sich die Spitzen der Geschwindigkeitsvektoren $^\lceil v_i$ im Punkt $^\lceil O$). Danach werden die Kräfte $\vec{F}_i$ angetragen, ihre im $^\lceil v$-Plan abgebildeten Angriffspunkte teilen die entsprechenden Geschwindigkeitsstrecken im gleichen Maß wie im Lageplan. Gl. (5.16) liefert unter Berücksichtigung der Vorzeichen für Links- und Rechtsdrehung um $^\lceil O$

$$\sum_i h_i F_i = F_{an} h_{an} - F_2 h_2 + F_3 h_3 - F_4 h_4 + F_5 h_5 + F_6 h_6 = 0$$

mit $h_{an} = \overline{\ulcorner Oa}$. Ist das Ergebnis $F_{an} > 0$, so dreht F_{an} um $\ulcorner O$ in mathematisch positiver Richtung (Gegenuhrzeigersinn).

5.3 Übungsaufgaben

Aufgabe 5.1:

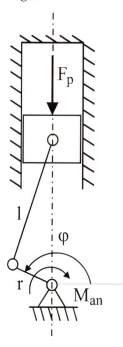

Das abgebildete Schubkurbelgetriebe ist Teil eines Kompressors. Im Zylinder herrscht der Druck $p = 10^6$ Pa. Welches Antriebsmoment ist erforderlich, um den Kolben in der angegebenen Stellung zu halten? Es ist das Gelenkkraftverfahren anzuwenden.

Kolbenfläche A = 10 cm²; r = 10 cm, l = 20 cm

$\varphi = 120°$

(Kraftmaßstab $M_F = 333{,}33 \; \dfrac{N}{cm_z}$)

Aufgabe 5.2:

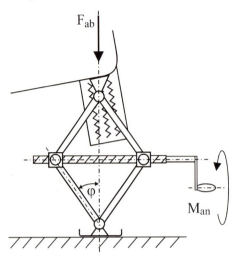

Für den im Bild dargestellten Wagenheber soll das Antriebsmoment in der Stellung $\varphi = 45°$ berechnet werden. Die Gewichtskraft beträgt $F_{ab} = 5000$ N, die Länge der Glieder ist einheitlich 20 cm.

1. Berechnen Sie die Spindelkraft

   a) nach dem Gelenkkraftverfahren,

   b) graphisch mit dem JOUKOWSKY-Hebel.

2. Berechnen Sie das Antriebsmoment an der Handkurbel, wenn die Spindelsteigung 15° und der Spindeldurchmesser 10 mm betragen.

Aufgabe 5.3:

Bei der Entwicklung von Greifern für Industrieroboter sind die wirksamen Greif- und Antriebskräfte von besonderer Bedeutung.

An dem skizzierten symmetrisch aufgebauten zwangläufigen Zangengreifer wirken die beiden Greifkräfte $\vec{F}_G$ und die Antriebskraft $\vec{F}_A$.

1) Gesucht sind für die gezeichnete Stellung

   a) das Kraftverhältnis F_G/F_A mit Hilfe des JOUKOWSKY-Hebels (die um 90° gedrehte Antriebsgeschwindigkeit $^\mathsf{r}\vec{v}_A$ ist im entsprechenden Geschwindigkeitsplan ($^\mathsf{r}$v-Plan) vorgegeben, gedachte Pfeilspitze im Punkt a),

   b) sämtliche Lager- und Gelenkkräfte für $F_G = 100$ N bei einem Kraftmaßstab $M_F = 50$ N/cm$_z$ mit Hilfe des Gelenkkraftverfahrens; dabei sind die Gleichgewichtsbedingungen aufzustellen und die Kräfte vereinbarungsgemäß zu unterstreichen.

2) Vergleichen Sie das Ergebnis für F_A aus a) mit dem aus b).

Hinweis: Wegen der Symmetrie genügt die Betrachtung einer Greiferhälfte.

5.3 Übungsaufgaben

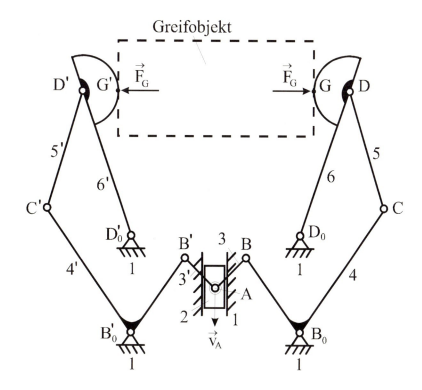

Aufgabe 5.4:

Die skizzierte Kniehebelpresse dient zur Erzeugung großer Kräfte, z.B. beim Tiefziehen von Blechen. Das Antriebsglied A_0A rotiert mit konstanter Winkelgeschwindigkeit. In der gezeichneten Lage greifen an der Presse die Pressenkraft F_{ab} sowie die Gewichtskraft $F_G = m_K\, g$ im Schwerpunkt S des Kolbens an.

Berechnen Sie für die gegebenen Werte unter Berücksichtigung der vorgewählten Maßstäbe für Abmessungen, Geschwindigkeiten und Kräfte

a) das Antriebsmoment M_{an} mit Hilfe des JOUKOWSKY-Hebels,

b) die Lagerbelastung im Drehgelenk B_0 und im Schubgelenk (Kolben/Zylinderwand, ohne Reibung) nach dem Gelenkkraftverfahren,

c) die Kantenkräfte an der linken (l) und rechten (r) Kolbenseite mit Hilfe des Kraft- und Seileckverfahrens.

Gegebene Werte: $F_G = 2{,}4$ kN, $F_{ab} = 6{,}4$ kN

Maßstäbe: $M_z = 8{,}4$ cm/cm$_z$, $M_F = 1{,}28$ kN/cm$_z$

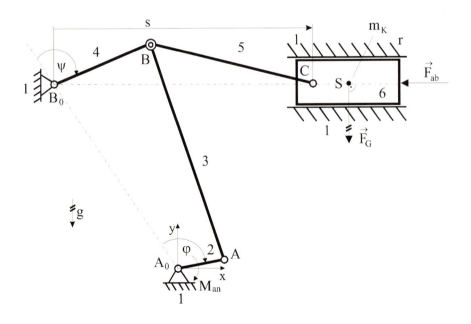

6 Grundlagen der Synthese ebener viergliedriger Gelenkgetriebe

Zur Getriebesynthese gehört im Wesentlichen

- die Festlegung der Getriebestruktur (**Typensynthese**)
- die Bestimmung kinematischer Abmessungen (**Maßsynthese**) und die
- konstruktive Gestaltung der Getriebeglieder und Gelenke unter Berücksichtigung der Belastung und des Materials.

Dieses Kapitel stellt einige Verfahren der Maßsynthese vor, um die Abmessungen von Getrieben zu ermitteln, so dass sie anfangs gestellte Forderungen beim Übertragen von Bewegungen oder Führen von Gliedern erfüllen können. Mit Hilfe der **Wertigkeitsbilanz** lassen sich die Ansprüche an ein Getriebe mit den erreichbaren Möglichkeiten abgleichen.

Entsprechend den Zielvorgaben des vorliegenden Buches werden die Problematik für die viergliedrigen Getriebe aufbereitet und Lösungen aufgezeigt: Die Totlagenkonstruktion für viergliedrige umlauffähige Übertragungsgetriebe steht am Anfang und die nachfolgende Darstellung der exakten Zwei- und Drei-Lagen-Synthese für Führungs- und Übertragungsgetriebe dient als Einstieg in die klassische Mehrlagensynthese nach BURMESTER [6.1]. Letztere wird in den Grundzügen für bis zu fünf Lagen beschrieben.

Schließlich ist jede gefundene Lösung hinsichtlich ihrer Bewegungs- und Kraftübertragungsgüte zu beurteilen; dazu dienen die Kriterien **Übertragungswinkel** und **Beschleunigungsgrad**.

6.1 Totlagenkonstruktion

Die **Totlagen** eines viergliedrigen umlauffähigen Getriebes zählen zu den **Sonderlagen** des Getriebes. Die Tot- oder **Umkehrlage** ist gekennzeichnet durch den Nullwert der

Geschwindigkeit des Abtriebglieds bei kontinuierlich rotierendem Antriebsglied, Bild 6.1.

Sie tritt innerhalb einer Bewegungsperiode des Getriebes zweimal auf und wird mit **innere** (Index i) und **äußere** (Index a) **Totlage** bezeichnet.

Die wichtigsten viergliedrigen Getriebe, die eine umlaufende Antriebsdrehung in eine schwingende Abtriebsdrehung oder -schiebung umwandeln, sind

a) Kurbelschwinge,

b) Kurbelschleife,

c) Schubkurbel und

d) Kreuzschubkurbel

[6.2]. Im Hinblick auf die beiden Totlagenstellungen lässt sich sowohl am Antriebsglied (Kurbel) als auch am Abtriebsglied ein Totlagenwinkel definieren:

- **Abtriebstotlagenwinkel** (Winkelhub) ψ_0,

- **Antriebstotlagenwinkel** φ_0.

Die Zuordnung von φ_0 zu ψ_0 erfolgt im Bereich der **Gleichlaufphase**, d.h. positiver Übertragungsfunktion 1. Ordnung ($\psi' > 0$). Zur **Gegenlaufphase** gehört dann der Winkel $360° - \varphi_0$. In den Fällen der Schubkurbel und Kreuzschubkurbel tritt an die Stelle des Abtriebstotlagenwinkels der **Hub** s_0. Die Zeiten für Hin- und Rückgang (Index H bzw. R) stehen im Verhältnis

$$\frac{t_H}{t_R} = \frac{\varphi_0}{360° - \varphi_0} \tag{6.1}$$

für $\dot{\varphi} \equiv \omega = \Omega =$ konst.

6.1 Totlagenkonstruktion

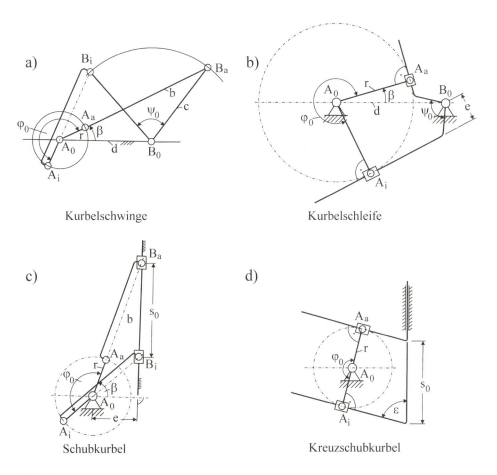

Bild 6.1
Innere und äußere Totlagen einiger viergliedriger Getriebe (nach Richtlinie VDI 2130)

Eingehende Untersuchungen haben zu Grenzen geführt, in denen alle Kombinationen von Totlagenwinkeln liegen müssen, wenn diese durch viergliedrige umlauffähige Getriebe realisierbar sein sollen:

$$\left(90°+\frac{\psi_0}{2}\right) < \varphi_0 < \left(270°+\frac{\psi_0}{2}\right), \tag{6.2a}$$

$$0° \leq \psi_0 < 180°. \tag{6.2b}$$

Bild 6.2 gibt einen Überblick mit den zulässigen (schraffierten) Bereichen. Auf den Linien B, D, F, G und im Punkt H liegen die Sonderfälle der allgemeinen Kurbelschwinge. Für Schubkurbeln und Kreuzschubkurbeln gilt hier und für alle folgenden Diagramme generell $\psi_0 = 0°$. Außerhalb der schraffierten Bereiche ist der Übertragungswinkel $\mu = 0°$, s. Abschnitt 6.1.3.1.

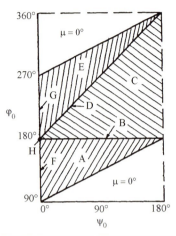

Bereich A:	$\frac{\psi_0}{2} + 90° < \varphi_0 < 180°$	Kurbelschwingen
Linie B:	$\varphi_0 = 180°$	zentrische Kurbelschwingen
Bereich C:	$180° < \varphi_0 < \psi_0 + 180°$	Kurbelschwingen
Linie D:	$\varphi_0 - \psi_0 = 180°$	Kurbelschwingen und Kurbelschleifen
Bereich E:	$\psi_0 + 180° < \varphi_0 < \frac{\psi_0}{2} + 270°$	Kurbelschwingen
Linie F:	$90° < \varphi_0 < 180°$, $\psi_0 = 0°$	Schubkurbeln
Linie G:	$180° < \varphi_0 < 270°$, $\psi_0 = 0°$	Schubkurbeln
Punkt H:	$\varphi_0 = 180°$, $\psi_0 = 0°$	Zentrische Schubkurbeln und Kreuzschubkurbeln

Bild 6.2
Zulässige Bereiche für Totlagenwinkel viergliedriger Getriebe (nach Richtlinie VDI 2130)

6.1.1 Totlagenkonstruktion nach ALT

Gegeben sind die kinematischen Größen

$$d = \overline{A_0 B_0}, \varphi_0, \psi_0,$$

6.1 Totlagenkonstruktion

gesucht sind

$$a \equiv r = \overline{A_0A}, b = \overline{AB}, c = \overline{B_0B}.$$

Die vorbezeichneten Gliedlängen müssen die GRASHOFsche Umlaufbedingung (Abschnitt 2.4.2.1) erfüllen, d.h.

$$a + l_{max} < l' + l'',$$

außerdem sind die Ungleichungen (6.2a, b) einzuhalten.

In der äußeren Totlage $A_0A_aB_aB_0$ befinden sich Kurbel und Koppel in **Strecklage**, in der inneren Totlage $A_0A_iB_iB_0$ in **Decklage**, vgl. Bild 6.1. Die nachfolgend beschriebene Totlagenkonstruktion nach ALT [6.3] liefert die gesuchten Gliedabmessungen einer Kurbelschwinge in der Strecklage, Bild 6.3.

Die freien Schenkel der in A_0 und B_0 im Uhrzeigersinn von A_0B_0 aus angetragenen Winkel $\varphi_0/2$ bzw. $\psi_0/2$ schneiden sich in R. Die Mittelsenkrechte auf $\overline{A_0R}$ (Fußpunkt M_{kA}) schneidet B_0R in M_{kB}. Die Kreise k_A und k_B durch R und A_0 mit den Mittelpunkten M_{kA} und M_{kB} sind die geometrischen Orte für die Gelenkpunktlagen A_a und B_a. Der Winkel β ist nach anderen Kriterien, s. Abschnitt 6.1.3.1, innerhalb der Grenzwinkel β_I (Punkt E auf k_B) und β_{II} (Punkt L auf k_B) frei wählbar. Die Punkte E und L findet man mit Hilfe des in B_0 angetragenen Winkels ψ_0.

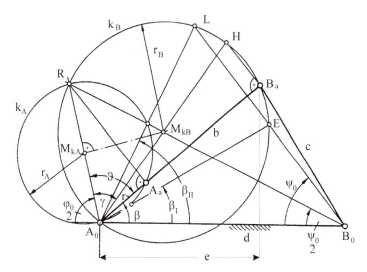

Bild 6.3
Totlagenkonstruktion der Kurbelschwinge (nach Richtlinie VDI 2130)

Die aus der Totlagenkonstruktion ableitbaren geometrischen Beziehungen lassen sich in einem Ablaufplan zusammenfassen und für ein Programm aufbereiten, Bild 6.4.

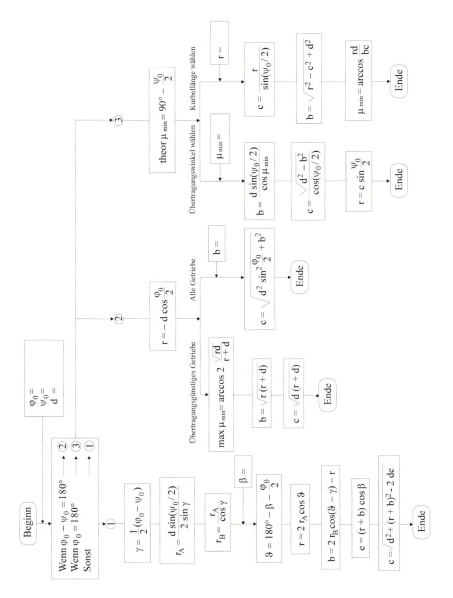

Bild 6.4
Ablaufplan zur Berechnung von Kurbelschwingen (nach Richtlinie VDI 2130)

6.1.2 Schubkurbel

Gegeben sind die kinematischen Größen

$$s_0 = \overline{B_iB_a}, \varphi_0,$$

gesucht sind

$$a \equiv r = \overline{A_0A}, b = \overline{AB}, e.$$

Die Schubkurbel geht aus der Kurbelschwinge durch den Grenzübergang $B_0 \to \infty$ hervor, d.h. $c \to \infty, d \to \infty$. Die verbleibenden endlichen Abmessungen müssen die GRASHOFsche Umlaufbedingung erfüllen, d.h.

$$a + e < b,$$

außerdem gilt $\psi_0 = 0°$ und die Ungleichung (6.2a).

Da $\psi_0/2$ und ψ_0 nicht existieren, werden stattdessen Parallelen zur Gestellgeraden $A_0B_0^\infty$ mit den Abständen $s_0/2$ und s_0 gezogen, Bild 6.5.

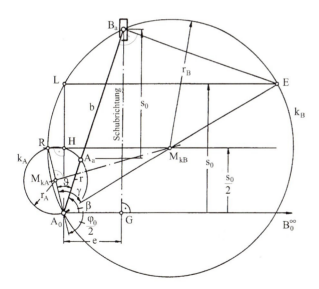

Bild 6.5
Totlagenkonstruktion der Schubkurbel
(nach Richtlinie VDI 2130)

B_a kann auf dem Kreis k_B zwischen den Punkten E und L gewählt werden (Auswahlwinkel β). Die Schubrichtung mit der vorzeichenbehafteten **Versetzung** e steht senkrecht auf der Gestellgeraden. Für R = H ($\varphi_0 = 180°$) entartet der Kreis k_B zu einer Geraden, und es entstehen **zentrische Schubkurbeln** (e = 0). Der zugeordnete Ablaufplan für die geometrischen Beziehungen ist Bild 6.6 zu entnehmen.

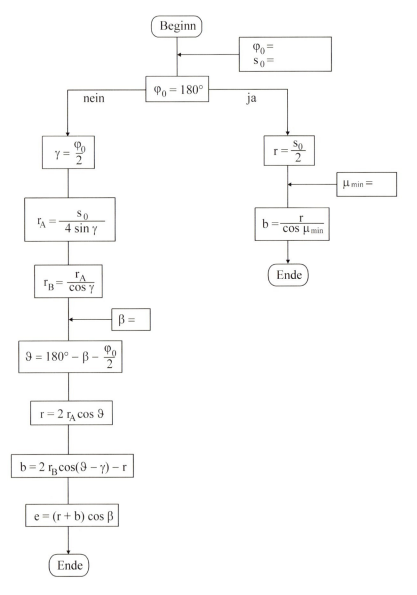

Bild 6.6
Ablaufplan zur Berechnung von Schubkurbeln (nach Richtlinie VDI 2130)

6.1.3 Auswahlkriterien

Zur Auswahl eines Getriebes aus der unendlichen Vielfalt möglicher Getriebe nach Abschnitt 6.1.1 und 6.1.2 wird man den Winkel β variieren. Außerdem haben sich die folgenden Kriterien bewährt:

- Größtwert des **minimalen Übertragungswinkels** μ_{min} (**übertragungsgünstigstes Getriebe**) für langsam laufende Getriebe oder Getriebe mit geringen bewegten Massen und

- **minimaler Beschleunigungsgrad** δ_{min} (**beschleunigungsgünstigstes Getriebe**) für schnell laufende Getriebe oder Getriebe mit großen bewegten Massen, um eine gute Kraft- und Bewegungsübertragung zu gewährleisten, s. auch [6.4].

6.1.3.1 Übertragungswinkel

Der Übertragungswinkel µ ist beim viergliedrigen Drehgelenkgetriebe der Winkel zwischen der Koppel AB und dem Abtriebsglied B_0B, Bild 6.7.

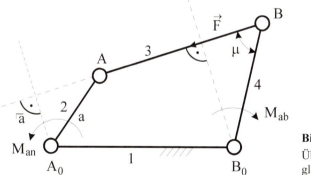

Bild 6.7
Übertragungswinkel beim viergliedrigen Drehgelenkgetriebe

Wenn außer dem Abtriebsmoment keine weiteren Belastungen hinzukommen, gilt mit der Stabkraft F

$$M_{ab} = F \cdot \overline{B_0B} \cdot \sin \mu \qquad (6.3a)$$

und

$$M_{an} = F \cdot \ulcorner a = \frac{M_{ab} \cdot \ulcorner a}{\overline{B_0B} \cdot \sin \mu} . \qquad (6.3b)$$

Im Fall μ = 0° ist keine Kraftübertragung vom Abtriebs- auf das Antriebsglied möglich. Der Bestwert ist μ = 90°.

Allgemein ist derjenige Winkel zwischen Koppel und Abtriebsglied als Übertragungswinkel zu wählen, der ≤ 90° ist. Wird der Winkel > 90°, gilt der Supplementwinkel (Ergänzung zu 180°). Bei der Auslegung von Getrieben ist der minimale Übertragungswinkel μ_{min} zu beachten und die Ungleichung

$$\mu_{min} \geq \mu_{erf} \text{ mit } 40° \leq \mu_{erf} \leq 50° \tag{6.4}$$

einzuhalten (Erfahrungswert μ_{erf}).

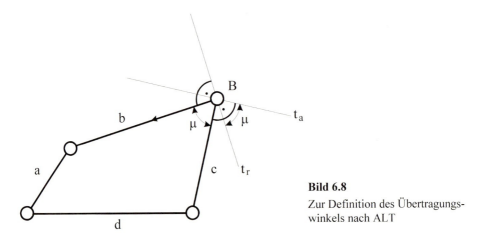

Bild 6.8
Zur Definition des Übertragungswinkels nach ALT

ALT [6.3] hat den Übertragungswinkel aus geometrisch-kinematischen Betrachtungen heraus festgelegt:

Satz: Der Übertragungswinkel μ kennzeichnet den Richtungsunterschied der Absolutgeschwindigkeit in B (Tangente t_a senkrecht auf c) und der relativen Geschwindigkeit gegenüber dem Antriebsglied a (Tangente t_r senkrecht auf b), Bild 6.8.

Die Extremwerte von μ treten in den **Gestelllagen** oder **Steglagen** der viergliedrigen Getriebe auf, Bild 6.9. Der kleinere der beiden Extremwerte ist μ_{min}. Als Steglage eines Getriebes wird die Lage bezeichnet, bei der der Gelenkpunkt A auf die Gestellgerade A_0B_0 fällt. Man unterscheidet zwischen **innerer** und **äußerer Steglage**, je nachdem, ob A innerhalb A_0B_0 oder außerhalb A_0B_0 zu liegen kommt. Die Steglagen gehören neben

6.1 Totlagenkonstruktion

den Totlagen zur zweiten Gruppe von Sonderlagen der viergliedrigen Getriebe. Für die Kurbelschwinge gilt

$$\mu_I = \arccos\left|\frac{b^2 + c^2 - (d-a)^2}{2bc}\right|, \qquad (6.5a)$$

$$\mu_{II} = \arccos\left|\frac{b^2 + c^2 - (d+a)^2}{2bc}\right|, \qquad (6.5b)$$

$$\mu_{min} = \min(\mu_I, \mu_{II}) \qquad (6.5c)$$

und für die Schubkurbel

$$\mu_I = \arccos\left(\frac{a+e}{b}\right) = \mu_{min}, \qquad (6.6a)$$

$$\mu_{II} = \arccos\left(\frac{a-e}{b}\right). \qquad (6.6b)$$

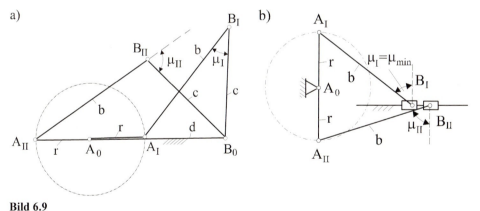

Bild 6.9
Steglagen der Kurbelschwinge a) und Schubkurbel b)

Der optimale Auswahlwinkel β ist ebenso wie der erreichbare Größtwert des Übertragungswinkels max(μ_{min}) im Auswahldiagramm 1 (Bild 6.10) für alle Typen viergliedriger Getriebe und für alle möglichen Kombinationen von φ_0 und ψ_0 (s_0) zu entnehmen. Der Aufbau des Diagramms entspricht dem Bild 6.2. Mit Hilfe von β ist das Getriebe gemäß des Ablaufplans (Bild 6.4 bzw. Bild 6.6) zu zeichnen oder zu berechnen.

162   6 Grundlagen der Synthese ebener viergliedriger Gelenkgetriebe

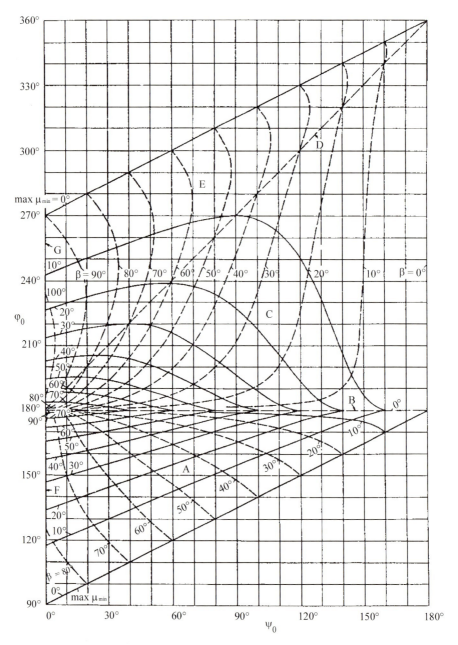

Bild 6.10
Auswahldiagramm 1 für übertragungsgünstigste Getriebe (nach Richtlinie VDI 2130)

6.1.3.2 Beschleunigungsgrad

Die sich maximal einstellende Winkelbeschleunigung $\ddot{\psi}_{max} = \psi''_{max} \cdot \Omega^2$ bzw. Linearbeschleunigung $\ddot{s}_{max} = s''_{max} \cdot \Omega^2$ während des durchlaufenen Totlagenwinkels ψ_0 bzw. Hubs s_0 wird mit der kleinstmöglichen (konstanten) Beschleunigung (Verzögerung) $\ddot{\psi}_v$ bzw. $\ddot{s}_v$ verglichen, die während der Gleichlaufphase ($\psi' > 0$ bzw. $s' > 0$, Index H) und der Gegenlaufphase ($\psi' < 0$ bzw. $s' < 0$, Index R) durch das Bewegungsgesetz „Quadratische Parabel" (vgl. Richtlinie VDI 2143, Blatt 1) erreichbar ist.

Der Quotient

$$\delta_\alpha = \frac{\ddot{\psi}_{max}}{\ddot{\psi}_v} \quad \text{bzw.} \quad \delta_a = \frac{\ddot{s}_{max}}{\ddot{s}_v} \tag{6.7}$$

heißt **Beschleunigungsgrad**; der Bestwert ist $\delta_\alpha, \delta_a = 1$.

Mit

$$\ddot{\psi}_{vH} = 4 \cdot \frac{\psi_0[\text{rad}]}{\varphi_0^2[\text{rad}^2]} \cdot \Omega^2 = \frac{720°}{\pi} \cdot \frac{\psi_0}{\varphi_0^2} \cdot \Omega^2 \equiv \psi''_{vH} \cdot \Omega^2 \tag{6.8a}$$

und

$$\ddot{\psi}_{vR} = \frac{720°}{\pi} \cdot \frac{\psi_0}{(360°-\varphi_0)^2} \cdot \Omega^2 \equiv \psi''_{vR} \cdot \Omega^2 \tag{6.8b}$$

erhält man den Beschleunigungsgrad für den Gleich- und Gegenlauf:

$$\delta_{\alpha H} = \frac{\psi''_{max\,H}}{\psi''_{vH}} = \frac{\pi}{720°} \cdot \frac{\varphi_0^2}{\psi_0} \cdot \psi''_{max\,H}, \tag{6.9a}$$

$$\delta_{\alpha R} = \frac{\psi''_{max\,R}}{\psi''_{vR}} = \frac{\pi}{720°} \cdot \frac{(360°-\varphi_0)^2}{\psi_0} \cdot \psi''_{max\,R}. \tag{6.9b}$$

Bei schiebendem Abtrieb erhält man stattdessen (keine Umrechnung von ψ_0 von Bogenmaß auf Grad notwendig):

$$\delta_{aH} = \frac{s''_{max\,H}}{s''_{vH}} = \left(\frac{\pi}{360°}\right)^2 \cdot \frac{\varphi_0^2}{s_0} \cdot s''_{max\,H}, \tag{6.10a}$$

$$\delta_{aR} = \frac{s''_{max\,R}}{s''_{vR}} = \left(\frac{\pi}{360°}\right)^2 \cdot \frac{(360°-\varphi_0)^2}{s_0} \cdot s''_{max\,R}. \tag{6.10b}$$

In den Auswahldiagrammen 2 und 3 (Bilder 6.11 und 6.12) sind die Beschleunigungsgrade δ_α, δ_a für die Gleich- und Gegenlaufphase neben dem Winkel β als Auswahlkriterien angegeben. Die Arbeitsweise mit diesen Diagrammen entspricht derjenigen mit Auswahldiagramm 1.

164   6 Grundlagen der Synthese ebener viergliedriger Gelenkgetriebe

> **Hinweis:** Stehen quasistatische Belastungen im Vordergrund, wird man Diagramm 1 wählen, bei überwiegend dynamischen Gesichtspunkten (Trägheitswirkungen) die Diagramme 2 und/oder 3.

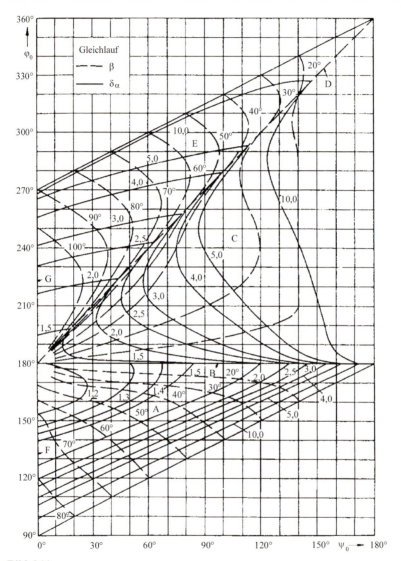

Bild 6.11

Auswahldiagramm 2 für beschleunigungsgünstigste Getriebe in der Gleichlaufphase (nach Richtlinie VDI 2130)

6.1 Totlagenkonstruktion

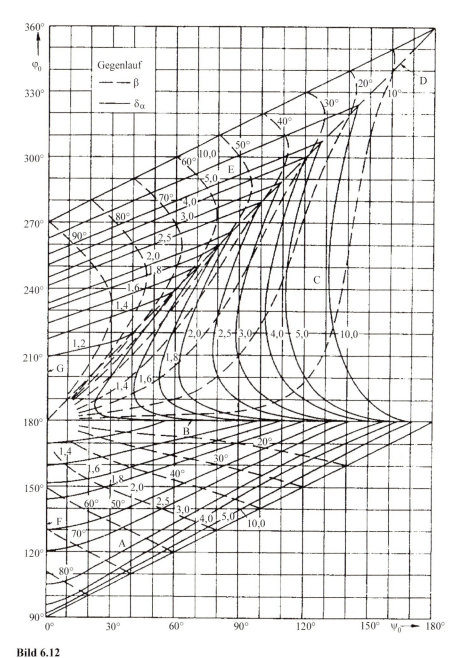

Bild 6.12
Auswahldiagramm 3 für beschleunigungsgünstigste Getriebe in der Gegenlaufphase (nach Richtlinie VDI 2130)

6.2 Lagensynthese

Unter dem Begriff der Lagensynthese versteht man die Bestimmung von Gliedabmessungen eines Getriebes bekannter Struktur, das während des Bewegungsablaufs vorgegebene Lagen einnimmt.

Bei den vorgegebenen Lagen kann es sich um

a) **Punktlagen** (Lagen von Koppelpunkten mit jeweils zwei Koordinaten x, y),

b) **Gliedlagen** (Lagen von Koppelgliedern, beschrieben durch jeweils zwei Punkte),

c) **Relativlagen** (Zuordnungen von Winkeln und Wegen) zwischen An- und Abtriebsglied

handeln. Die Fälle a) und b) charakterisieren Führungsgetriebe, der Fall c) ist typisch für die Synthese eines Übertragungsgetriebes. Alle drei Fälle lassen sich auf Punktlagen und somit auf die durch drei Sätze charakterisierte **Grundaufgabe der Getriebesynthese** ebener viergliedriger Getriebe zurückführen [1: Bd. 2, 14].

Grundaufgabe:

- Gegeben sind verschiedene Lagen einer bewegten Ebene E, etwa E_1, E_2, E_3, ..., E_j gegenüber der (ruhenden) Bezugsebene E_0; die Lagen können endlich oder unendlich benachbart sein.

- Gesucht sind diejenigen Punkte X_1, X_2, X_3, ..., X_j von E, die bei der Bewegung von E gegenüber E_0 auf einem Kreis liegen.

- Diese Punkte beschreiben eine **homologe Punktreihenfolge** bzw. man nennt E_1, E_2, E_3, ..., E_j **homologe Lagen** der Ebene E gegenüber E_0 (Bild 6.13).

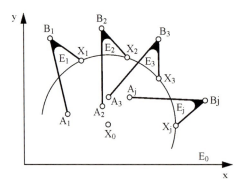

Bild 6.13

Vorgabe von Ebenenlagen durch homologe Punkte auf einem Kreis

6.2 Lagensynthese

Die mit Hilfe der Lagensynthese in den nachfolgenden Abschnitten gefundenen Lösungsgetriebe sind allesamt noch den Auswahlkriterien des Abschnitts 6.1.3 zu unterwerfen und - falls erforderlich - auf Umlauffähigkeit mit Hilfe des Satzes von GRASHOF (Abschnitt 2.4.2.1) und auf Beibehaltung der Einbaulage zu prüfen.

6.2.1 Wertigkeitsbilanz

Die Beschreibung von Lagen erfolgt mit Hilfe geometrischer Größen wie Koordinaten, Längen (Strecken), Winkel, usw., die eine unterschiedliche **Wertigkeit** aufweisen; beispielsweise ist die Angabe der ersten Lage eines Koppelpunkts C mit den Koordinaten x_c, y_c zweiwertig, die Angabe jeder weiteren Lage von C nur noch jeweils einwertig, da die Gleichung $f(x, y) = 0$ der Koppelkurve erfüllt werden muss. Wenn im Fall a) neun Punktlagen vorgeschrieben werden, muss die erforderliche Wertigkeit $W_{erf} = 10$ mit der durch das Getriebe zur Verfügung gestellten vorhandenen Wertigkeit W_{vorh} zumindest übereinstimmen. Bei der Auswertung der Gleichung

$$W_{frei} = W_{vorh} - W_{erf} \tag{6.11}$$

gibt es für $W_{frei} < 0$ keine, für $W_{frei} = 0$ eine eindeutige und für $W_{frei} > 0$ mehrere Lösungen, wobei W_{frei} geometrische Größen noch frei gewählt werden können.

Wenn das Getriebe $g = 4$ einfache Gelenke (Dreh- und Schubgelenke) besitzt und stets p Punkte zu führen sind, errechnet sich W_{vorh} im Allgemeinen aus der Gleichung

$$W_{vorh} = 2(g + p) = 8 + 2p. \tag{6.12}$$

Demnach ist bei

a) Punktlagen: $W_{vorh} = 10$
b) Gliedlagen: $W_{vorh} = 12$
c) Relativ-Winkellagen: $W_{vorh} = 8$

Theoretisch lassen sich also mit einem viergliedrigen Gelenkgetriebe neun Punktlagen erfüllen. Andererseits kann sich die vorhandene Wertigkeit W_{vorh} eines Getriebes durch typ- oder maßbedingte Sonderformen verringern. Jedes Schub- oder Schleifengelenk beispielsweise lässt einen der Gelenkpunkte ins Unendliche wandern, und es resultiert eine (kinematische) Versetzung oder Exzentrizität e mit der Folge, dass sich W_{vorh} jeweils um die abhängige Wertigkeit $W_{abh} = 1$ verringert; W_{vorh} verringert sich nochmals um die unwirksame Wertigkeit $W_{unw} = 1$, falls $e = 0$ gewählt wird, folglich ergibt sich die effektiv vorhandene Wertigkeit zu

$$W_{eff} = W_{vorh} - W_{abh} - W_{unw}. \tag{6.13}$$

$W_{abh} = 1$ entsteht ebenfalls bei Längengleichheit zweier Glieder. In Tafel 6.1 sind einige oft wiederkehrende Wertigkeiten zusammengestellt, die sowohl W_{vorh} als auch W_{abh} als auch W_{unw} betreffen.

Der Abgleich zwischen der erforderlichen und der vorhandenen Wertigkeit des Getriebes entsprechend Gl. (6.11) wird **Wertigkeitsbilanz** genannt.

Satz:	Die Wertigkeitsbilanz entscheidet darüber, wie viele Lagen von einem Getriebe erfüllt werden können.

Hinweis:	Die Überlegungen dieses Abschnitts gelten im Wesentlichen auch für Getriebe mit mehr als vier Gliedern.

Tafel 6.1: Annahmen und zugeordnete Wertigkeiten

Annahme	Wertigkeit
Wahl eines Koppelpunktes	2
Bahnpunkt zum Koppelpunkt	1
Länge (Strecke, Abstand, Radius)	1
Winkel (einer Geraden)	1
Winkelschenkel (geometrischer Ort für ein Gelenk)	1
Winkelzuordnung	1
Tangente oder Normale im Bahnpunkt	1
Wahl eines Drehgelenks	2
Wahl eines Schub- oder Schleifengelenks mit $e \neq 0$	1
Wahl eines Schub- oder Schleifengelenks mit $e = 0$	2

6.2.2 Zwei-Lagen-Synthese

6.2.2.1 Beispiel eines Führungsgetriebes

In Bild 6.14a sind zwei Lagen E_1 und E_2 einer Ebene E durch die Punktpaare C_1, D_1 und C_2, D_2 in der Gestellebene E_0 mit dem x-y-Koordinatensystem gegeben. Gesucht sind die Gestelldrehpunkte A_0 und B_0 eines Drehgelenkgetriebes, das die Koppelpunkte C und D und damit die Ebene E durch beide Lagen führt.

6.2 Lagensynthese

Lösung:

Annahme	C_1	D_1	C_2	D_2
W_{erf}	2	2	1	1

Die Wertigkeitsbilanz ergibt entsprechend den Gln. (6.11), (6.12) und Tafel 6.1

$$W_{frei} = W_{vorh} - W_{erf} = 12 - (2+2+1+1) = 6,$$

d.h es gibt letztendlich ∞^6 Möglichkeiten, ein passendes Getriebe zu finden.

Wir wählen für die Lage 1 (E_1) zwei beliebige weitere Punkte A_1 und B_1 (und vergeben damit vier Wertigkeiten). Die Punkte A_1 und B_1 dürfen auch mit den gegebenen Punkten C_1 und D_1 zusammenfallen. Danach wird die Lage 2 (E_2) um die Punkte A_2 und B_2 ergänzt (kongruentes Viereck zu E_1). Die Mittelsenkrechten m_A und m_B der Strecken $\overline{A_1A_2}$ bzw. $\overline{B_1B_2}$ schneiden sich im Drehpol P_{12} (s. auch Abschnitt 3.1.3.4). Um den Drehpol P_{12} rotiert jeder Punkt der Koppel mit dem Winkel φ_{12} bei der Bewegung von Lage 1 in Lage 2. Der Winkel φ_{12} ist entweder mathematisch positiv (Gegenuhrzeigersinn) oder mathematisch negativ (Uhrzeigersinn) orientiert und stets gilt $\varphi_{21} = 360° - \varphi_{12}$. Der Drehpol fällt nur für den Fall mit dem Momentanpol der Koppel CD bzw. AB zusammen, dass die Lagen E_1 und E_2 unendlich benachbart sind, d.h. ebenfalls zusammenfallen. Mit der Wahl von A_0 auf m_A und von B_0 auf m_B werden die restlichen beiden Wertigkeiten vergeben und das Drehgelenkgetriebe A_0ABB_0 lässt sich in der Lage 1 oder 2 zeichnen, Bild 6.14b.

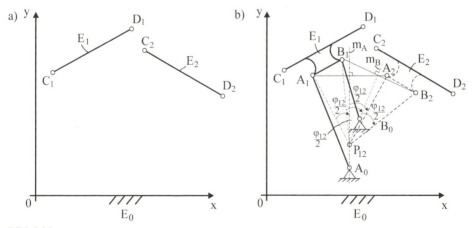

Bild 6.14
Viergliedriges Drehgelenkgetriebe A_0ABB_0 als Führungsgetriebe:
a) Aufgabenstellung, b) Lösung in Lage 1

6.2.2.2 Beispiel eines Übertragungsgetriebes

In Bild 6.15a sind zwei Winkellagen 1 und 2 des Antriebsglieds einerseits und relativ dazu zwei Winkellagen 1' und 2' des Abtriebsglieds andererseits eines Drehgelenkgetriebes um die noch endgültig festzulegenden Gestelldrehpunkte A_0 und B_0 gegeben. Gesucht sind die Punkte A und B als Gelenke der Koppel des Getriebes in einer der beiden Lagen und damit die restlichen Getriebeabmessungen.

Lösung:

Für die Wertigkeitsbilanz ist mit der Zuordnung φ_{12}, ψ_{12} sofort $W_{erf} = 1$ anzugeben. Den Gln. (6.11) und (6.12) zufolge ist

$$W_{frei} = W_{vorh} - W_{erf} = 8 - 1 = 7,$$

d.h. es gibt ∞^7 Möglichkeiten, ein passendes Getriebe zu finden.

Wir legen A_0 und B_0 in der Ebene E_0 fest und vergeben damit lt. Tafel 6.1 vier Wertigkeiten; die verbleibenden drei Wertigkeiten nutzen wir, um die Anfangswinkel α und β sowie die Länge $\overline{B_0B} = \overline{B_0B_1} = \overline{B_0B_2}$ zu wählen. B bewegt sich für einen Beobachter im Punkt A auf dem Antriebsglied A_0A auf einem Kreis um A; bei der Rückdrehung mit $-\varphi_{12}$ um A_0 in die Bezugslage 1 wandert der Punkt B_2 in die Lage B_2^1. Da alle in der Lage 1 bekannten Punkte B auf einem Kreis um A_1 liegen, liefert folglich der Schnittpunkt der Mittelsenkrechten m_B^1 mit dem Antriebsglied in der Lage 1 den Punkt A_1. Mit $\overline{A_1B_1} = \overline{AB}$ liegt auch die Länge der Koppel fest, Bild 6.15b.

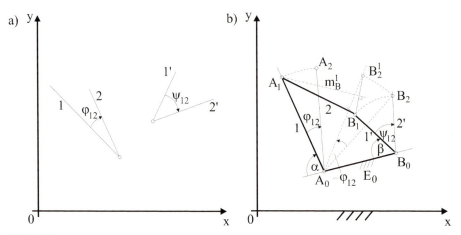

Bild 6.15
Viergliedriges Drehgelenkgetriebe A_0ABB_0 als Übertragungsgetriebe:
a) Aufgabenstellung b) Lösung in Lage 1

6.2 Lagensynthese

6.2.3 Drei-Lagen-Synthese

6.2.3.1 Getriebeentwurf für drei allgemeine Gliedlagen

In Bild 6.16a sind drei Lagen durch die Punktpaare A_1,B_1, A_2,B_2 und A_3,B_3 gegeben. Analog zu Abschnitt 6.2.2.1 ergibt die Wertigkeitsbilanz nach den Gln. (6.11) und (6.12)

$$W_{frei} = W_{vorh} - W_{erf} = 12 - (2 + 2 + 1 + 1 + 1 + 1) = 4$$

und somit können ∞^4 Möglichkeiten für ein passendes Getriebe gefunden werden.

Wenn drei Lagen eines Gliedes durch die Koppelbewegung eines viergliedrigen Gelenkgetriebes erfüllt werden sollen, so kann also entweder die Lage der Koppelgelenke A, B im koppelfesten, mitbewegten ξ, η-System (Bild 6.16a) oder die Lage der Gestellgelenke A_0, B_0 im gestellfesten x, y-System (Bild 6.17a) beliebig angenommen werden. In beiden Fällen wird durch die Wahl zweier Punkte $W_{frei} = 4$ voll ausgeschöpft.

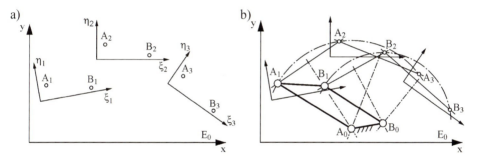

Bild 6.16
Dreilagenkonstruktion bei gegebenen Koppelgelenken A, B: a) Aufgabenstellung b) Lösung (E_0: Gestellebene)

Im ersten Fall ergeben sich A_0 und B_0 als Mittelpunkte von zwei Kreisen durch die Lagen A_1, A_2, A_3 und B_1, B_2, B_3 der gewählten Koppelgelenke für die drei gegebenen Gliedlagen. Man findet A_0 und B_0 als Schnittpunkte der Mittelsenkrechten auf den Verbindungsgeraden der Punkte A_1, A_2, A_3 bzw. B_1, B_2, B_3 (Bild 6.16b).

Die rechnerische Lösung dieser Aufgabenstellung lässt sich z.B. für die Bestimmung der Koordinaten des Gestellgelenks A_0 aus der Aufstellung der Kreisgleichung für die Lagen A_1, A_2, A_3 herleiten:

$$\left(x_{A_i} - x_{A_0}\right)^2 + \left(y_{A_i} - y_{A_0}\right)^2 = r^2 \qquad i = 1,2,3 \qquad (6.14\text{a-c})$$

mit

$$r = \overline{A_0A_1} = \overline{A_0A_2} = \overline{A_0A_3}. \qquad (6.15)$$

Durch Gleichsetzen der Gl. (6.14a) mit den Gln. (6.14b,c) erhält man nach Ausmultiplizieren

$$x_{A_1}^2 - 2x_{A_1}x_{A_0} + y_{A_1}^2 - 2y_{A_1}y_{A_0} = x_{A_i}^2 - 2x_{A_i}x_{A_0} + y_{A_i}^2 - 2y_{A_i}y_{A_0} \quad i = 2,3.$$
$$(6.16a,b)$$

Damit ergibt sich das folgende lineare Gleichungssystem für die Koordinaten des gesuchten Gestellgelenks A_0, nämlich

$$\begin{pmatrix} x_{A_2} - x_{A_1} & y_{A_2} - y_{A_1} \\ x_{A_3} - x_{A_1} & y_{A_3} - y_{A_1} \end{pmatrix} \begin{pmatrix} x_{A_0} \\ y_{A_0} \end{pmatrix} = \frac{1}{2} \begin{pmatrix} x_{A_2}^2 + y_{A_2}^2 - x_{A_1}^2 - y_{A_1}^2 \\ x_{A_3}^2 + y_{A_3}^2 - x_{A_1}^2 - y_{A_1}^2 \end{pmatrix}, \qquad (6.17)$$

das entsprechend für x_{A_0} und y_{A_0} gelöst werden kann. Zur Bestimmung der Koordinaten des zweiten gesuchten Gestellgelenks B_0 können die Gln. (6.14) bis (6.17) analog angewendet werden.

Im zweiten Fall, wenn also die Lage der Gestellgelenke A_0, B_0 im gestellfesten x, y-System (Bild 6.17a) beliebig angenommen wurde, muss die Aufgabenstellung zunächst so umgeformt werden, dass drei Lagen des gestellfesten Bezugssystems mit den gewählten Gestellgelenken A_0 und B_0 relativ zu einer Lage des beweglichen Systems gegeben sind. Man wählt z.B. die Lage 1 (ξ_1,η_1) als Bezugslage der bewegten Ebene und überträgt die Lage der Punkte A_0 und B_0 relativ zu den Lagen 2 (ξ_2,η_2) und 3 (ξ_3,η_3) in die Bezugslage 1. Es ergeben sich die neuen relativen Lagen der Gestelldrehpunkte $(A_0)_2^1$, $(B_0)_2^1$ sowie $(A_0)_3^1$, $(B_0)_3^1$. Dabei stellt z.B. $(A_0)_2^1$ die Relativlage des Gestelldrehpunktes A_0 aus der Lage 2 in der Lage 1 dar. Die Koppelgelenke A_1 und B_1 in der Lage 1 der bewegten Ebene lassen sich nun als Mittelpunkte der Kreise durch $A_0 = (A_0)_1^1$, $(A_0)_2^1$, $(A_0)_3^1$ und $B_0 = (B_0)_1^1$, $(B_0)_2^1$, $(B_0)_3^1$ bestimmen (Bild 6.17b).

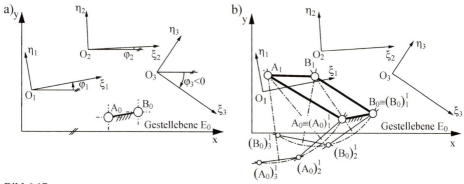

Bild 6.17
Dreilagenkonstruktion bei gegebenen Gestellgelenken A_0, B_0: a) Aufgabenstellung b) Lösung

6.2 Lagensynthese

Die rechnerische Lösung bei vorgegebenen Gestellgelenken A_0 und B_0 baut auf dem Algorithmus auf, der für die Mittelpunktssuche mit den Gln. (6.14) bis (6.17) zur Anwendung kam. Wie aus Bild 6.16b deutlich wird, stellt nämlich z.B. der gesuchte Gelenkpunkt A_1 den Mittelpunkt eines Kreises dar, der durch die relativen Lagen der Gestelldrehpunkte $A_0 = (A_0)_1^1$, $(A_0)_2^1$, $(A_0)_3^1$ geht. Um nun den durch die Gln. (6.14) bis (6.17) beschriebenen Algorithmus anwenden zu können, müssen allerdings zunächst die neuen Koordinaten der Gestelldrehpunkte $(A_0)_2^1, (B_0)_2^1$ sowie $(A_0)_3^1, (B_0)_3^1$ bestimmt werden. Dabei muss sowohl die Verschiebung in das Bezugskoordinatensystem ξ_1, η_1 sowie die zugehörige Verdrehung berücksichtigt werden. Man erhält dadurch

$$x_{(A_0)_i^1} = x_{0_1} + \left(x_{A_0} - x_{0_i}\right) \cdot \cos(\varphi_1 - \varphi_i) - \left(y_{A_0} - y_{0_i}\right) \cdot \sin(\varphi_1 - \varphi_i)$$

$$y_{(A_0)_i^1} = y_{0_1} + \left(x_{A_0} - x_{0_i}\right) \cdot \sin(\varphi_1 - \varphi_i) + \left(y_{A_0} - y_{0_i}\right) \cdot \cos(\varphi_1 - \varphi_i)$$

$$i = 2,3 . \qquad (6.18a,b)$$

Analog gilt diese Gleichung auch für B_0.

6.2.3.2 Getriebeentwurf für drei Punkte einer Koppelkurve

Nach der in Bild 6.18a gezeigten Aufgabenstellung soll ein Punkt C durch drei gegebene Punkte C_1, C_2, C_3 geführt werden, die z.B. auf einer anzunähernden Kurve k_C gewählt wurden. Die Wertigkeitsbilanz ergibt hier

$$W_{frei} = W_{vorh} - W_{erf} = 10 - (2 + 1 + 1) = 6 .$$

Von dem Getriebe, das den Punkt C führen soll, ist die Lage der Gestellgelenke A_0, B_0, die Gliedlänge $\overline{A_0 A}$ und der Koppelpunktsabstand $\overline{AC}$ gegeben, wodurch entsprechend Tafel 6.1 mit der Wahl zweier Punkte und zweier Längen

$$W_{frei} = 6 = 2 \cdot 2 + 1 + 1$$

voll erfüllt wird. Die Lage des zweiten Koppelgelenkes B auf dem Koppelglied ist gesucht.

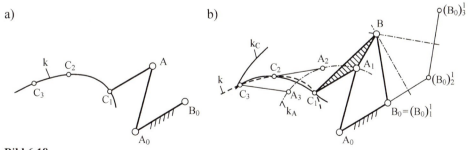

Bild 6.18
Konstruktion eines Getriebes für drei Punkte einer Koppelkurve k_C:
a) Aufgabenstellung b) Lösung

Wenn der Punkt C in die Lagen C_1, C_2, C_3 gebracht wird und außerdem der Gelenkpunkt A auf dem Kreisbogen k_A liegen soll, so sind dadurch die Lagen C_1A_1, C_2A_2 und C_3A_3 des Koppelgliedes bestimmt (Bild 6.18b). Damit liegt die bereits beschriebene Aufgabenstellung "Getriebeentwurf für drei allgemeine Gliedlagen" mit gegebenen Gestellgelenken nach Bild 6.17a vor. Das Koppelgelenk A ist hier allerdings durch die Aufgabenstellung bereits gegeben. Die Lage des Gestellgelenkes B_0 relativ zum Koppelglied in dessen drei Lagen wird z.B. in die Stellung 1 übertragen und es ergeben sich die Punkte $B_0 = (B_0)_1^1$, $(B_0)_2^1$, $(B_0)_3^1$. Das gesuchte Koppelgelenk B in der Lage B_1 ist dann der Mittelpunkt des Kreises durch diese drei Punkte.

Die rechnerische Lösung ist aufwändiger und baut auf verschiedenen Berechnungsschritten auf. So müssen zunächst, ausgehend von der Gliedlänge $\overline{A_0A}$ und dem Koppelpunktsabstand $\overline{AC}$, die drei Lagen 1, 2 und 3 des Zweischlages A_0AC bestimmt werden. Hierzu kann auf die in Kapitel 4 beschriebenen Verfahren, insbesondere die in Abschnitt 4.2 beschriebene Modulmethode, zurückgegriffen werden. Anschließend können die neuen relativen Lagen des Gestelldrehpunktes $(B_0)_2^1$ sowie $(B_0)_3^1$ analog zu den Transformationsgleichungen (6.18a,b) berechnet werden. Das gesuchte Koppelgelenk B ergibt sich dann in der Lage B_1 durch den mit Hilfe der Gln. (6.14) bis (6.17) beschriebenen Algorithmus.

6.2.3.3 Getriebeentwurf für drei Punkte einer Übertragungsfunktion

Von einer gewünschten Übertragungsfunktion $\psi = \psi(\varphi)$ zwischen zwei im Gestell drehbar gelagerten Gliedern sollen drei Punkte 1,2,3 exakt eingehalten werden. Die entsprechenden Winkel φ_{12} und φ_{23} sowie ψ_{12} und ψ_{23} sind gegeben. Die Lösung erfolgt analog zu dem in Abschnitt 6.2.2.2 gezeigten Verfahren. Für die Wertigkeitsbilanz ergibt sich mit der Zuordnung φ_{12},ψ_{12} und φ_{23},ψ_{23}

$$W_{erf} = 2$$

und aus den Gln. (6.11) und (6.12)

$$W_{frei} = W_{vorh} - W_{erf} = 8 - 2 = 6.$$

Mit der Wahl der Gestelldrehpunkte A_0 und B_0, der Länge $\overline{A_0A}$ des Antriebsgliedes sowie dessen Ausgangslage relativ zur Gestellgeraden A_0B_0 durch den Winkel φ_{01} (Bild 6.19a) wird

$$W_{frei} = 6 = 2 \cdot 2 + 1 + 1$$

voll erfüllt.

Auch diese Aufgabe kann auf drei Gliedlagen zurückgeführt werden. Im Gegensatz zur Lösung in Abschnitt 6.2.2.2 wird hier $\overline{B_0B}$ als feste Bezugsebene verwendet. Man

6.2 Lagensynthese

betrachtet also die Lage des Antriebsgliedes relativ zum Abtriebsglied. Wählt man z.B. die Stellung 1 des Abtriebsgliedes als Bezugslage und denkt man sich das noch nicht weiter bestimmte Abtriebsglied in der entsprechenden Stellung relativ zum Zeichenpapier festgehalten, so ergeben sich die den Getriebestellungen 2 und 3 entsprechenden Lagen von Gestell und Antriebsglied relativ zum Abtriebsglied folgendermaßen:

A_0 bewegt sich auf einem Kreis um B_0 entgegengesetzt zu der Drehrichtung, die das Abtriebsglied relativ zum Gestell haben soll, also um $-\psi_{12}$ und $-\psi_{23}$, in die Lagen $(A_0)_2^1$ und $(A_0)_3^1$. In $(A_0)_2^1$ und $(A_0)_3^1$ werden die entsprechenden Antriebswinkel $\varphi_{01} + \varphi_{12}$ bzw. $\varphi_{01} + \varphi_{12} + \varphi_{23}$ angetragen, und es ergeben sich die Lagen A_2^1 und A_3^1 des Koppelgelenkes A relativ zur Stellung 1 des Abtriebsgliedes. Das Koppelgelenk B muss für alle Getriebelagen den gleichen Abstand (Koppellänge) vom Gelenk A haben. Die Lage von B in der Stellung 1 des Abtriebsgliedes und damit auch die Länge der Koppel und der Abtriebsschwinge ergibt sich als Mittelpunkt des Kreises durch $A_1 = A_1^1$, A_2^1 und A_3^1 (Bild 6.19b).

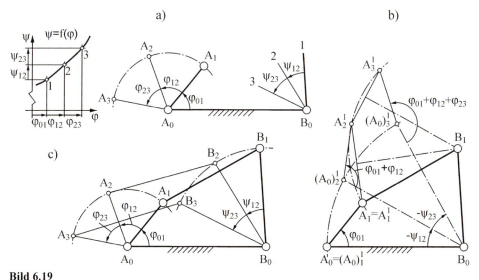

Bild 6.19
Konstruktion eines Getriebes für drei Punkte einer Übertragungsfunktion:
a) Aufgabenstellung, b) Lösung, c) Lösungsgetriebe

Die rechnerische Lösung dieser Aufgabenstellung besteht im Wesentlichen wieder in der Mittelpunktssuche, ausgehend von den Kreispunkten $A_1 = A_1^1$, A_2^1 und A_3^1 analog zu dem mit Hilfe der Gln. (6.14) bis (6.17) beschriebenen Algorithmus. Entsprechend der in Bild 6.19b gezeigten graphischen Konstruktion der Lösung können die dafür benötigten Punkte A_2^1 und A_3^1 mit Hilfe der Beziehungen

$$x_{A_2^1} = x_{B_0} - \overline{A_0B_0} \cdot \cos\psi_{12} + \overline{A_0A} \cdot \cos(\varphi_{01} + \varphi_{12} - \psi_{12})$$

$$y_{A_2^1} = y_{B_0} + \overline{A_0B_0} \cdot \sin\psi_{12} + \overline{A_0A} \cdot \sin(\varphi_{01} + \varphi_{12} - \psi_{12})$$

$$x_{A_3^1} = x_{B_0} - \overline{A_0B_0} \cdot \cos(\psi_{12} + \psi_{23}) + \overline{A_0A} \cdot \cos(\varphi_{01} + \varphi_{12} + \varphi_{23} - \psi_{12} - \psi_{23})$$

$$y_{A_3^1} = y_{B_0} + \overline{A_0B_0} \cdot \sin(\psi_{12} + \psi_{23}) + \overline{A_0A} \cdot \sin(\varphi_{01} + \varphi_{12} + \varphi_{23} - \psi_{12} - \psi_{23})$$

(6.19a-d)

berechnet werden.

6.2.3.4 Beispiel eines Drehgelenkgetriebes als Übertragungsgetriebe

Zu zwei gegebenen Relativ-Winkelzuordnungen φ_{12}, ψ_{12} und φ_{23}, ψ_{23} für drei Lagen des Antriebsglieds A_0A und drei Lagen 1′, 2′, 3′ des Abtriebsglieds B_0B eines Drehgelenkgetriebes sind die Abmessungen zu finden.

Lösung:

Die mit Hilfe von Gl. (6.12) ermittelte vorhandene Wertigkeit $W_{vorh} = 8$ teilt sich für die erforderliche Wertigkeit W_{erf} hinsichtlich der getroffenen Annahmen folgendermaßen auf:

Annahme	A_0	B_0	$\overline{B_0B}$	φ_{12}, ψ_{12}	φ_{23}, ψ_{23}	β
W_{erf}	2	2	1	1	1	1

Mit der Wahl von β und mit den Winkeln ψ_{12} und ψ_{23} liegen die Punkte B_1, B_2, B_3 in den drei Lagen des Abtriebsgliedes als Punkte eines Kreises um B_0 mit dem Radius $\overline{B_0B}$ fest. Bei der Rückdrehung dieser Punkte mit den Winkeln $-\varphi_{12}$, $-\varphi_{13} = -(\varphi_{12} + \varphi_{23})$ um A_0 wandern die Punkte B_2 und B_3 für einen Beobachter in A in der Bezugslage 1 an die Stellen B_2^1 bzw. B_3^1. Da alle Punkte B in der Lage 1 auf Kreisen um A liegen müssen, liefert der Schnittpunkt der beiden Mittelsenkrechten m_{B1}^1 und m_{B2}^1 den Punkt A in der Lage 1 und damit die Koppellänge $\overline{A_1B_1} = \overline{AB}$, Bild 6.20.

6.2 Lagensynthese

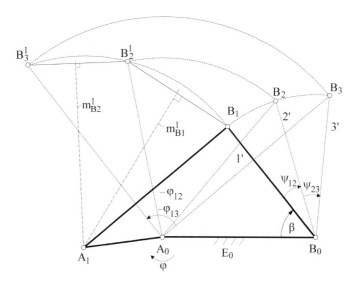

Bild 6.20
Drei-Lagen-Synthese für ein Drehgelenkgetriebe A_0ABB_0 als Übertragungsgetriebe

6.2.3.5 Beispiel eines Schubkurbelgetriebes als Übertragungsgetriebe

Zu zwei gegebenen Relativlagenzuordnungen φ_{12}, s_{12} und φ_{13}, s_{13} für drei Lagen des Antriebsgliedes (Kurbel) A_0A und drei Lagen des Abtriebsgliedes (Schiebers) eines zentrischen Schubkurbelgetriebes sind die Abmessungen zu finden.

Lösung:

Wegen der Versetzung $e = 0$ verringert sich $W_{vorh} = 8$ um zwei Wertigkeiten auf $W_{eff} = 6$, vgl. Gl. (6.13).

Die Wertigkeitsbilanz sieht dann folgendermaßen aus:

Annahme	A_0	B_1	φ_{12}, s_{12}	φ_{13}, s_{13}
W_{erf}	2	2	1	1

Die Konstruktion des Punkts A in der Lage 1 erfolgt analog zu derjenigen im Abschnitt zuvor, Bild 6.21.

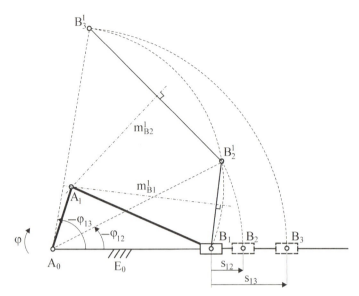

Bild 6.21
Drei-Lagen-Synthese für ein Schubkurbelgetriebe $A_0ABB_0^\infty$ als Übertragungsgetriebe

6.2.4 Mehrlagen-Synthese

6.2.4.1 Getriebeentwurf für vier allgemeine Gliedlagen (Kreis- und Mittelpunktkurve)

Wenn vier allgemeine Lagen eines Getriebegliedes durch die Koppelbewegung eines viergliedrigen Gelenkgetriebes erfüllt werden sollen, so können weder die Koppelgelenke A, B im bewegten ξ,η-System noch die Gestellgelenke A_0, B_0 im gestellfesten x,y-System beliebig gewählt werden. Wie schon zu Beginn dieses Abschnittes erwähnt, müssen für verschiedene, vorgegebene Lagen einer bewegten Ebene E, z.B. E_1, E_2, E_3, ... relativ zur Bezugsebene diejenigen Punkte X der Ebene E gesucht werden, deren homologe Punkte X_1, X_2, X_3, ... während der Bewegung der Ebene auf einem Kreis liegen (Bild 6.13). Zur exakten Erfüllung der Aufgabenstellung müssen also die Koppelgelenke Kreispunkte K sein, d.h. sie müssen in ihren den vier Gliedlagen entsprechenden homologen Lagen jeweils auf einem Kreis liegen, dessen Mittelpunkt M dann als entsprechendes Gestellgelenk zu wählen ist. Aus dieser Bedingung ergibt sich, dass zulässige Koppelgelenke in der bewegten Ebene nur auf einer bestimmten Kurve,

6.2 Lagensynthese

nämlich der sogenannten **Kreispunktkurve** k_K liegen und die zugeordneten Gestellgelenke entsprechend auf der sogenannten **Mittelpunktkurve** k_M in der gestellfesten Ebene.

Kreis- und Mittelpunktkurve werden nach BURMESTER unter dem Begriff **BURMESTERsche Kurven** zusammengefasst. Sie können graphisch nur mit großem Aufwand ermittelt werden, weshalb sich die numerische Bestimmung empfiehlt.

Weitere getriebetechnische Aufgabenstellungen, wie z.B. die Erfüllung von vier Punkten einer Koppelkurve oder vier Punkten einer Übertragungsfunktion, können ebenfalls mit Hilfe der BURMESTERschen Kurven gelöst werden, wenn sie zuerst analog zu dem Verfahren für drei Gliedlagen gemäß Abschnitt 6.2.3.2 und 6.2.3.3 in die Aufgabenstellung „vier allgemeine Gliedlagen" überführt werden.

Als Beispiel zeigt Bild 6.22 für die vier eingezeichneten Lagen der ξ,η-Ebene strichpunktiert die Mittelpunktkurve k_M in der gestellfesten x,y-Ebene und gestrichelt die Kreispunktkurve k_K als Kurve k_{K1} für die Lage 1 der bewegten ξ,η-Ebene. Die Kurven sind bestimmt durch die Koordinaten x_M, y_M der Mittelpunkte M in der gestellfesten Ebene und die Koordinaten ξ_K, η_K der zugeordneten Kreispunkte K in der bewegten Ebene. In einem Teilbereich sind zur Verdeutlichung zugeordnete Kreis- und Mittelpunkte durch Verbindungslinien gekennzeichnet.

Die Gestellgelenke des gesuchten viergliedrigen Gelenkgetriebes können nun auf k_M beliebig gewählt werden (z.B. die eingezeichneten Punkte A_0 und B_0). Zu den gewählten Mittelpunkten sind dann die zugeordneten Kreispunkte auf k_K als Koppelgelenke zu verwenden (also zu A_0 und B_0 die eingezeichneten Punkte A_1 und B_1 auf k_{K1} für die Lage 1 des Getriebes). Abschließend muss geprüft werden, ob von dem so gefundenen Getriebe eventuelle weitere Anforderungen erfüllt werden, wie z.B. gleicher Bewegungsbereich für alle Lagen, Durchlaufen der Lagen in einer bestimmten Reihenfolge, stetige Antriebsbewegung, günstige Kraftübertragung usw.

180   6 Grundlagen der Synthese ebener viergliedriger Gelenkgetriebe

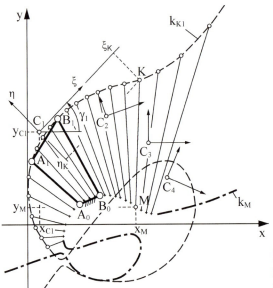

Bild 6.22
Kreis- und Mittelpunktkurve für vier allgemeine Gliedlagen

Zur rechnerischen Ermittlung der Kreis- und Mittelpunktkurve für vier allgemeine Gliedlagen können die vier Lagen des ξ, η-Systems gemäß Bild 6.23 zunächst durch x_{C_i}, y_{C_i}, γ_i beschrieben werden.

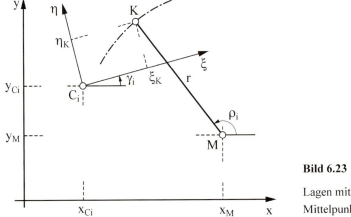

Bild 6.23
Lagen mit Kreispunkt K und Mittelpunkt M

Wenn ein Punkt K der bewegten Ebene mit den Koordinaten ξ_K, η_K sich auf einem Kreis mit dem Radius r um den Mittelpunkt M in der gestellfesten Ebene mit den Koordinaten x_M, y_M bewegen soll, so muss für alle Lagen i gelten:

6.2 Lagensynthese

$$x_M + r \cdot \cos\rho_i = x_{Ci} + \xi_K \cos\gamma_i - \eta_K \sin\gamma_i ,$$

$$y_M + r \cdot \sin\rho_i = y_{Ci} + \xi_K \sin\gamma_i + \eta_K \cos\gamma_i , \quad i = 1, 2, 3, 4 . \quad (6.20a,b)$$

Durch Quadrieren kann der Winkel ρ_i eliminiert werden und man erhält für jede Lage i die Beziehung

$$x_{C_i}^2 + y_{C_i}^2 + x_M^2 + y_M^2 + \xi_K^2 + \eta_K^2 - r^2$$

$$- 2x_{C_i}x_M - 2y_{C_i}y_M + 2(x_{C_i}\cos\gamma_i + y_{C_i}\sin\gamma^i)\, \xi_K - 2(x_{C_i}\sin\gamma_i - y_{C_i}\cos\gamma_i)\, \eta_K$$

$$- 2\cos\gamma_i (x_M \xi_K + y_M \eta_K) - 2\sin\gamma_i (y_M \xi_K - x_M \eta_K) = 0 , \quad i = 1, 2, 3, 4 . \quad (6.21)$$

Um im nächsten Schritt den Kreisradius r zu eliminieren, fasst man von diesen vier Gleichungen durch Subtrahieren je zwei zusammen, z.B. die Gleichungen für i = 1,2, i = 1,3 und i = 1,4. Dadurch erhält man das folgende nichtlineare Gleichungssystem mit drei Gleichungen für die vier Unbekannten x_M, y_M, ξ_K, η_K:

$$A_j + B_j x_M + C_j y_M + D_j \xi_K + E_j \eta_K + F_j (x_M \xi_K + y_M \eta_K) + G_j (y_M \xi_K - x_M \eta_K) = 0,$$

$$j = 1, 2, 3. \quad (6.22)$$

Die in den verbleibenden drei Gleichungen auftretenden Koeffizienten A_j bis G_j hängen dabei nur von den Lagedaten x_{Ci}, y_{Ci}, γ_i ab und sind somit bekannt. Wird nun eine Koordinate beliebig vorgegeben, also z.B. die x-Koordinate x_M eines Mittelpunktes, so kann das Gleichungssystem (6.22) aufgelöst werden und man erhält eine Polynomgleichung 3. Grades für eine Unbekannte. Bei Vorgabe von x_M ergibt sich z.B.

$$a_0 + a_1 y_M + a_2 y_M^2 + a_3 y_M^3 = 0 , \quad (6.23)$$

wobei die Koeffizienten a_0 bis a_3 nur von den Lagedaten x_{Ci}, y_{Ci}, γ_i und der Vorgabekoordinate x_M abhängen.

Die reellen Lösungen der Gleichung (6.23) (im Allgemeinen entweder eine oder drei) sind die Koordinaten y_M zulässiger Mittelpunkte M zu einem vorgegebenen x_M. Wird ein so bestimmtes Paar x_M, y_M in zwei der insgesamt drei Gleichungen des Gleichungssystems (6.18) eingesetzt, so ergibt sich ein lineares Gleichungssystem für die noch unbekannten Koordinaten ξ_K, η_K des zugeordneten Kreispunktes. Durch schrittweise Variation der Vorgabekoordinate erhält man somit jeweils Paare zugeordneter Kreis- und Mittelpunkte.

6.2.4.2 Getriebeentwurf für fünf allgemeine Gliedlagen (BURMESTERsche Kreis- und Mittelpunkte)

Wenn fünf allgemeine Lagen eines Getriebegliedes exakt durch die Koppelbewegung eines viergliedrigen Gelenkgetriebes erfüllt werden sollen, können, wenn eine Lösung überhaupt möglich ist, nur ganz bestimmte Punkte der bewegten Ebene als Koppelgelenke und ganz bestimmte, entsprechende Punkte der gestellfesten Ebene als Gestellgelenke verwendet werden. Diese werden als **BURMESTERsche Kreis- und Mittelpunkte** bezeichnet. Abhängig von den Lagedaten der bewegten Ebene existiert entweder gar keine reelle, als Getriebe ausführbare, Lösung oder es ergeben sich zwei oder vier Paare zugeordneter Kreis- und Mittelpunkte als Lösung. Bei zwei Punktepaaren kann ein viergliedriges Getriebe zur Erfüllung der Aufgabenstellung gebildet werden, bei vier Punktepaaren erhält man durch Kombination von je zwei Punktepaaren insgesamt sechs Lösungsgetriebe.

BURMESTERsche Punkte können auf zwei verschiedenen Wegen bestimmt werden. Die erste Möglichkeit besteht darin, dass man aus den gegebenen fünf Lagen jeweils vier herausgreift und für verschiedene solcher Lagekombinationen die Kreis- und Mittelpunktkurven ermittelt und zum Schnitt bringt. Die Schnittpunkte der Kreispunktkurven für zwei verschiedene Vierergruppen sind Kreispunkte, die beiden Gruppen angehören. Zu diesen Kreispunkten sind die Mittelpunkte für die eine und die andere Vierergruppe zu bestimmen. Wenn diese beiden Mittelpunkte ebenfalls zusammenfallen und sich somit auch die beiden entsprechenden Mittelpunktkurven im zugeordneten Mittelpunkt schneiden, dann sind die betrachteten Punkte Kreis- und Mittelpunkt für alle fünf Lagen. Dieses Verfahren kann auch mit rein graphischen Methoden durchgeführt werden, es ist jedoch außerordentlich aufwändig, weshalb sich auch hier als zweite Möglichkeit die direkte rechnerische Bestimmung der BURMESTERschen Punkte empfiehlt. Analog zur Vierlagensynthese sind mit Hilfe der BURMESTERschen Punkte auch getriebetechnische Aufgabenstellungen wie z.B. „fünf Punkte einer Koppelkurve" oder „fünf Punkte einer Übertragungsfunktion" lösbar, wenn diese wie bei drei oder vier Gliedlagen zuerst in die Aufgabenstellung „fünf allgemeine Gliedlagen" überführt werden.

Als Beispiel zeigt Bild 6.24 fünf allgemeine Gliedlagen, wobei die Lagen 1 bis 4 den Vorgabelagen für vier allgemeine Gliedlagen nach Bild 6.23 entsprechen. Die zusätzliche fünfte Lage soll zwischen den Lagen 1 und 2 durchlaufen werden.

6.2 Lagensynthese

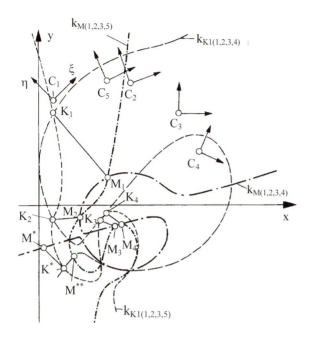

Bild 6.24

Bestimmung von BURMESTERschen Kreis- und Mittelpunkten für fünf allgemeine Gliedlagen

Als Lösung existieren für dieses Beispiel die vier eingezeichneten zugeordneten Punktepaare M_1,K_1, M_2,K_2, M_3,K_3 und M_4,K_4. Da die Lagen 1 bis 4 mit dem Beispiel aus der Vierlagensynthese identisch sind, liegen diese vier Punktepaare auf der eingezeichneten, aus Bild 6.23 übernommenen Kreis- und Mittelpunktkurve für die Lagen 1 bis 4. Eine der möglichen sechs Kombinationen zweier Punktepaare nämlich M_1,K_1 und M_2,K_2 zu einem Getriebe zur exakten Führung der Koppelebene durch die gegebenen fünf Lagen ist eingezeichnet.

Die Bestimmung der in Bild 6.24 gezeigten Kreis- und Mittelpunkte für fünf allgemeine Gliedlagen erfolgt mit Hilfe der Kreis- und Mittelpunktkurven für zwei verschiedene Kombinationen von jeweils vier Lagen. Die Kreispunktkurven $k_{K(1,2,3,4)}$ und $k_{K(1,2,3,5)}$ für die Lagengruppen 1, 2, 3, 4 und 1, 2, 3, 5, jeweils gezeichnet in der Lage 1 der bewegten Ebene, schneiden sich in den Punkten K_1, K_2, K_3, K_4 und K^*. Zu K^* gehört für die Viergruppe 1, 2, 3, 4 der Mittelpunkt M^* auf $k_{M(1,2,3,4)}$ und für die andere Vierergruppe der Mittelpunkt M^{**} auf $k_{M(1,2,3,5)}$. K^* ist demnach kein Kreispunkt für alle fünf Lagen. Dagegen erhält man für die Schnittpunkte K_1, K_2, K_3, K_4 mit M_1, M_2, M_3, M_4 jeweils die gleichen Punkte für beide Lagengruppen als Mittelpunkt und diese Punktepaare sind somit Kreis- und Mittelpunkte für alle fünf Lagen. Abschließend sei zu dieser Art der Kreis- und Mittelpunktssuche jedoch noch einmal auf den sehr hohen Aufwand für die graphische Konstruktion hingewiesen, die dieser Lösung zugrunde liegt.

Für den Rechnereinsatz besser geeignet ist die rein algebraische Bestimmung der BURMESTERschen Kreis- und Mittelpunkte, die analog zum rechnerischen Verfahren für die Vierlagensynthese erfolgen kann.

6.3 Mehrfache Erzeugung von Koppelkurven

Wie schon in Kapitel 2 erwähnt, lassen sich bei einer Aufteilung der Getriebe nach ihrer Funktion die beiden Getriebetypen Führungsgetriebe und Übertragungsgetriebe unterscheiden. Generell dienen Führungsgetriebe entweder zum Führen von Punkten einzelner Getriebeglieder auf vorgeschriebenen Bahnen (Punktführung) oder zur Führung von Getriebegliedern durch vorgeschriebene Lagen (Ebenenführung). Im Falle der Verwendung eines Getriebes als Punktführungsgetriebe spielt die von einem beliebigen Punkt auf dem geführten Glied des Getriebes erzeugte Koppelkurve eine wichtige Rolle. Schon bei den relativ einfachen viergliedrigen Kurbelgetrieben ergibt sich eine große Vielfalt möglicher Koppelkurven, wie durch Bild 6.25 veranschaulicht.

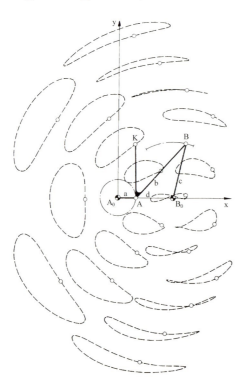

Bild 6.25
Koppelkurven einer Kurbelschwinge für verschiedene Lagen des Koppelpunktes K

6.3 Mehrfache Erzeugung von Koppelkurven

In diesem Zusammenhang sind verschiedene Möglichkeiten, die Koppelkurve eines viergliedrigen Gelenkgetriebes zu erzeugen, von besonderem Interesse. Dies gilt besonders dann, wenn das im ersten Syntheseschritt ermittelte viergliedrige Gelenkgetriebe gewisse Restriktionen z.B. hinsichtlich des Einbauraumes nicht erfüllt.

6.3.1 Ermittlung der ROBERTSschen Ersatzgetriebe

Nach dem Satz von ROBERTS kann jede Koppelkurve eines viergliedrigen Gelenkgetriebes im Allgemeinen durch drei verschiedene Getriebe erzeugt werden. Ist das Ausgangsgetriebe A_0AKBB_0 gegeben, so existieren zwei weitere sogenannte ROBERTSsche Ersatzgetriebe mit anderen Abmessungen, deren Koppelpunkt K die gleiche Koppelkurve erzeugt. Zur Bestimmung dieser Ersatzgetriebe kann zunächst ein dritter Gestellpunkt C_0 gefunden werden, indem man ein zum Koppeldreieck ABK gleichsinnig ähnliches Dreieck $A_0B_0C_0$ konstruiert (Bild 6.26).

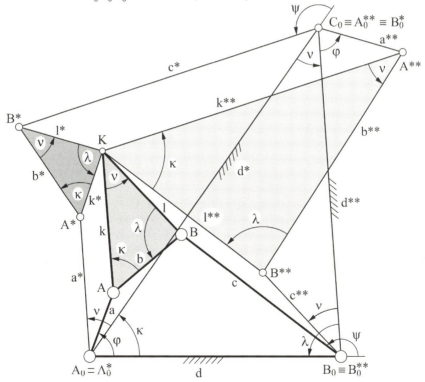

Bild 6.26
Konstruktion der Ersatzgetriebe nach ROBERTS

Die neue Kurbellänge a^* des ersten Ersatzgetriebes erhält man aus der Konstruktion des Parallelogrammes A_0AKA^*. Damit ist gleichzeitig auch die Seitenlänge A^*K des neuen Koppeldreieckes A^*KB^* bestimmt. Da nach dem Satz von ROBERTS das Koppeldreieck A^*KB^* dem ursprünglichen Koppeldreieck AKB gleichsinnig ähnlich sein muss, ergeben sich auch die übrigen kinematischen Abmessungen des ersten Ersatzgetriebes.

Durch analoge Konstruktion ergibt sich das zweite Ersatzgetriebe ausgehend von dem Parallelogramm B_0BKB^{**}. Die Punkte $B^*KA^{**}C_0$ bilden dann ebenfalls ein Parallelogramm.

Die sich für die rechnerische Behandlung aus Bild 6.26 ergebenden Beziehungen für die kinematischen Abmessungen der beiden Ersatzgetriebe können der Tafel 6.2 entnommen werden.

Tafel 6.2: Rechnerische Ermittlung der kinematischen Abmessungen der Ersatzgetriebe nach ROBERTS

	Ausgangsgetriebe	1. Ersatzgetriebe	2. Ersatzgetriebe
Länge der Kurbel (Schwinge)	$a \equiv \overline{A_0A}$	$a^* \equiv \overline{A_0A^*} = b \cdot \frac{k}{b} = k$	$a^{**} \equiv \overline{C_0A^{**}} = a \cdot \frac{l}{b}$
Länge der Koppel	$b \equiv \overline{AB}$	$b^* \equiv \overline{A^*B^*} = a \cdot \frac{k}{b}$	$b^{**} \equiv \overline{A^{**}B^{**}} = c \cdot \frac{l}{b}$
Länge der Schwinge (Koppel)	$c \equiv \overline{BB_0}$	$c^* \equiv \overline{B^*C_0} = c \cdot \frac{k}{b}$	$c^{**} \equiv \overline{B^{**}B_0} = b \cdot \frac{l}{b} = l$
Länge des Gestells	$d \equiv \overline{A_0B_0}$	$d^* \equiv \overline{A_0C_0} = d \cdot \frac{k}{b}$	$d^{**} \equiv \overline{C_0B_0} = d \cdot \frac{l}{b}$
Bestimmungsstücke des Koppelpunktes	$k \equiv \overline{AK}$	$k^* \equiv \overline{A^*K} = a$	$k^{**} \equiv \overline{A^{**}K} = c \cdot \frac{k}{b} = c^*$
	$l \equiv \overline{BK}$	$l^* \equiv \overline{B^*K} = a \cdot \frac{l}{b} = a^{**}$	$l^{**} \equiv \overline{B^{**}K} = c$

Für praktische Anwendungen ist besonders wichtig, dass bei den drei Getrieben nach ROBERTS die An- bzw. Abtriebswinkel φ, ψ und ν jeweils paarweise gleich sind, wenn sich die Koppelpunkte der Getriebe an der gleichen Stelle der Koppelkurve befinden. Daraus folgt auch, dass der Geschwindigkeitsverlauf entlange der Koppelkurve bei den verschiedenen Getrieben gleich ist, wenn die entsprechenden Glieder mit der gleichen Winkelgeschwindigkeit angetrieben werden. Dies bedeutet z.B. für das zweite Ersatzgetriebe $A_0^{**}A^{**}B^{**}B_0^{**}$ in Bild 6.26, dass bei einem Antrieb an der Kurbel $A_0^{**}A^{**}$ mit der Winkelgeschwindigkeit $\omega = \dot\varphi$ die Koppelkurve durch den Koppel-

6.3 Mehrfache Erzeugung von Koppelkurven

punkt K mit demselben zeitlichen Verlauf abgefahren wird wie bei einem Antrieb an der Kurbel A_0A des Ausgangsgetriebes A_0ABB_0 mit derselben Winkelgeschwindigkeit. Dabei ist zu berücksichtigen, dass der Winkel φ beim zweiten Ersatzgetriebe von der neuen Gestellgeraden $B_0 A_0^{**}$ mit dem gleichen Drehsinn wie für das Ausgangsgetriebe zu messen ist.

Die Abmessungen der Ersatzgetriebe können auch sehr einfach mit Hilfe eines Schemas bestimmt werden. Dazu werden zunächst wie in Bild 6.27 gezeigt die Gliedlängen a, b, c des Ausgangsgetriebes gestreckt gezeichnet und über b mit den kinematischen Abmessungen k und l bzw. κ und λ das Koppeldreieck errichtet. Anschließend wird eine Parallele zur Koppelstrecke $\overline{AK}$ durch den Gestellpunkt A_0 sowie eine Parallele zur Koppelstrecke $\overline{BK}$ durch den Gestellpunkt B_0 gelegt. Als Schnittpunkt ergibt sich der Punkt B_0^*. Verlängert man nun die Strecke $\overline{BK}$ bis zum Punkt B^* und zieht außerdem eine Parallele zu A_0B_0 durch den Koppelpunkt K, so erhält man nicht nur die Abmessungen des Koppeldreieckes A^*KB^* sondern auch die neuen Gliedlängen des 1. Ersatzgetriebes $a^* = \overline{A_0A^*}$ und $c^* = \overline{B_0B^*}$. Die Abmessungen des zweiten Ersatzgetriebes ergeben sich schließlich durch Verlängerung der Strecke $\overline{A^*K}$ bis zum Punkt B^{**} sowie der Strecke $\overline{AK}$ bis zum Punkt A^{**}. Man erhält auf diese Weise sowohl die Abmessungen des Koppeldreieckes $A^{**}KB^{**}$ als auch die neuen Gliedlängen des 2. Ersatzgetriebes $a^{**} = \overline{C_0A^{**}}$ und $c^{**} = \overline{B_0B^{**}}$. Mit Hilfe des Strahlensatzes können nun die Beziehungen aus Tafel 6.2 nachvollzogen werden.

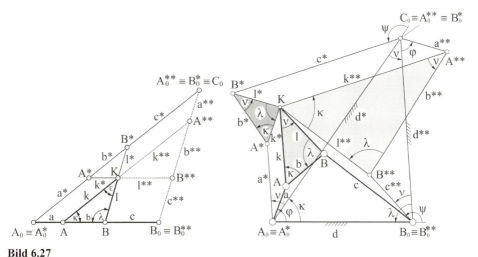

Bild 6.27
Ersatzgetriebe nach ROBERTS: Schema für das Ausgangsgetriebe und das 1. und 2. Ersatzgetriebe

188   6 Grundlagen der Synthese ebener viergliedriger Gelenkgetriebe

Aus einer Kurbelschwinge entstehen durch Anwendung des Satzes von ROBERTS eine Doppelschwinge und eine Kurbelschwinge, aus einer Doppelschwinge zwei Kurbelschwingen und aus einer Doppelkurbel wieder zwei Doppelkurbeln. Wenn das Ausgangsgetriebe nach GRASHOF **umlauffähig** ist, dann sind auch die Ersatzgetriebe umlauffähig, denn die Gliedlängen unterscheiden sich nur durch den Faktor k/b bzw. l/b.

Der Satz von ROBERTS lässt sich nicht nur für Koppelkurven viergliedriger Drehgelenkgetriebe, sondern auch für die Koppelkurven einer Schubkurbel anwenden. Dazu kann analog zu Bild 6.27 das in Bild 6.28 gezeigte Schema verwendet werden, wobei hier die Längen a, b und die Exzentrizität e der Schubkurbel in gestreckter Lage gezeichnet werden.

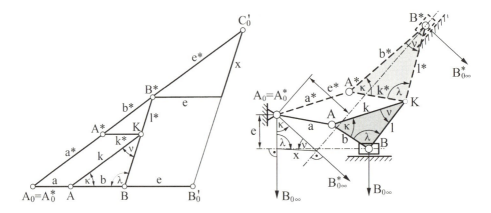

Bild 6.28
Schema für das Ersatzgetriebe nach ROBERTS für Schubkurbeln

Ausgehend von dieser Konstruktion können nun eine Parallele zur Koppelstrecke $\overline{AK}$ durch den Punkt A_0 sowie eine Parallele zur Koppelstrecke $\overline{BK}$ durch den Punkt B_0' gezogen werden (Bild 6.28). Als Schnittpunkt dieser beiden Parallelen ergibt sich der Punkt C_0'. Zeichnet man nun noch eine Parallele zur Gestellgeraden A_0B_0' und verlängert die Koppelstrecke $\overline{BK}$, so erhält man die Schnittpunkte A^* und B^* auf der Geraden A_0C_0', so dass alle kinematischen Abmessungen der Koppel A^*B^*K des Ersatzgetriebes ermittelt werden können. Allerdings muss jetzt noch die Lage der Schubachse des Ersatzgetriebes ausgedrückt durch die Exzentrizität e^* bestimmt werden. Sie ergibt sich durch die Strecke $e^* = B^*C_0'$. Rechnerisch ergibt sich durch Betrachtung der entsprechenden Dreiecke im Schema aus Bild 6.28

6.3 Mehrfache Erzeugung von Koppelkurven

$$e^* = \frac{k}{b} \cdot e \ . \tag{6.24}$$

Die Lage der Schubachse des Ersatzgetriebes kann nun unter Berücksichtigung der in Bild 6.28 gezeigten Winkelverhältnisse konstruiert werden, indem man eine weitere Parallele zur Gestellgeraden A_0B_0' diesmal durch den Punkt B^* zieht. Damit ergibt sich im Schema die Strecke x, die sich auch in der Konstruktion des Ersatzgetriebes wiederfindet. Es ergibt sich auf diese Weise ein dem ursprünglichen Koppeldreieck ähnliches Dreieck mit den Seitenlängen e, e^* und x. Es gilt

$$\frac{e}{\sin \nu} = \frac{e^*}{\sin \lambda} = \frac{x}{\sin \kappa} \ . \tag{6.25}$$

Die sich aus der oben beschriebenen Vorgehensweise mit dem Schema aus Bild 6.28 ergebenden Bestimmungsgleichungen für die kinematischen Abmessungen des Ersatzgetriebes sind in Tafel 6.3 wiedergegeben.

Tafel 6.3: Rechnerische Ermittlung der kinematischen Abmessungen des Ersatzgetriebes einer Schubkurbel

	Ausgangsgetriebe	Ersatzgetriebe
Länge der Kurbel (Schwinge)	a	$a^* = b \cdot \frac{k}{b} = k$
Länge der Koppel	b	$b^* = a \cdot \frac{k}{b}$
Exzentrizität	e	$e^* = e \cdot \frac{k}{b}$
Bestimmungsstücke des Koppelpunktes	k	$k^* = a$
	l	$l^* = a \cdot \frac{l}{b}$

6.3.2 Ermittlung fünfgliedriger Ersatzgetriebe mit zwei synchron laufenden Kurbeln

Die Koppelkurve einer Kurbelschwinge kann auch durch ∞^2 fünfgliedrige Getriebe mit zwei synchron laufenden Kurbeln erzeugt werden, wobei man sich den zuvor dargestellten Zusammenhang zwischen den Antriebswinkeln von Ausgangs- und den beiden Ersatzgetrieben zunutze macht (Bild 6.29) [6.5]

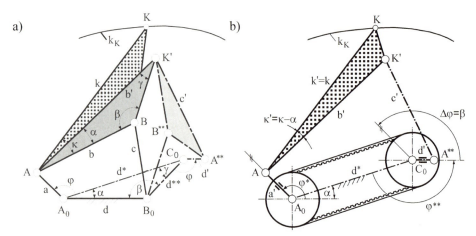

Bild 6.29
Erzeugung einer Koppelkurve eines viergliedrigen Getriebes durch ein fünfgliedriges Getriebe mit zwei synchron laufenden Kurbeln
a) 2. Ersatzgetriebe nach ROBERTS b) fünfgliedriges Ersatzgetriebe

Wenn der Koppelpunkt K einer Kurbelschwinge A_0ABB_0 die Koppelkurve k_K eines fünfgliedrigen Getriebes durchlaufen soll, kann anstatt des Gestelldrehpunktes B_0 mit der Schwinge B_0B ein beliebiger neuer zweiter Gestelldrehpunkt C_0 frei gewählt werden, während der Gestelldrehpunkt A_0 mit der Kurbel A_0A erhalten bleibt, so dass zunächst das Gestelldreieck $A_0B_0C_0$ entsteht. Ausgehend von den dann bekannten Seitenlängen d, d* und d** des Gestells kann nun nach dem Satz von ROBERTS über die ähnlichen Dreiecke $A_0B_0C_0$ und ABK' der Koppelpunkt K' gefunden werden, für den das zweite Ersatzgetriebe nach ROBERTS entsprechend der im vorhergehenden Abschnitt beschriebenen Vorgehensweise bestimmt wird.

Damit ergibt sich die in Bild 6.29a gezeigte Konstruktion des viergliedrigen Ersatzgetriebes $C_0A^{**}B^{**}B_0$, dessen Kurbel den gleichen Antriebswinkel hat wie das Ausgangsgetriebe. Wenn beide Kurbeln A_0A und C_0A^{**}, beginnend in der Entwurfslage, synchron angetrieben werden, ist die zwangläufige Führung der Koppelebene des Ausgangsgetriebes auch dann gesichert, wenn die beiden Schwingen B_0B und B_0B^{**} wegfallen (Bild 6.29b). Die Lage der Kurbel A_0A kann jetzt durch den Winkel $\varphi^* = \varphi - \alpha$ und die Lage der neuen Kurbel C_0C durch den Winkel $\varphi^{**} = \varphi + \gamma$ beschrieben werden. Der für die Montage wichtige konstante Differenzwinkel $\Delta\varphi$ ergibt sich somit zu
$\Delta\varphi = 180° - (\alpha + \gamma) = \beta$.

6.3 Mehrfache Erzeugung von Koppelkurven

Ausgehend von den dann bekannten Seitenlängen d, d* und d** können anschließend die unbekannten Getriebeabmessungen für das fünfgliedrige Getriebe $A_0AK'A^{**}C_0$ wie in Tafel 6.4 gezeigt ermittelt werden. Die Lage des Koppelpunktes K auf dem Glied AK' bleibt erhalten mit dem Winkel $\kappa' = \kappa - \alpha$.

Tafel 6.4: Rechnerische Ermittlung der kinematischen Abmessungen des fünfgliedrigen Ersatzgetriebes gemäß Bild 6.29

	viergliedriges Ausgangsgetriebe	fünfgliedriges Ersatzgetriebe
Länge der Kurbel	$a \equiv \overline{A_0A}$	$a' \equiv \overline{A_0A} = a$
Länge der Koppel	$b \equiv \overline{AB}$	$b' \equiv \overline{AK'} = b \cdot \dfrac{d^*}{d}$
Länge der Schwinge (Koppel)	$c \equiv \overline{BB_0}$	$c' \equiv \overline{A^{**}K'} = c \cdot \dfrac{d^*}{d}$
Länge der Kurbel	--	$d' \equiv \overline{C_0A^{**}} = a \cdot \dfrac{d^{**}}{d}$
Länge des Gestells	$d \equiv \overline{A_0B_0}$	$d^* \equiv \overline{A_0C_0}$
Bestimmungsgrößen des Koppelpunktes	$k \equiv \overline{AK}$	$k' \equiv \overline{AK} = k$
	κ	$\kappa' = \kappa - \alpha$

6.3.3 Parallelführung eines Gliedes entlang einer Koppelkurve

Zur Parallelführung einer Gliedebene müssen zwei Gliedpunkte auf kongruenten und parallel verschobenen Bahnkurven geführt werden. Wenn die für die Parallelführung gewünschte Führungskurve der Koppelkurve k_K (Koppelpunkt K) eines bekannten Gelenkgetriebes A_0ABB_0 entspricht, so kann ein aus dem Satz von ROBERTS hergeleitetes einfaches Verfahren zur Synthese eines sechsgliedrigen Ebenenparallelführungsgetriebes aus einem viergliedrigen Punktführungsgetriebe zur Anwendung kommen (Bild 6.30). Das Auffinden eines viergliedrigen Getriebes mit einer solchen geeigneten Koppelkurve kann z.B. mit Hilfe eines Koppelkurvenatlanten, bekannter Syntheseverfahren oder einer Lösungssammlung erfolgen.

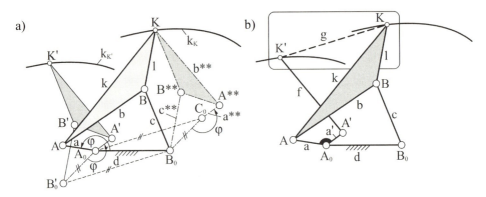

Bild 6.30
Parallelführung einer Gliedebene:
a) Konstruktion und Verschiebung des Ersatzgetriebes nach ROBERTS
b) sechsgliedriges Parallelführungsgetriebe

Zu dem so erhaltenen Ausgangsgetriebe A_0ABB_0 mit dem Koppelpunkt K wird nun zunächst eines der beiden Ersatzgetriebe nach ROBERTS (im Beispiel $C_0A^{**}B^{**}B_0$) konstruiert und so parallel verschoben, dass die Gestellgelenke (hier A_0 und C_0) der Glieder mit gleichem Antriebswinkel (hier A_0A und C_0A^{**}) zusammenfallen (Bild 6.30a). Der Koppelpunkt K' des verschobenen Getriebes ($A_0A'B'B_0'$) ist dann der zweite Punkt zur Führung der Gliedebene, der exakt die gleiche Koppelkurve wie der ursprüngliche Koppelpunkt K, verschoben um den Vektor $\overrightarrow{C_0A_0}$, erzeugt. Da beide Kurbeln A_0A und A_0A' mit gleicher Winkelgeschwindigkeit umlaufen, können sie zu einem Glied mit dem Differenzwinkel $\Delta\varphi = 180° - (\alpha + \gamma) = \beta$ vereinigt werden. Verbindet man nun die beiden Koppelpunkte K und K', die immer einen konstanten Abstand voneinander aufweisen, durch ein neues binäres Getriebeglied, so kann das zweite im Gestell gelagerte Glied ($B_0'B'$) des verschobenen Ersatzgetriebes entfallen, und es entsteht ein sechsgliedriges Getriebe (Bild 6.30b). Die sich für das neue sechsgliedrige Getriebe ergebenden Abmessungen können mit dieser Vorgehensweise aus den Beziehungen für das ROBERTSsche Ersatzgetriebe hergeleitet werden. Damit erhält man die in der Tafel 6.5 zusammengefassten Beziehungen.

6.3 Mehrfache Erzeugung von Koppelkurven

Tafel 6.5: Rechnerische Ermittlung der kinematischen Abmessungen des Parallelführungsgetriebes gemäß Bild 6.30

	Viergliedriges Ausgangsgetriebe	Sechsgliedriges Parallelführungsgetriebe
Kurbel	$a \equiv \overline{A_0 A}$	$a \equiv \overline{A_0 A}$
Koppel	$b \equiv \overline{AB}$	$b \equiv \overline{AB}$
Schwinge	$c \equiv \overline{BB_0}$	$c \equiv \overline{BB_0}$
Gestell	$d \equiv \overline{A_0 B_0}$	$d \equiv \overline{A_0 B_0}$
Bestimmungsstücke der Koppel	$k \equiv \overline{AK}$ $l \equiv \overline{BK}$	$k \equiv \overline{AK}$ $l \equiv \overline{BK}$
Kurbel	–	$a' \equiv \overline{C_0 A^{**}} = a \cdot \dfrac{l}{b}$
Koppel	–	$f \equiv \overline{A'K'} = c \cdot \dfrac{k}{b}$
Koppel	–	$g \equiv \overline{K'K} = \overline{A_0 C_0} = d \cdot \dfrac{k}{b}$

Als Beispiel ist in Bild 6.31 ein auf diese Weise entstandenes Parallelführungsgetriebe gezeigt [6.6].

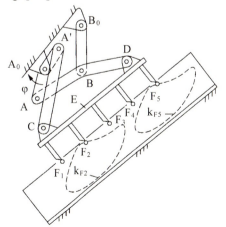

Bild 6.31

Kurvenparallelführung in einem Fördergetriebe der Landtechnik

6.4 Übungsaufgaben

Aufgabe 6.1:

Es soll eine Maschine zum Verschließen von Dosen entwickelt werden. Dazu müssen die Dosen linear um 100 mm angehoben werden. Da die Dosen mit einer Flüssigkeit befüllt sind, soll der Aufwärtshub möglichst stoßfrei (kein Geschwindigkeitssprung) erfolgen, der Abwärtshub darf wesentlich schneller sein, weil die Dosen dann bereits verschlossen sind.

Es sind folgende Aufgaben zu lösen:

a) Welcher Getriebetyp sollte gewählt werden? Sollte ein übertragungs- oder beschleunigungsgünstigstes Getriebe entworfen werden?

b) Ermitteln Sie die Getriebeabmessungen nach Richtlinie VDI 2130, wenn der Abwärtshub 2,6 mal schneller erfolgen darf als der Aufwärtshub.

c) Wie viele Dosen können pro Minute geschlossen werden, wenn die maximal zulässige Beschleunigung der offenen Dosen 1 g = 9,81 m/s² beträgt?

Aufgabe 6.2:

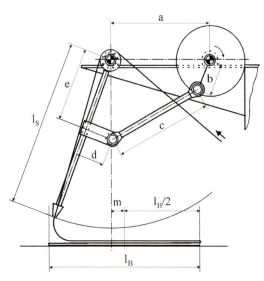

Das nebenstehende Bild zeigt die Legeeinrichtung einer Textilmaschine. Die Ware läuft mit konstanter Geschwindigkeit von der Transportwalze kommend durch den Führungsschlitz der Schwinge und wird durch deren schwingende Bewegung lagenweise abgetafelt. Bei niedrigen Warengeschwindigkeiten entspricht die Legebreite l_B den Umkehrlagen des Führungsschlitzes.

Konstruktionsmaße:

a = 550 mm, b = 170 mm, c = 550 mm, d = 80 mm, e = 400 mm, l_S = 900 mm (Schwingenlänge), konstante Drehzahl der Antriebskurbel

6.4 Übungsaufgaben

a) Es ist zu berechnen, wie groß die Legebreite l_B und das Maß m ist, um das der Warenstapel unsymmetrisch zur senkrechten Mittellinie der Transportwalze liegt. Wie groß ist das Verhältnis der Zeiten t_H/t_R für Hin- und Rücklauf der Schwinge?

b) Bei der Ablage weicher Textilien neigt eine derartige Legeeinrichtung zur Bildung kleiner Zwischenfalten. Um diesen unerwünschten Effekt zu vermeiden, muss der Warenstapel symmetrisch zur senkrechten Mittellinie abgelegt werden und die Zeiten für Hin- und Rücklauf müssen gleich sein.

Wie sind die Länge c der Koppelstange sowie die Konstruktionsmaße d und e zu verändern, damit die genannten Bedingungen bei einer Legebreite von $l_B = 1000$ mm eingehalten werden?

Aufgabe 6.3:

Gegeben ist ein viergliedriges Filmgreifergetriebe A_0ABB_0 einer Aufnahmekamera, dessen Schwingenlagerpunkt B_0 in den Kassettenraum hineinfällt.

Konstruieren Sie ein fünfgliedriges Kurbelgetriebe dessen Gestellpunkte A_0 und C_0 beide in dem zulässigen Gebiet liegen.

Der synchrone Antrieb der beiden Kurbeln soll mit Hilfe eines Zahnradgetriebes erfolgen.

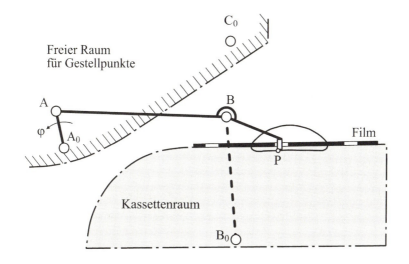

Aufgabe 6.4:

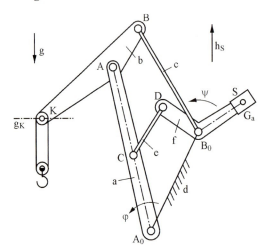

Die linksstehende Skizze zeigt einen Wippkran, bei dem die Seilrolle im Koppelpunkt K des Führungsgetriebes A_0ABB_0 annähernd geradlinig waagerecht geführt wird, damit das Lastgewicht kein Drehmoment am Antriebsglied A_0A erzeugt. Zum Ausgleich des Eigengewichts der Getriebeglieder dient das Ausgleichsgewicht G_a mit dem Schwerpunkt S, das durch das Übertragungsgetriebe A_0CDB_0 so um B_0 geschwenkt wird, dass die potenzielle Energie des Gesamtsystems annähernd konstant bleibt.

Gegeben sind die im folgenden Bild dargestellte Lage 2 des Zweischlages A_0AK mit dem Gelenkpunkt C, die weiteren Vorgabelagen K_1, K_3 des Koppelpunktes, die Vorgabelagen S_1, S_2, S_3 des Schwerpunktes des Ausgleichsgewichtes und die Lage des Gestellgelenkes B_0.

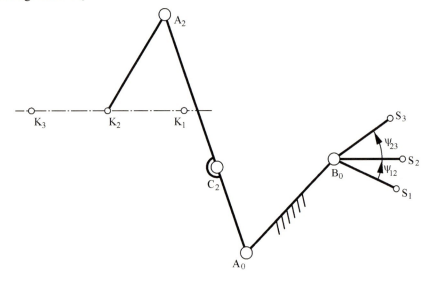

a) Bestimmen Sie die den Koppellagen K_1, K_2, K_3 entsprechenden Lagen A_1, A_2, A_3 des Koppelgelenkes A.

6.4 Übungsaufgaben

b) Bestimmen Sie auf dem Koppelglied AK ein Koppelgelenk B so, dass mit dem gegebenen Gestellgelenk B_0 die Lagen 1, 2, 3 eingehalten werden. Ermitteln Sie die Gliedlängen b = $\overline{AB}$ und c = $\overline{B_0B}$.

c) Bestimmen Sie die den Lagen 1, 2, 3 entsprechenden Lagen des Gelenkpunktes C des Übertragungsgetriebes und die entsprechenden Antriebswinkel $\varphi_{12} = \varphi_2 - \varphi_1$ und $\varphi_{23} = \varphi_3 - \varphi_2$ des Gliedes a.

d) Bestimmen Sie auf dem Abtriebsglied B_0S ein Koppelgelenk D so, dass durch Verbindung mit dem Koppelgelenk C auf dem Antriebsglied die nach c) ermittelten Relativlagen eingehalten werden. Bestimmen Sie die Gliedlängen e = $\overline{CD}$ und f = $\overline{DB_0}$.

Aufgabe 6.5:

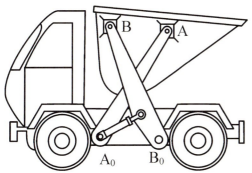

Die nebenstehende Skizze zeigt den Aufbau des Führungsgetriebes eines Muldenkippers. Der Antrieb zum Kippen des Kübels erfolgt durch den Hydraulikzylinder.

Es ist ein Getriebe zu konstruieren, das den Kübel durch drei vorgegebene Lagen führt.

Die Aufgabenstellung zeigt untenstehende Skizze. Es sind drei Lagen des Kübels und die Lagerpunkte A_0 und B_0 im Fahrzeugrahmen vorgegeben. Die notwendige Lage der Anlenkpunkte A und B am Kübel und die Länge der Führungsglieder sind zu ermitteln.

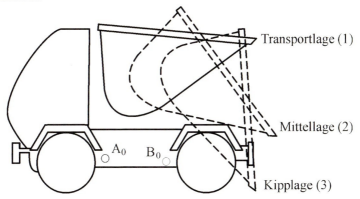

7 Ebene Kurvengetriebe

Kurvengetriebe mit mindestens drei Gliedern und in der Standardbauform mit einem Rollenstößel oder Rollenhebel als Abtriebsglied (Abschnitt 2.4.2.2) werden als kompakte Baugruppe in der mechanisierten Fertigung und in der Handhabungstechnik eingesetzt, überwiegend als Übertragungsgetriebe. Durch eine geeignete Profilgebung des Kurvenkörpers lässt sich (fast) jedes Bewegungsgesetz am Abtrieb realisieren; diesem Vorteil steht der Nachteil der im Vergleich mit den Gelenken (niedere Elementenpaare) reiner Gelenkgetriebe größeren Belastungsempfindlichkeit im Kurvengelenk gegenüber. In der Kombination mit Gelenkgetrieben sind Kurvengetriebe auch als Führungsgetriebe zu verwenden [7.5].

Dieses Kapitel enthält einige Grundlagen für die Auslegung – und damit vorwiegend für die Synthese – einfacher ebener Kurvengetriebe mit rotierender Kurvenscheibe als Antriebsglied. Zunächst werden die an die jeweilige Bewegungsaufgabe anzupassenden **Bewegungsgesetze** behandelt und danach auf die Bestimmung der **Hauptabmessungen** eines Kurvengetriebes eingegangen. Die Hauptabmessungen legen die Größe der Kurvenscheibe fest. Der **Bewegungsplan** mit den ausgewählten Bewegungsgesetzen ergibt das **Bewegungsdiagramm** oder die Übertragungsfunktion 0. Ordnung $s(\varphi)$ bzw. $\psi(\varphi)$ und ist schließlich auf das Profil der Kurvenscheibe umzurechnen, dazu sind lediglich Koordinatentransformationen vorzunehmen. Auf die besonders anschauliche „Zeichnungsfolge-Rechenmethode" nach HAIN auf der Basis geometrisch-kinematischer Beziehungen kann aus Platzgründen nur hingewiesen werden [7.3].

Der Inhalt dieses Kapitels folgt im Wesentlichen den wegweisenden Richtlinien VDI 2142 und VDI 2143.

7.1 Vom Bewegungsplan zum Bewegungsdiagramm

Die Anforderungen an die Abtriebsbewegung eines Kurvengetriebes in der Standardbauform mit **Rollenstößel** (Bild 7.1a) oder **Rollenhebel** (Bild 7.1b) werden in einem **Bewegungsplan** dargestellt, z.B. für s(φ) in Bild 7.2 [7.1].

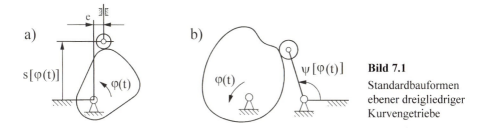

Bild 7.1
Standardbauformen ebener dreigliedriger Kurvengetriebe

Der Bewegungsplan besteht aus einzelnen **Bewegungsabschnitten** der „Länge" $\Phi_{ik} = \varphi_k - \varphi_i$, deren Randpunkte i und k fortlaufend nummeriert werden, beginnend bei i = 0 und k = 1. Die Bewegungsperiode setzt sich aus der Summe aller Bewegungsabschnitte zusammen.

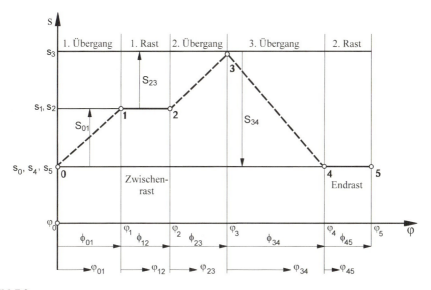

Bild 7.2
Bewegungsplan einer Bewegungsaufgabe

Zu jedem Bewegungsabschnitt gehört für s(φ) ein Teilhub $S_{ik} = s_k - s_i$ bzw. für ψ(φ) ein Teilhub $\Psi_{ik} = \psi_k - \psi_i$. Die Teilhübe sind vorzeichenbehaftet.

Jedem Bewegungsabschnitt ik wird ein Bewegungsgesetz

$$s(\varphi) = s_i + f_{ik} \cdot S_{ik} \tag{7.1a}$$

bzw.

$$\psi(\varphi) = \psi_i + f_{ik} \cdot \Psi_{ik} \tag{7.1b}$$

zugeordnet. Die darin vorkommende Funktion f_{ik} heißt **normiertes Bewegungsgesetz**. Dabei gilt

$$f_{ik} = f_{ik}(\frac{\varphi - \varphi_i}{\Phi_{ik}}) = f_{ik}(z_{ik}) \equiv f(z). \tag{7.2}$$

Die Normierung reduziert die Teilhübe auf ein „Einheitsquadrat" im z-f-Koordinatensystem mit $0 \leq z \leq 1$, $f(0) = 0$ und $f(1) = 1$. Die geforderten Geschwindigkeiten v und Beschleunigungen a an den Randpunkten i und k legen den Typ der Bewegungsaufgabe im Abschnitt ik fest, vgl. Tafel 7.1.

Tafel 7.1 Typen von Bewegungsaufgaben

Geschwindigkeit v und Beschleunigung a am Randpunkt i bzw. k eines Bewegungsabschnitts ik	Bewegungsaufgabe	Abkürzung
v = 0, a = 0	Rast (Endrast oder Zwischenrast)	R
v ≠ 0, a = 0	konstante Geschwindigkeit	G
v = 0, a ≠ 0	Umkehr	U
v ≠ 0, a ≠ 0	allgemeine Bewegung	B

Insgesamt ergeben sich somit 16 verschiedene Typen von Bewegungsaufgaben, von R-R, R-G, R-U, usw. bis B-B. Innerhalb eines Bewegungsabschnitts bestehen zwischen Geschwindigkeit v und Beschleunigung a des Abtriebsglieds und den normierten Bewegungsgesetzen folgende Beziehungen (vgl. auch die Gln. (2.2) und (2.3)):

$$v \equiv \dot{s} \equiv \frac{ds}{dt} = \frac{ds}{d\varphi} \cdot \dot{\varphi} = \frac{df}{dz} \cdot \frac{S_{ik}}{\Phi_{ik}} \cdot \dot{\varphi} \tag{7.3a}$$

bzw.

$$v \equiv \dot{\psi} \equiv \frac{d\psi}{dt} = \frac{d\psi}{d\phi} \cdot \dot{\phi} = \frac{df}{dz} \cdot \frac{\Psi_{ik}}{\Phi_{ik}} \cdot \dot{\phi} \qquad (7.3b)$$

sowie

$$a \equiv \ddot{s} \equiv \frac{d^2s}{dt^2} = \frac{d^2s}{d\phi^2} \cdot \dot{\phi}^2 + \frac{ds}{d\phi} \cdot \ddot{\phi} = \frac{d^2f}{dz^2} \cdot \frac{S_{ik}}{\Phi_{ik}^2} \cdot \dot{\phi}^2 + \frac{df}{dz} \cdot \frac{S_{ik}}{\Phi_{ik}} \cdot \ddot{\phi} \qquad (7.4a)$$

bzw.

$$a \equiv \ddot{\psi} \equiv \frac{d^2\psi}{dt^2} = \frac{d^2\psi}{d\phi^2} \cdot \dot{\phi}^2 + \frac{d\psi}{d\phi} \cdot \ddot{\phi} = \frac{d^2f}{dz^2} \cdot \frac{\Psi_{ik}}{\Phi_{ik}^2} \cdot \dot{\phi}^2 + \frac{df}{dz} \cdot \frac{\Psi_{ik}}{\Phi_{ik}} \cdot \ddot{\phi}. \qquad (7.4b)$$

Die Winkel Φ_{ik} und Ψ_{ik} sind im Bogenmaß (rad) einzusetzen. Mit $\dot{\phi}$ und $\ddot{\phi}$ sind die Winkelgeschwindigkeit in rad/s bzw. die Winkelbeschleunigung in rad/s² der Kurvenscheibe bezeichnet. Für $\dot{\phi} = \Omega =$ konst. reduzieren sich die Gln. (7.4a) und (7.4b) auf

$$a \equiv \ddot{s} \equiv \frac{d^2s}{dt^2} = \frac{d^2f}{dz^2} \cdot \frac{S_{ik}}{\Phi_{ik}^2} \cdot \Omega^2 \qquad (7.4c)$$

und

$$a \equiv \ddot{\psi} \equiv \frac{d^2\psi}{dt^2} = \frac{d^2f}{dz^2} \cdot \frac{\Psi_{ik}}{\Phi_{ik}^2} \cdot \Omega^2. \qquad (7.4d)$$

Die normierten Bewegungsgesetze f(z), die die kinematischen Randbedingungen der Tafel 7.1 erfüllen, können in drei Kategorien eingeteilt werden:

- **Potenzgesetze**

  $f(z) = A_0 + A_1 \cdot z + A_2 \cdot z^2 + ... + A_i \cdot z^i$

- **Trigonometrische Gesetze** mit den Argumenten im Bogenmaß (rad)

  $f(z) = A \cdot \cos(\nu \cdot z) + B \cdot \sin(\nu \cdot z)$

- **Kombinationen aus Potenzgesetzen und trigonometrischen Gesetzen**

Eine umfangreiche Sammlung von normierten Bewegungsgesetzen ist in [7.1] enthalten. Innerhalb des Definitionsbereichs $0 \leq z \leq 1$ können die normierten Bewegungsgesetze auch mehrteilig sein.

7.1.1 Kennwerte der normierten Bewegungsgesetze

Um die Auswahl der normierten Bewegungsgesetze zu erleichtern, werden die betragsmäßig größten Werte der Funktionen $f'(z) \equiv df/dz$, $f''(z) \equiv d^2f/dz^2$, $f'''(z) \equiv d^3f/dz^3$

und f'(z) · f"(z) als Kennwerte zur vergleichenden Bewertung ermittelt:

Geschwindigkeitskennwert	$C_v = \max(|f'(z)|)$	(7.9)
Beschleunigungskennwert	$C_a = \max(|f''(z)|)$	(7.10)
Ruckkennwert	$C_j = \max(|f'''(z)|)$	(7.11)
Statischer Momentenkennwert	$C_{Mstat} = C_v$	(7.12)
Dynamischer Momentenkennwert	$C_{Mdyn} = \max(|f'(z) \cdot f''(z)|)$	(7.13)

Die ersten drei Kennwerte beziehen sich auf die Bewegung des Abtriebsglieds (Rollenstößel oder Rollenhebel), während die letzten beiden Kennwerte eine Aussage zur Rückwirkung von konstanten bzw. durch Massenträgheit verursachten Abtriebsbelastungen auf das Antriebsglied (Kurvenscheibe) beinhalten. Sämtliche Kennwerte sollten im Idealfall möglichst kleine Werte annehmen. Da dies im realen Fall kaum möglich sein wird, muss vom Anwender eine Wichtung vorgenommen werden. Um dynamisch ungünstige Auswirkungen hinsichtlich der Belastung im Kurvengelenk und der Anregung von Schwingungen im Kurvengetriebe zu vermeiden bzw. zu verringern, sollten **nur stoß- und ruckfreie** Bewegungsgesetze gewählt werden, die also keine Unendlichkeitsstellen im Verlauf von f"(z) und f'"(z) aufweisen.

7.1.2 Anpassung der Randwerte

Nach der Auswahl der Bewegungsgesetze muss die Randwertanpassung auf der Geschwindigkeits- und Beschleunigungsstufe für die Übergangsstellen i und k so vorgenommen werden, dass auch hier kein **Stoß** (Sprung im Verlauf der Abtriebsgeschwindigkeit v) und kein **Ruck** (Sprung im Verlauf der Abtriebsbeschleunigung a) eintritt. Eine Ausnahme hiervon bilden nur die R-R-Bewegungsgesetze mit v = 0 m/s bzw. rad/s und a = 0 m/s² bzw. rad/s² an den Übergangsstellen, bei denen allein die Auswahl der Bewegungsgesetze die Güte der Bewegungsübertragung bestimmt.

Unter der Voraussetzung eines stetigen (sprungfreien) Verlaufs der Antriebswinkelbeschleunigung $\ddot{\varphi}$ der Kurvenscheibe gilt folgender

---

Satz: Die Anpassung der Randwerte von Geschwindigkeit und Beschleunigung benachbarter Bewegungsabschnitte muss auf der Grundlage der dimensionsbehafteten **Übertragungsfunktionen erster und zweiter Ordnung** erfolgen (vgl. auch Abschnitt 2.1.1).

7.1 Vom Bewegungsplan zum Bewegungsdiagramm

Im Folgenden wird als Abtriebsglied ein Rollenstößel mit der Übertragungsfunktion erster Ordnung (ÜF 1) $s'(\varphi) \equiv ds/d\varphi$ und zweiter Ordnung (ÜF 2) $s''(\varphi) \equiv d^2s/d\varphi^2$ betrachtet. Dann sind für die benachbarten Bewegungsabschnitte ik und kl folgende Randbedingungen am gemeinsamen Randpunkt k einzuhalten:

$$s'_{ik}(\varphi_k) = s'_{kl}(\varphi_k) \tag{7.14}$$

und

$$s''_{ik}(\varphi_k) = s''_{kl}(\varphi_k) . \tag{7.15}$$

Daraus resultiert unter Beachtung der Gln. (7.2), (7.3a) und (7.4a)

$$\frac{df_{ik}}{dz_{ik}}(z_{ik} = 1) \cdot \frac{S_{ik}}{\Phi_{ik}} = \frac{df_{kl}}{dz_{kl}}(z_{kl} = 0) \cdot \frac{S_{kl}}{\Phi_{kl}} \tag{7.16}$$

und

$$\frac{d^2f_{ik}}{dz_{ik}^2}(z_{ik} = 1) \cdot \frac{S_{ik}}{\Phi_{ik}^2} = \frac{d^2f_{kl}}{dz_{kl}^2}(z_{kl} = 0) \cdot \frac{S_{kl}}{\Phi_{kl}^2} . \tag{7.17}$$

So entsteht aus dem Bewegungsplan (Bild 7.2) letztendlich das **Bewegungsdiagramm** mit stetigem Verlauf bis zur Beschleunigungsstufe innerhalb der Bewegungsperiode $P = 2\pi$, Bild 7.3.

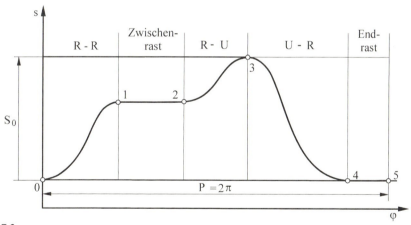

Bild 7.3
Bewegungsdiagramm einer Bewegungsaufgabe

Entsprechende Gleichungen gelten für einen Rollenhebel als Abtriebsglied, wenn S_{ik} durch Ψ_{ik} und S_{kl} durch Ψ_{kl} ersetzt werden.

7.2 Bestimmung der Hauptabmessungen

Die kinematischen Hauptabmessungen des Kurvengetriebes bestimmen wesentlich den Raum- und Materialbedarf sowie die Lauffähigkeit des Getriebes. Ferner haben sie Einfluss auf die Wälzpressung im Kurvengelenk, auf die Güte der Leistungs- und Kraftübertragung sowie die Laufruhe des Kurvengetriebes. Es geht also darum, die kinematischen Hauptabmessungen möglichst optimal festzulegen, um ein bezüglich der Güte der Bewegungs- und Kraftübertragung günstiges Getriebe zu erhalten.

Zu diesem Zweck können für ein und dieselbe Bewegungsaufgabe zunächst zwei unterschiedliche Kurvengetriebetypen herangezogen werden. Ist der jeweilige positive Richtungssinn der An- und Abtriebsbewegung von Kurvenscheibe und Eingriffsglied vorgegeben, so bewegt sich der Eingriffsgliedpunkt B beim Hubanstieg vom Kurvenscheibendrehpunkt A_0 weg (Zentrifugalbewegung, Bild 7.4) oder zu ihm hin (Zentripetalbewegung, Bild 7.5).

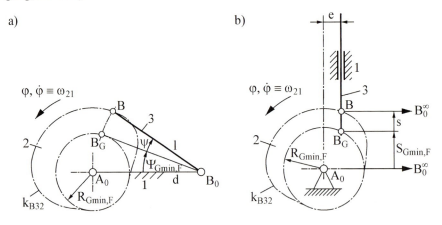

Bild 7.4
F-Kurvengetriebe: a) mit Hebel, b) mit Stößel

Im ersten Fall spricht man von einem F-Kurvengetriebe (Zentrifugalkurvengetriebe), im zweiten Fall von einem P-Kurvengetriebe (Zentripetalkurvengetriebe). Die sich bei gleicher Übertragungsfunktion ergebenden Kurvenscheiben der beiden Getriebetypen sind im Allgemeinen nicht kongruent. Welche der beiden Kurvenscheiben größer ist, hängt von der Größe der Rastwinkel ab, obwohl der Grundkreisradius $R_{Gmin,P}$ des P-Kurvengetriebes stets größer ist als der Grundkreisradius $R_{Gmin,F}$ des F-Kurvengetriebes.

7.2 Bestimmung der Hauptabmessungen

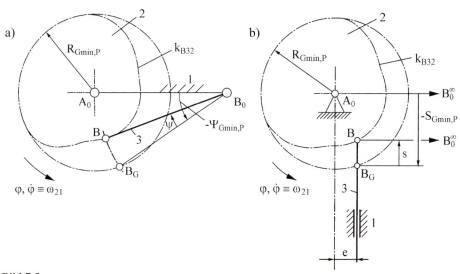

Bild 7.5
P-Kurvengetriebe: a) mit Hebel, b) mit Stößel

7.2.1 Hodographenverfahren

Wie aus Bild 7.6 deutlich wird, tritt der Übertragungswinkel μ nicht nur als Winkel zwischen der Bahnnormalen zur Kurvenkontur und der Normalen zur Bewegungsrichtung des Punktes B als Punkt des Eingriffsgliedes 3 auf, sondern auch als Winkel in dem Dreieck, das die Vektorgleichung

$$\vec{v}_{B31} = \vec{v}_{B21} + \vec{v}_{B32} \tag{7.18}$$

mit den Größen

$\vec{v}_{B31}$ = Abtriebs- (Absolut-) Geschwindigkeit

$\vec{v}_{B21}$ = Antriebs- (Führungs-) Geschwindigkeit

$\vec{v}_{B32}$ = Relativgeschwindigkeit

repräsentiert.

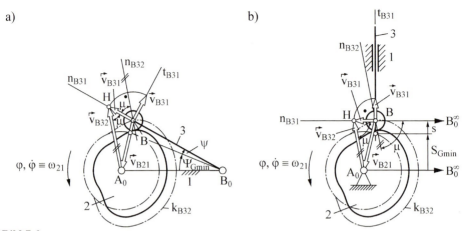

Bild 7.6
Geschwindigkeiten und Übertragungswinkel μ bei Kurvengetrieben: a) mit Hebel, b) mit Stößel

In Bild 7.6 sind diese Geschwindigkeitsvektoren um 90° im Sinne der Antriebswinkelgeschwindigkeit ω_{21} gedreht, um diesen Sachverhalt zu verdeutlichen. Der Geschwindigkeitsmaßstab wurde außerdem so gewählt, dass die zeichnerische Länge $(v_{B21})_z$ des Vektorpfeils $\vec{v}_{B21}$ gleich der zeichnerischen Länge $\overline{(A_0B)}_z$, also $(v_{B21})_z = \overline{(A_0B)}_z$ ist. Ist der Zeichenmaßstab M_z beliebig gewählt worden, so gilt

$$v_{B21} M_v = \omega_{21} \overline{A_0B} \, M_v = \overline{A_0B} \, M_z, \tag{7.19}$$

woraus sich folgende Bedingungsgleichung für den Geschwindigkeitsmaßstab ergibt:

$$M_v = \frac{M_z}{\omega_{21}}. \tag{7.20}$$

Diese Beziehung wird der Ermittlung der kinematischen Hauptabmessungen des Kurvengetriebes unter Berücksichtigung eines vorgegebenen minimalen Übertragungswinkels zugrunde gelegt. Wird Gl. (7.20) eingehalten, so schließen der Vektorpfeil der im Sinne der Antriebswinkelgeschwindigkeit ω_{21} gedrehten Abtriebsgeschwindigkeit $\vec{v}_{B31}$ und die Verbindungsgerade zwischen der Vektorpfeilspitze H in Bild 7.6 und dem Kurvenscheibendrehpunkt den Übertragungswinkel μ ein. Da der Geschwindigkeitsmaßstab nach Gl. (7.20) für alle Vektoren im gedrehten Geschwindigkeitsdreieck gilt, lässt sich die Länge des Vektorpfeiles $\vec{v}_{B31}$ bei einem Kurvengetriebe mit Hebel und somit der Übertragungsfunktion $\psi = \psi(\varphi)$ ausgehend von

$$(v_{B31})_z = l \dot{\psi} M_v \tag{7.21}$$

und unter Berücksichtigung von Gl. (7.20) sowie mit

$$\dot{\psi} = \omega_{21} \psi' \tag{7.22}$$

7.2 Bestimmung der Hauptabmessungen

letztlich wie folgt ermitteln:

$$(v_{B31})_z = l\psi'M_z \ . \tag{7.23}$$

Entsprechend erhält man für ein Kurvengetriebe mit Stößel und somit der Übertragungsfunktion $s = s(\varphi)$ wegen

$$(v_{B31})_z = \dot{s} \, M_v \tag{7.24}$$

und unter Berücksichtigung von Gl. (7.20) sowie mit

$$\dot{s} = \omega_{21}s' \tag{7.25}$$

folgende Bestimmungsgleichung:

$$(v_{B31})_z = s' M_z \ . \tag{7.26}$$

Setzt man von einem zu entwerfenden Kurvengetriebe nur die Übertragungsfunktionen 0. und 1. Ordnung, ψ bzw. s und ψ' bzw. s', den Richtungssinn der Bewegungen des An- und Abtriebsgliedes und ggf. bei einem Hebel als Eingriffsglied noch seine Länge als gegeben voraus, so lässt sich das Eingriffsglied 3 unter einem beliebigen möglichen Abtriebswinkel ψ bzw. -weg s von einer frei gewählten Bezugslinie ($\psi = 0$ bzw. s = 0) zeichnen und die gedrehte Geschwindigkeit $\vec{v}_{B31}$ den Gln. (7.23) und (7.26) gemäß auf der Geraden B_0B von B aus antragen. Je nach dem Richtungssinn der Antriebswinkelgeschwindigkeit ω_{21} und dem Vorzeichen von $\psi' = \psi'(\varphi)$ bzw. $s' = s'(\varphi)$ hat der Vektorpfeil $\vec{v}_{B31}$ den Richtungssinn von $\overrightarrow{B_0B}$ oder $\overrightarrow{BB_0}$.

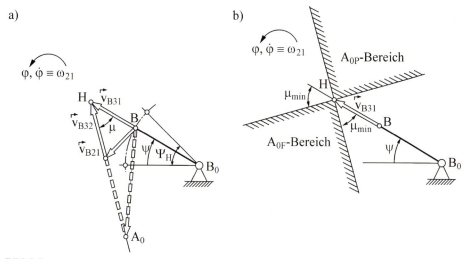

Bild 7.7
Grundkonstruktionen des Hodographenverfahrens

Bei einem gewünschten Übertragungswinkel µ kann dann der Kurvenscheibendrehpunkt A_0 an einer beliebigen Stelle auf einem unter dem Winkel µ in H an B_0B angetragenen Strahl liegen (Bild 7.7a), da die zeichnerische Länge des Vektors $\vec{v}_{B31}$ nach den Gln. (7.23) und (7.26) sowohl vom Betrag der Antriebswinkelgeschwindigkeit ω_{21} als auch von der Strecke $\overline{A_0B}$ unabhängig ist und auch der Grundwinkel Ψ_{Gmin} bzw. Grundhub S_{Gmin} noch nicht festliegt. Da es für die Lauffähigkeit gleichgültig ist, ob die Normale n_{B32} (ggf. als Richtung der Kraft von der Kurvenscheibe auf das Eingriffsglied) auf der einen oder anderen Seite der Bahntangenten t_{B31} liegt, kann der Übertragungswinkel µ als spitzer Winkel in doppelter Weise in H an B_0B angetragen werden (vgl. Bild 7.7b). Wählt man für den Übertragungswinkel dann noch den Grenzwert μ_{min}, so erhält man zwischen den freien Schenkeln dieses Winkels zu beiden Seiten von B_0B je einen Bereich, in dem A_0 in der betrachteten Getriebestellung wegen der Gewährleistung von $\mu \geq \mu_{min}$ liegen darf. Wiederholt man diese Konstruktion für eine Reihe von Stellungen des Eingriffsgliedes beim Hubanstieg und Hubabstieg einschließlich der Anfangs- und Endstellung, so hüllen die Grenzgeradenpaare zwei Bereiche ein, in denen die Lage von A_0 für alle Getriebestellungen $\mu \geq \mu_{min}$ gewährleistet (Bild 7.8). Wählt man A_0 in dem Bereich, der in Richtung der positiven Abtriebsbewegung liegt, so erhält man ein P-Kurvengetriebe, im anderen Fall ein F-Kurvengetriebe.

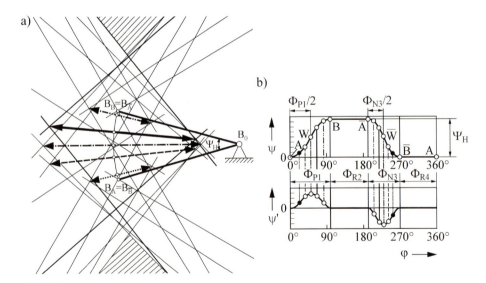

Bild 7.8
Hodographenverfahren: a) Geschwindigkeitshodograph mit den Grenzgeraden für die A_0-Bereiche
b) zugehörige Bewegungsdiagramme einer Rast-in-Rast-Bewegung mit symmetrischen Übergangsfunktionen

7.2.2 Näherungsverfahren von FLOCKE

Um die umfangreiche Zeichenarbeit zur Ermittlung des Geschwindigkeitshodographen und der Hüllgeraden zu vermeiden, beschränkt sich das Näherungsverfahren von FLOCKE [7.9] darauf, nur die Vektorpfeile der maximalen Geschwindigkeit beim Hubanstieg und -abstieg mit den zugehörigen Grenzgeradenpaaren einzuzeichnen (Bild 7.9). Mit gutem Grund kann das Geschwindigkeitsmaximum im jeweiligen Wendepunkt der Übergangsfunktion angenommen werden.

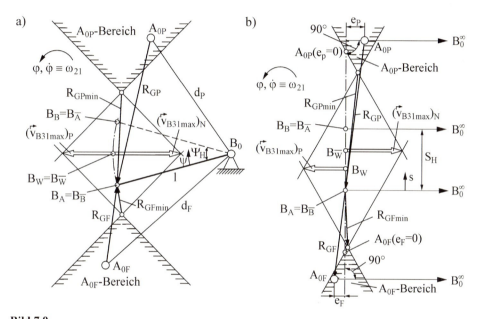

Bild 7.9
Näherungsverfahren von FLOCKE:
a) für Kurvengetriebe mit Hebel und symmetrischen Übergangsfunktionen
b) für Kurvengetriebe mit Stößel und unsymmetrischen Übergangsfunktionen

Bei einer Bewegungsaufgabe mit vorgegebenen Geschwindigkeiten $\dot{y}(0)$ und $\dot{y}(x_P)$ bzw. $\dot{y}(x_N)$ in den Anschlusspunkten des betrachteten Übergangsbereiches sind diese auch mit zu berücksichtigen. Wie die Konstruktionslinien in Bild 7.8a für eine Rast-in-Rast-Bewegung mit symmetrischen Übergängen nach Bild 7.8b zeigen, liegt man mit dem Näherungsverfahren zwar geringfügig auf der unsicheren Seite, ist aber dennoch berechtigt, so vorzugehen, da μ_{min} lediglich einen Richtwert darstellt.

Wenn der Kurvenscheibendrehpunkt A_0 im zulässigen Bereich für F- bzw. P-Kurvengetriebe festgelegt worden ist, ergeben sich die Gestelllänge und der Grundkreisradius aus

$$d = \overline{(A_0 B_0)}_z / M_z \quad \text{bzw.} \quad R_{G\,min} = \overline{(A_0 B_A)}_z / M_z \ . \quad (7.27a,b)$$

Der Grundkreisradius hat den kleinsten Wert, wenn der Drehpunkt A_0 mit der Spitze des A_{0F}- bzw. A_{0P}-Bereiches zusammenfällt.

Da die Lauffähigkeit und der Raum- und Materialbedarf nur einige Kriterien zur Festlegung der kinematischen Hauptabmessungen sind, müssen zumindest für schnelllaufende und hochbelastete Kurvengetriebe zusätzlich die Beanspruchung im Kurvengelenk, die Leistungsübertragung und das Schwingungsverhalten untersucht werden. Die entsprechenden Berechnungsalgorithmen gehen jedoch über den Rahmen dieses Buches hinaus.

7.3 Ermittlung der Führungs- und Arbeitskurve der Kurvenscheibe

Mit den Funktionswerten der vollständigen Übertragungsfunktion und den kinematischen Hauptabmessungen Grundkreisradius R_{Gmin}, Gestelllänge d, Schwingenlänge l bzw. Exzentrizität e des Kurvengetriebes, wie in Bild 7.4 gezeigt, lässt sich die Führungskurve bzw. Rollenmittelpunktsbahn RMB = k_{B32} der Kurvenscheibe 2 ermitteln, auf der der Punkt B, z.B. der Rollenmittelpunkt, des Eingriffsgliedes 3 relativ zu Glied 2 geführt wird. Der Abstand der Arbeitskurve (Kurvenscheibenkontur) von der Führungskurve ist von der Form des Gelenkelements am Eingriffsglied bzw. des Zwischengliedes abhängig (Bild 7.10). Dabei kann im Wesentlichen zwischen drei Konturformen des Eingriffsgliedes unterschieden werden. Kann die Form der Kontaktlinie des Eingriffsgliedes in der Bewegungsebene durch einen Kreis beschrieben werden wie bei einem Pilz- (I), Rollen- (II) oder Walzenstößel (III) oder -hebel, so ergibt sich die Arbeitskurve als Äquidistante, d.h. Kurve gleichen Abstands zur Führungskurve.

7.3 Ermittlung der Führungs- und Arbeitskurve der Kurvenscheibe

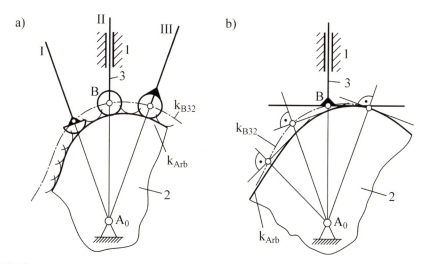

Bild 7.10
Konstruktion der Arbeitskurve k_{Arb} aus der Führungskurve k_{B32} für ein Kurvengetriebe mit Stößel:
a) Arbeitskurve als zur Führungskurve äquidistante Hüllkurve von Kreisen
   I: Pilzstößel, II: Rollenstößel, III: Walzenstößel
b) Arbeitskurve als Hüllkurve von Geraden bei einem Tellerstößel

Der Abstand der Arbeitskurve zur Führungskurve ist dagegen z.B. bei einem Tellerstößel veränderlich, bei einer Spitze oder Schneide null. Die Arbeitskurve kann zeichnerisch oder rechnerisch als Hüllkurve ermittelt oder mechanisch bei der Fertigung durch geeignete Werkzeugformen erzeugt werden.

Bei Verwendung einer Rolle als Zwischenglied ist deren Radius r_R so festzulegen, dass an der Stelle, an der die Rollenmittelpunktsbahn den kleinsten Krümmungsradius ρ_{B32} besitzt, keine Spitzenbildung und kein Unterschnitt der Arbeitskurve auftritt. Daher sollte folgende Bedingung eingehalten werden:

$$r_R \leq 0{,}7 \min(\rho_{B32}) \tag{7.28}$$

Spitzenbildung und Unterschnitt können bei einer Nutkurvenscheibe an jeder Stelle, bei einer Außenkurvenscheibe dagegen nur im konvexen Teil der Rollenmittelpunktsbahn auftreten.

7.3.1 Graphische Ermittlung der Führungs- und Arbeitskurve

Zur Bestimmung von Führungs- und Arbeitskurve können prinzipiell zwei verschiedene Wege beschritten werden. Die anschaulichste Möglichkeit, die Kontur einer Kurvenscheibe zu bestimmen, ist die zeichnerische Ermittlung, die z.B. auch mit Hilfe moderner CAD-Systeme zur Anwendung kommen kann.

Die einzelnen Konstruktionsschritte zur zeichnerischen Ermittlung der Führungs- und Arbeitskurve sollen an einem F-Kurvengetriebe mit Rollenstößel zur Verwirklichung einer Rast-in-Rast-Bewegung erläutert werden. Man bedient sich dabei der kinematischen Umkehrung des Getriebes, bei der die zu konstruierende Kurvenscheibe als feststehend betrachtet wird und der Stößel sich relativ zu ihr mit entgegengesetztem Drehsinn der Winkelgeschwindigkeit der Kurvenscheibe dreht (Bild 7.11).

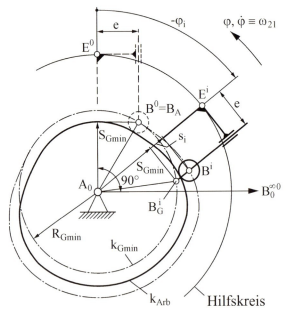

Bild 7.11
Konstruktion von Führungs- und Arbeitskurve für ein Kurvengetriebe mit versetztem Rollenstößel

Im Folgenden sind die einzelnen erforderlichen Arbeitsschritte aufgeführt (Bild 7.11).

1. Es muss eine Tabelle bereitgestellt werden mit den Funktionswerten der Übertragungsfunktion $s = s(\varphi)$ in einer geeigneten Stufung, insbesondere mit den Rastanfängen und -enden.

7.3 Ermittlung der Führungs- und Arbeitskurve der Kurvenscheibe

2. Es wird der Gestellpunkt A_0 aufgezeichnet und um ihn der Grundkreis k_{Gmin} mit dem Radius R_{Gmin} sowie ein Hilfskreis mit einem beliebigen Radius $> r_{G\,min}$.

3. Für die Ausgangsstellung 0 wird eine Gerade $A_0 B_0^{\infty 0}$ gewählt als Senkrechte auf der Stößelbewegungsrichtung $A_0 E^0$, wobei E^0 auf dem Hilfskreis angenommen wird.

4. Eine Parallele zu $A_0 E^0$ im Abstand der Versetzung e schneidet den Grundkreis in B^0, dem Rollenmittelpunkt in der Ausgangsstellung, von wo aus der Hubanstieg beginnt. Der Abstand des Punktes B^0 von der Ausgangsgeraden $A_0 B_0^{\infty 0}$ ist der Grundhub S_{Gmin}.

5. Die Gerade $A_0 B_0^{\infty}$ und die Senkrechte $A_0 E$ werden entgegen dem Drehsinn der Kurvenscheibe um den Winkel φ_i in die Lage $A_0 B_0^{\infty i}$ bzw. $A_0 E^i$ gedreht.

6. Die Parallele zu $A_0 E^i$ im Abstand e schneidet den Grundkreis im Punkt B_G^i, der wieder den Abstand S_{Gmin} von $A_0 B_0^{\infty i}$ hat. Auf der genannten Parallelen wird von B_G^i aus der zum Drehwinkel φ_i gehörige Hub s_i abgetragen und damit der Rollenmittelpunkt B^i erhalten.

7. Die Konstruktionsschritte 5 und 6 werden für eine Folge von Drehwinkeln φ_i des Hubanstiegs und -abstiegs ausgeführt.

8. Die Verbindungslinie der Rollenmittelpunkte B^i ist die Rollenmittelpunktsbahn k_{B21} als Führungskurve. Mit Hilfe einer Radienschablone lässt sich der kleinste Krümmungsradius $\min(\rho_{B32})$ ermitteln und aufgrund dieses Wertes ein geeigneter Rollenradius $r_R \leq 0{,}7 \min(\rho_{B32})$ wählen.

9. Die um die Rollenmittelpunkte B^i mit dem Rollenradius r_R geschlagenen Kreise ergeben als Hüllkurve die Arbeitskurve, die Kurvenscheibenkontur.

7.3.2 Rechnerische Ermittlung der Führungs- und Arbeitskurve

Wie schon beim graphischen Verfahren denkt man sich auch für die Herleitung des rechnerischen Algorithmus die Kurvenscheibe als feststehend und lässt den Steg, wie in Bild 7.12 gezeigt, mit entgegengesetztem Drehsinn der Winkelgeschwindigkeit der Kurvenscheibe rotieren. Im Folgenden werden die vier häufigsten Kurvengetriebebauarten behandelt:

- Kurvengetriebe mit Rollenhebel
- Kurvengetriebe mit Rollenstößel
- Kurvengetriebe mit Tellerstößel
- Kurvengetriebe mit Tellerhebel

Kurvengetriebe mit Rollenhebel

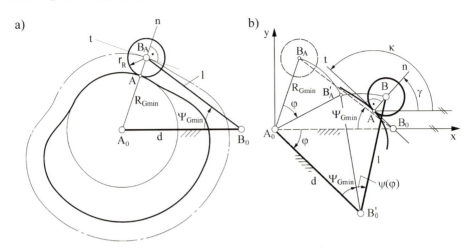

Bild 7.12
Berechnung von Führungs- und Arbeitskurve für ein Kurvengetriebe mit Rollenschwinghebel:
a) Grundstellung mit Grundwinkel Ψ_{Gmin} b) Allgemeine Stellung mit bewegtem Steg

Ausgehend von der Darstellung in Bild 7.12a lässt sich bei bekannten Hauptabmessungen zunächst der Grundwinkel Ψ_{Gmin} gemäß

$$\Psi_{G\min} = \arccos\left[\frac{d^2 + l^2 - R_{G\min}^2}{2 \cdot d \cdot l}\right] \quad (7.29)$$

bestimmen. Anschließend ergeben sich aus Bild 7.12b die Koordinaten des Rollenmittelpunktes B zu

$$x_B(\varphi) := d \cdot \cos\varphi - l \cdot \cos[\psi(\varphi) + \varphi + \Psi_{G\min}], \quad (7.30a)$$

$$y_B(\varphi) := -d \cdot \sin\varphi + l \cdot \sin[\psi(\varphi) + \varphi + \Psi_{G\min}]. \quad (7.30b)$$

In diesen beiden Gleichungen treten neben den Hauptabmessungen nur noch die Antriebsgröße φ und die Abtriebsgröße $\psi(\varphi)$ auf. Während erstere in sinnvoller Diskretisierung vorzugeben ist, kann die Abtriebsgröße $\psi(\varphi)$ auf Grund der ausgewählten Übertragungsfunktionen berechnet werden, so dass einer Auswertung der Gln. (7.30a,b) zur Berechnung der Koordinaten der Führungskurve bzw. Rollenmittelpunktsbahn nichts mehr im Wege steht. Um nun auch noch die Koordinaten der Arbeitskurve zu ermitteln, muss als Nächstes der Anstiegswinkel κ der Tangente t bzw. der Anstiegs-

7.3 Ermittlung der Führungs- und Arbeitskurve der Kurvenscheibe

winkel γ der Normale n zur Arbeitskurve bestimmt werden. Dazu werden die Ableitungen der Gln. (7.30a,b) nach der Antriebsgröße φ benötigt:

$$x'_B(\varphi) := y_B(\varphi) + \psi'(\varphi) \cdot 1 \cdot \sin[\psi(\varphi) + \varphi + \Psi_{G\,min}], \qquad (7.31a)$$

$$y'_B(\varphi) := -x_B(\varphi) + \psi'(\varphi) \cdot 1 \cdot \cos[\psi(\varphi) + \varphi + \Psi_{G\,min}]. \qquad (7.31b)$$

Damit können die gesuchten Winkel wie folgt berechnet werden:

$$\tan[\kappa(\varphi) - \pi] = \frac{y'_B(\varphi)}{x'_B(\varphi)}, \qquad (7.32)$$

$$\gamma(\varphi) := \kappa(\varphi) - \frac{\pi}{2}. \qquad (7.33)$$

Für eine Kurvenscheibe, bei der wie in Bild 7.12a die **Außenkontur** (Außenflanke) abgetastet wird, ergeben sich die Koordinaten der Arbeitskontur zu

$$x_{A2}(\varphi) := x_B(\varphi) - r_R \cdot \cos[\gamma(\varphi)], \qquad (7.34a)$$

$$y_{A2}(\varphi) := y_B(\varphi) - r_R \cdot \sin[\gamma(\varphi)]. \qquad (7.34b)$$

Soll die **Innenkontur** (Innenflanke) einer Kurvenscheibe berechnet werden, so müssen die Koordinaten der Arbeitskontur folgendermaßen bestimmt werden:

$$x_{A1}(\varphi) := x_B(\varphi) + r_R \cdot \cos[\gamma(\varphi)], \qquad (7.35a)$$

$$y_{A1}(\varphi) := y_B(\varphi) + r_R \cdot \sin[\gamma(\varphi)]. \qquad (7.35b)$$

Kurvengetriebe mit Rollenstößel

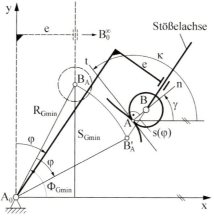

Bild 7.13
Berechnung von Führungs- und Arbeitskurve für ein Kurvengetriebe mit Rollenstößel

Mit den bekannten Hauptabmessungen lässt sich ausgehend von der Darstellung in Bild 7.13 zunächst der Grundwinkel Φ_{Gmin} gemäß

$$\cos \Phi_{G\min} := \frac{e}{R_{G\min}} \tag{7.36}$$

bestimmen. Anschließend ergeben sich die Koordinaten des Rollenmittelpunktes B zu

$$x_B(\varphi) := R_{G\min} \cdot \cos(\varphi_{G\min} - \varphi) + s(\varphi) \cdot \sin \varphi \,, \tag{7.37a}$$

$$y_B(\varphi) := R_{G\min} \cdot \sin(\varphi_{G\min} - \varphi) + s(\varphi) \cdot \cos \varphi \,. \tag{7.37b}$$

Als Nächstes muss nun, wie schon beim Rollenhebel der Anstiegswinkel κ der Tangente t bzw. der Anstiegswinkel γ der Normale n zur Arbeitskurve bestimmt werden, um auch noch die Koordinaten der Arbeitskurve ermitteln zu können. Dazu werden die Ableitungen der Gln. (7.37a,b) nach der Antriebsgröße φ benötigt:

$$x'_B(\varphi) := y_B(\varphi) + s'(\varphi) \cdot \sin \varphi \,, \tag{7.38a}$$

$$y'_B(\varphi) := -x_B(\varphi) + s'(\varphi) \cdot \cos \varphi \,. \tag{7.38b}$$

Der Anstiegswinkel κ der Tangente bzw. der Anstiegswinkel γ der Normale zur Arbeitskurve kann nun mit Hilfe der schon für den Rollenhebel aufgestellten Gln. (7.32) und (7.33) berechnet werden. Für eine Kurvenscheibe, bei der wie in Bild 7.13 die **Außenkontur** (Außenflanke) durch den Rollenstößel abgetastet wird, ergeben sich nun die Koordinaten der Arbeitskontur aus den Gln. (7.34a,b). Soll die **Innenkontur** (Innenflanke) einer Kurvenscheibe für einen Rollenstößel berechnet werden, so müssen die Koordinaten der Arbeitskontur mit Hilfe der Gln. (7.35a,b) berechnet werden.

Kurvengetriebe mit Tellerstößel

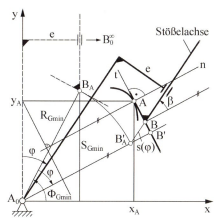

Bild 7.14
Berechnung von Führungs- und Arbeitskurve für ein Kurvengetriebe mit Tellerstößel

Analog zur Berechnung für das Kurvengetriebe mit Rollenstößel lässt sich zunächst mit den bekannten Hauptabmessungen ausgehend von der Darstellung in Bild 7.14 der Grundwinkel Φ_{Gmin} gemäß Gl. (7.36) bestimmen. Auch die Berechnung der Koordinaten der Führungskurve des Punktes B, der den Schnittpunkt zwischen der Stößelachse und der Tangente an die Arbeitskurve im Punkt A darstellt, lässt sich mit den bekannten Gln. (7.37a,b) durchführen. Um nun jedoch die Koordinaten der Arbeitskurve bestimmen zu können, sind etwas weitergehende Überlegungen notwendig. Betrachtet man in Bild 7.14 die Strecke von A_0 über B'_A bis zum Schnittpunkt B' mit der Tangente in A, so kann folgende Beziehung aufgestellt werden:

$$R_{G\,min} + s(\varphi) \cdot \cos\beta = y_A \cdot \sin(\Phi_{G\,min} - \varphi) + x_A \cdot \cos(\Phi_{G\,min} - \varphi) \; . \quad (7.39)$$

Weiterhin gilt für den Steigungswinkel im Kurvenkontaktpunkt A:

$$\frac{dy_A}{dx_A} = \tan(\Phi_{G\,min} - \varphi + 90°) = -\frac{\cos(\Phi_{G\,min} - \varphi)}{\sin(\Phi_{G\,min} - \varphi)} \; . \quad (7.40)$$

Bildet man nun die Ableitung von Gl. (7.39) nach der Antriebsgröße φ, wobei zu berücksichtigen ist, dass auch die Koordinaten x_A und y_A von φ abhängen, so erhält man

$$\begin{aligned} s'(\varphi) \cdot \cos\beta = \; & y'_A \cdot \sin(\Phi_{G\,min} - \varphi) - y_A \cdot \cos(\Phi_{G\,min} - \varphi) \\ & + x'_A \cdot \cos(\Phi_{G\,min} - \varphi) + x_A \cdot \sin(\Phi_{G\,min} - \varphi) \end{aligned} \quad (7.41)$$

Berücksichtigt man nun noch, dass sich aus Gl. (7.40)

$$y'_A \cdot \sin(\Phi_{G\min} - \varphi) = -x'_A \cdot \cos(\Phi_{G\min} - \varphi) \tag{7.42}$$

herleiten lässt, so erhält man durch Einsetzen in Gl. (7.41)

$$s'(\varphi) \cdot \cos\beta = x_A \cdot \sin(\Phi_{G\min} - \varphi) - y_A \cdot \cos(\Phi_{G\min} - \varphi) \ . \tag{7.43}$$

Da sowohl $s(\varphi)$ als auch $s'(\varphi)$ aus den ausgewählten Übertragungsfunktionen bekannt sind, stellen nun die beiden Gln. (7.39) und (7.43) ein lineares Gleichungssystem für die gesuchten Koordinaten des Kurvenkontaktpunktes A dar. Durch einfache algebraische Umformungen erhält man

$$x_A = [R_{G\min} + s(\varphi) \cdot \cos\beta] \cdot \cos(\Phi_{G\min} - \varphi) + s'(\varphi) \cdot \cos\beta \cdot \sin(\Phi_{G\min} - \varphi) \tag{7.44a}$$

$$y_A = [R_{G\min} + s(\varphi) \cdot \cos\beta] \cdot \sin(\Phi_{G\min} - \varphi) - s'(\varphi) \cdot \cos\beta \cdot \cos(\Phi_{G\min} - \varphi) . \tag{7.44b}$$

Kurvengetriebe mit Tellerhebel

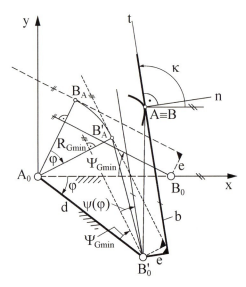

Bild 7.15
Berechnung von Führungs- und Arbeitskurve für ein Kurvengetriebe mit Tellerhebel

Als Letztes soll die Berechnung von Führungs- und Arbeitskurve für ein Kurvengetriebe mit Tellerhebel vorgestellt werden. Bei dieser Konfiguration fallen, wie in Bild 7.15

7.3 Ermittlung der Führungs- und Arbeitskurve der Kurvenscheibe

gezeigt, die beiden Punkte A und B zusammen. Berücksichtigt man, dass für den Anstiegswinkel κ der Tangente t zur Arbeitskurve

$$\kappa(\varphi) = \pi - [\Psi_{G\,min} + \psi(\varphi) + \varphi] \tag{7.45}$$

gilt, so lassen sich die Koordinaten der Arbeitskurve wie folgt formulieren:

$$x_A(\varphi) = d \cdot \cos\varphi + e \cdot \sin[\kappa(\varphi)] + b \cdot \cos[\kappa(\varphi)] \tag{7.46a}$$

$$y_A(\varphi) = -d \cdot \sin\varphi - e \cdot \cos[\kappa(\varphi)] + b \cdot \sin[\kappa(\varphi)] \ . \tag{7.46b}$$

Diese beiden Gleichungen enthalten neben den gesuchten Koordinaten der Arbeitskurve noch eine dritte Unbekannte b. Daher wird noch eine weitere unabhängige Beziehung benötigt. Zuvor kann jedoch durch einfache algebraische Umformungen die Größe b eliminiert werden und man erhält

$$x_A(\varphi) \cdot \sin[\kappa(\varphi)] - y_A(\varphi) \cdot \cos[\kappa(\varphi)] = d \cdot \sin[\kappa(\varphi) + \varphi] + e \ . \tag{7.47}$$

Als weitere unabhängige Gleichung lässt sich der Anstiegswinkel κ der Tangente t zur Arbeitskurve differentialgeometrisch ausdrücken durch

$$\tan[\kappa(\varphi)] = -\tan[\Psi_{G\,min} + \psi(\varphi) + \varphi] = -\frac{\sin[\Psi_{G\,min} + \psi(\varphi) + \varphi]}{\cos[\Psi_{G\,min} + \psi(\varphi) + \varphi]} = -\frac{dy_A}{dx_A} \tag{7.48}$$

Durch ähnliche Umformungen, wie schon beim Kurvengetriebe mit Tellerstößel, wobei unter anderem auch noch Gl. (7.47) nach der Antriebsgröße φ differenziert werden muss, erhält man schließlich

$$\begin{aligned} x_A(\varphi) := &\ d \cdot \sin[\Psi_{G\,min} + \psi(\varphi)] \cdot \sin[\Psi_{G\,min} + \psi(\varphi) + \varphi] \\ &+ \frac{\psi'(\varphi) \cdot d}{\psi'(\varphi) + 1} \cdot \cos[\Psi_{G\,min} + \psi(\varphi)] \cdot \cos[\Psi_{G\,min} + \psi(\varphi) + \varphi] \\ &+ e \cdot \sin[\Psi_{G\,min} + \psi(\varphi) + \varphi] \end{aligned} \tag{7.49a}$$

$$\begin{aligned} y_A(\varphi) := &\ d \cdot \sin[\Psi_{G\,min} + \psi(\varphi)] \cdot \cos[\Psi_{G\,min} + \psi(\varphi) + \varphi] \\ &- \frac{\psi'(\varphi) \cdot d}{\psi'(\varphi) + 1} \cdot \cos[\Psi_{G\,min} + \psi(\varphi)] \cdot \sin[\Psi_{G\,min} + \psi(\varphi) + \varphi] \\ &+ e \cdot \cos[\Psi_{G\,min} + \psi(\varphi) + \varphi] \ . \end{aligned} \tag{7.49b}$$

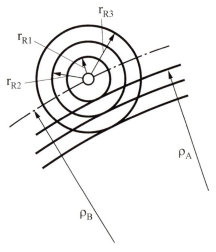

Bild 7.16
Krümmungsradius von Führungs- und Arbeitskurve

Als Letztes lässt sich für die beschriebenen zwei Fälle bei Verwendung eines Pilz- (I), Rollen- (II) oder Walzenstößels (III) nach Bild 7.10 direkt der Krümmungsradius der Führungskurve berechnen (Bild 7.16), nämlich

$$\rho_B(\varphi) := \frac{\sqrt{([x'_B(\varphi)]^2 + [y'_B(\varphi)]^2)^3} \cdot (-1)}{x'_B(\varphi) \cdot y''_B(\varphi) - y'_B(\varphi) \cdot x''_B(\varphi)} \ . \tag{7.50}$$

Für die Arbeitskurve kann der Krümmungsradius dann wie folgt ermittelt werden:

$$\rho_A(\varphi) := \rho_B(\varphi) \pm r_R \ . \tag{7.51}$$

Bei dieser Gleichung gilt das negative Vorzeichen für eine Kurvenscheibe, bei der wie in Bild 7.12 oder Bild 7.13 die **Außenkontur** (Außenflanke) durch das Eingriffsglied abgetastet wird. Wird die **Innenkontur** (Innenflanke) einer Kurvenscheibe abgetastet, so muss in Gl. (7.51) das positive Vorzeichen eingesetzt werden.

Bei Verwendung von Tellerstößel oder Tellerhebel muss der Krümmungsradius der Arbeitskurve mit Hilfe von Gl. (7.50) berechnet werden, indem direkt die Koordinaten des Punktes A sowie die zugehörigen ersten und zweiten Ableitungen nach der Antriebsgröße φ verwendet werden, die aus den Gln. (7.44a,b) im Falle des Tellerstößels sowie aus den Gln. (7.49a,b) im Falle des Tellerhebels hergeleitet werden können. Dabei sei darauf hingewiesen, dass sich vor allem für die zweiten Ableitungen teilweise recht aufwändige Ausdrücke ergeben.

7.4 Übungsaufgaben

Aufgabe 7.1:

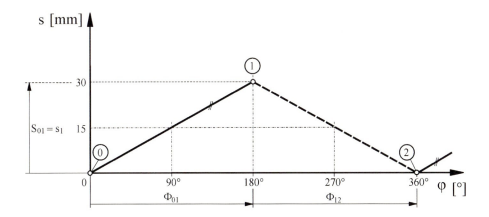

Der skizzierte Bewegungsplan soll von einem Kurvengetriebe mit Rollenstößel realisiert werden. Dazu ist zunächst die vorliegende Bewegungsaufgabe zu verifizieren und danach ein geeignetes Übergangsgesetz für den Abschnitt 12 entsprechend [7.3] zu wählen. Weiterhin sind folgende Teilaufgaben unter Berücksichtigung der gegebenen Werte zu lösen:

a) Ermittlung und Darstellung der Übertragungsfunktionen 0. bis 2. Ordnung $s(\varphi)$, $s'(\varphi)$, $s''(\varphi)$ über der Bewegungsperiode

b) Wie groß ist der Gesamthub S_H?

c) Wie groß ist die maximale Geschwindigkeit v_{max} in m/s und

d) die maximale Beschleunigung a_{max} in m/s² des Stößels?

Erfolgt der Übergang an den Punkten 0, 1 und 2 stoß- und ruckfrei?

Gegebene Werte:

$s_0 = s_2 = 0$ mm, $s_1 = 30$ mm, $\varphi_0 = 0°$, $\varphi_1 = 180°$, $\varphi_2 = 360°$

Drehzahl der Kurvenscheibe: $n = 100$ U/min

Aufgabe 7.2:

Gegeben sei das Bewegungsdiagramm eines Kurvengetriebes mit Rollenschwinghebel, der eine Rast-in-Rast-Bewegung ausführen soll. Für den Hubanstieg und den Hubabstieg wurden symmetrische Übergangsfunktionen gewählt.

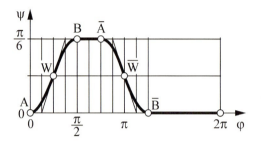

Hubanstiegsbereich: $\Phi_{P1} = \dfrac{\pi}{2}$

Hubabstiegsbereich: $\Phi_{N3} = \dfrac{\pi}{2}$

Winkelgeschwindigkeit der Kurvenscheibe: $\omega_{21} = 2 \text{ s}^{-1}$

Schwinghebellänge: $l_2 = 60$ mm

$M_z = 1 \dfrac{\text{mm}}{\text{mm}_z}$

a) Bestimmen Sie den Geschwindigkeitskennwert C_v der normierten Übergangsfunktion, die im Hubanstieg und im Hubabstieg gewählt wurde, wenn der Betrag der Geschwindigkeit des Rollenmittelpunktes B im Wendepunkt W
$v_{Bw} = v_{B\overline{w}} = 37{,}5$ mm s^{-1} betragen soll.

b) Bestimmen Sie mit dem Näherungsverfahren von FLOCKE den zulässigen Bereich für die Lage des Kurvenscheibendrehpunktes A_0 für ein formschlüssiges Kurvengetriebe.

Im Hubanstieg und im Hubabstieg soll dabei ein Übertragungswinkel $\mu_{min} = 60°$ nicht unterschritten werden.

c) Wie groß ist der kleinstmögliche Grundwinkel Ψ_G, wenn aus konstruktiven Gründen ein Abstand zwischen den beiden Drehachsen in den Punkten A_0 und B_0 von d = 55 mm eingehalten werden muß?

d) Tragen Sie die Übertragungswinkel μ_w und $\mu_{\overline{w}}$ für den von Ihnen bestimmten Kurvenscheibendrehpunkt A_0 in Ihre Lösungsskizze ein.

8 Räumliche Getriebe

Die Beschäftigung mit räumlichen Getrieben erfordert ein beträchtliches Maß an Abstraktionsvermögen, denn wer kann sich schon Bewegungen von Getriebegliedern um und längs windschiefer Achsen vorstellen. Während die Analyse räumlicher Getriebe schon recht weit fortgeschritten ist, steht die Synthese räumlicher Getriebe - mit Ausnahme der Kurvengetriebe - noch in den Anfängen. Vom Standpunkt des Ingenieurs lohnt sich die Beschäftigung mit räumlichen Getrieben allemal: Sie sind in der Regel kompakter und benötigen deshalb weniger Bauraum als ebene Getriebe.

Wir lernen in diesem Kapitel die Grundbewegungen eines räumlichen Getriebes kennen, erfahren etwas über momentane Schraubachsen als dem Pendant der Momentanpole und über die Erweiterung der NEWTON-RAPHSON-Iterationsmethode auf räumliche Getriebe. Den Abschluss bilden Kinematik-Transformationsmatrizen, die sich bei Industrierobotern - den bekanntesten Anwendungen räumlicher Getriebe mit sehr einfach aufgebauten Gelenken - bereits durchgesetzt haben.

Räumliche Getriebe (Raumgetriebe) sind u.a. dadurch gekennzeichnet, dass sie sehr oft Drehachsen haben, die sich kreuzen, vgl. Abschnitt 2.1.3. Zwei sich kreuzende Achsen (Geraden) haben im Allgemeinen einen sich zeitlich ändernden **Kreuzungsabstand** (Lot) d = d(t) und einen sich zeitlich ändernden **Kreuzungswinkel** $\lambda = \lambda(t)$, Bild 8.1.

Punkte von Gliedern räumlicher Getriebe beschreiben im Allgemeinen **Raumkurven**, d.h. Kurven mit doppelter Krümmung.

Räumlichen Getrieben ist eine **Raumkinematik** zugeordnet, d.h. für die kinematische Analyse solcher Getriebe haben sich spezielle mathematische Verfahren der Vektor- und Matrizenrechnung bewährt, die mit Rechnerunterstützung durchgeführt werden. Am anschaulichsten dabei ist die Vektorrechnung, die sowohl geschlossen-analytische als auch nur iterativ zu erlangende Lösungen liefert.

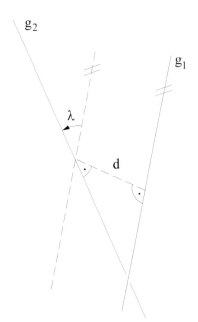

Bild 8.1
Zwei im Raum liegende sich kreuzende (windschiefe) Geraden g_1 und g_2

8.1 Der räumliche Geschwindigkeitszustand eines starren Körpers

Drei Punkte (F, G, H) eines starren Körpers, die nicht alle auf einer geraden Linie liegen, bestimmen dessen Lage (und Kinematik) im Raum, Bild 8.2 [8.1].

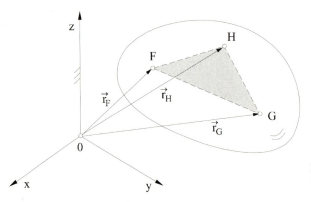

Bild 8.2
Starrer Körper im Raum

8.1 Der räumliche Geschwindigkeitszustand eines starren Körpers

Die drei Ortsvektoren $\vec{r}_F, \vec{r}_G$ und $\vec{r}_H$ müssen die Starrheitsbedingungen erfüllen, d.h.

$$\left(\vec{r}_G - \vec{r}_F\right)^2 = \text{konst. und } \left(\vec{r}_H - \vec{r}_F\right)^2 = \text{konst.}$$

Analog zu Abschnitt 3.1.2.1 lässt sich daraus nach einmaliger zeitlicher Ableitung ein räumlicher Winkelgeschwindigkeitsvektor $\vec{\omega}$ herleiten, so dass mit F als Bezugspunkt, **Translationspunkt** oder Aufpunkt gilt:

$$\vec{v}_G = \vec{v}_F + \vec{\omega} \times \vec{r}_{GF}, \quad \vec{r}_{GF} = \vec{r}_G - \vec{r}_F, \tag{8.1a}$$

$$\vec{v}_H = \vec{v}_F + \vec{\omega} \times \vec{r}_{HF}, \quad \vec{r}_{HF} = \vec{r}_H - \vec{r}_F. \tag{8.1b}$$

$\vec{v}_F$ und $\vec{\omega}$ bilden zusammen die sog. **Kinemate** des starren Körpers bezüglich F. Der vom Punkt F unabhängige Winkelgeschwindigkeitsvektor $\vec{\omega}$ bestimmt sich folgendermaßen aus Gl. (8.1a):

$$\vec{v}_G - \vec{v}_F = \vec{\omega} \times \left(\vec{r}_G - \vec{r}_F\right);$$

Linksmultiplikation mit $\vec{v}_H - \vec{v}_F$ ergibt

$$(\vec{v}_H - \vec{v}_F) \times (\vec{v}_G - \vec{v}_F) = (\vec{v}_H - \vec{v}_F) \times \vec{\omega} \times (\vec{r}_G - \vec{r}_F) =$$

$$= [(\vec{v}_H - \vec{v}_F)(\vec{r}_G - \vec{r}_F)]\vec{\omega} - (\vec{v}_H - \vec{v}_F)\vec{\omega}[(\vec{r}_G - \vec{r}_F)].$$

Der letzte Term verschwindet, weil nach Gl. (8.1b) der Differenzvektor $\vec{v}_H - \vec{v}_F$ auf $\vec{\omega}$ senkrecht steht; somit verbleibt

$$\vec{\omega} = \frac{(\vec{v}_H - \vec{v}_F) \times (\vec{v}_G - \vec{v}_F)}{(\vec{v}_H - \vec{v}_F)(\vec{r}_G - \vec{r}_F)}. \tag{8.2}$$

Multipliziert man Gl. (8.1a) oder Gl. (8.1b) skalar mit $\vec{\omega}$, verschwindet stets der zweite Summand, daraus folgt:

Satz 1: $\vec{\omega}$ und die Projektionen $\vec{v}_F \cdot \vec{\omega} = \vec{v}_G \cdot \vec{\omega} = \vec{v}_H \cdot \vec{\omega}$ sind zwei von drei **Invarianten** des räumlichen Geschwindigkeitsfeldes eines starren Körpers.

Lediglich die senkrecht zu $\vec{\omega}$ stehende Komponente von $\vec{v}_F$ hängt vom gewählten Translationspunkt F ab und verschwindet für einen Punkt F = S auf der **momentanen Schraubachse**, d.h. es gilt

---

Satz 2: Bei der allgemeinen räumlichen Bewegung eines starren Körpers gibt es i.a. keinen momentan ruhenden Punkt, also auch keine einfache Drehachse.

> **Satz 3:** Die allgemeine räumliche Bewegung eines starren Körpers setzt sich aus aufeinanderfolgenden **Elementarschraubungen** zusammen, die jeweils parallel zu $\vec{\omega}$ ausgerichtet sind.

Jeder Punkt der momentanen Schraubachse (MSA) hat die Geschwindigkeit $\vec{v}_\omega = p\vec{\omega}$, dabei ist p die **momentane Steigung** der Elementarschraubung, Bild 8.3 (s. auch Richtlinie VDI 2723).

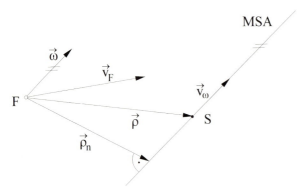

Bild 8.3
F-Kinemate und momentane Schraubachse (MSA)

Bei gegebener F-Kinemate gilt für einen beliebigen Punkt S der MSA

$$\vec{v}_S \equiv \vec{v}_\omega = p\vec{\omega} = \vec{v}_F + \vec{\omega} \times \vec{\rho} \tag{8.3}$$

Die vorstehende Gleichung wird zunächst skalar mit $\vec{\omega}$ multipliziert, wobei der Term $\vec{\omega} \cdot (\vec{\omega} \times \vec{\rho})$ verschwindet; übrig bleibt eine Gleichung für p:

$$p = \frac{\vec{\omega} \cdot \vec{v}_F}{\omega^2}. \tag{8.4}$$

> **Satz 4:** $\vec{v}_\omega = p\vec{\omega}$ ist die dritte Invariante des räumlichen Geschwindigkeitsfeldes eines starren Körpers.

Um den Vektor $\vec{\rho}_n$ zu ermitteln, der senkrecht auf der MSA und $\vec{\omega}$ steht, schreibt man in einem zweiten Schritt in Gl. (8.3) $\vec{\rho} = \vec{\rho}_n + \upsilon\vec{\omega}$ (υ: beliebige reelle Zahl) und bildet das Kreuzprodukt durch Linksmultiplikation mit $\vec{\omega}$:

$$\vec{\omega} \times p\vec{\omega} = \vec{\omega} \times \vec{v}_F + \vec{\omega} \times \vec{\omega} \times \vec{\rho}_n, \text{ d.h.}$$

$$0 = \vec{\omega} \times \vec{v}_F + (\vec{\omega}\vec{\rho}_n)\vec{\omega} - \omega^2 \vec{\rho}_n.$$

8.2 Der relative Geschwindigkeitszustand dreier starrer Körper

Hier verschwindet der vorletzte Term, so dass sich

$$\vec{\rho}_n = \frac{\vec{\omega} \times \vec{v}_F}{\omega^2} \tag{8.5}$$

ergibt.

Die gemeinsame Normale $\vec{\rho}_n$ des Winkelgeschwindigkeitsvektors $\vec{\omega}$ in F und der MSA steht also auch senkrecht zu $\vec{v}_F$.

8.2 Der relative Geschwindigkeitszustand dreier starrer Körper

Zu drei relativ zueinander beweglichen Körpern (Getriebegliedern) 1, 2, 3 (allgemein i, j, k) gehören drei MSA k_{12}, k_{13} und k_{23} mit den jeweiligen Invarianten $\vec{\omega}_{21}$, $\vec{\omega}_{31}$ und $\vec{\omega}_{32}$ sowie $\vec{v}_{\omega 21}, \vec{v}_{\omega 31}$ und $\vec{v}_{\omega 32}$. Alle drei MSA besitzen eine **gemeinsame Normale** n_{123}, so dass z.B. die Lage der MSA k_{13} sowie die zugeordneten Invarianten $\vec{\omega}_{31}$ und $\vec{v}_{\omega 31}$ aus den gegebenen Größen für k_{12} und k_{23} eindeutig zu ermitteln sind, Bild 8.4.

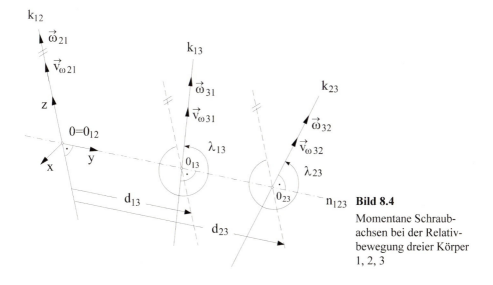

Bild 8.4 Momentane Schraubachsen bei der Relativbewegung dreier Körper 1, 2, 3

Die folgenden Bestimmungsgleichungen sind ohne Beweis angegeben [8.2]:

$$\vec{\omega}_{31} = \vec{\omega}_{21} + \vec{\omega}_{32} = \begin{bmatrix} -\omega_{32}\sin\lambda_{23} \\ 0 \\ \omega_{21} + \omega_{32}\cos\lambda_{23} \end{bmatrix}, \qquad (8.6)$$

$$v_{\omega 13} = \frac{\left[v_{\omega 21}\omega_{21} + v_{\omega 32}\omega_{32} + \left(v_{\omega 21}\omega_{32} + v_{\omega 32}\omega_{21} \right)\cos\lambda_{23} + \omega_{21}\omega_{32}d_{23}\sin\lambda_{23} \right]}{|\vec{\omega}_{31}|}, \qquad (8.7)$$

$$d_{13} = \frac{\left[\left(v_{\omega 21}\omega_{32} - v_{\omega 32}\omega_{21} \right)\sin\lambda_{23} + \omega_{21}\omega_{32}d_{23}\cos\lambda_{23} + \omega_{32}^2 d_{23} \right]}{\omega_{31}^2}, \qquad (8.8)$$

$$\lambda_{13} = \arccos\left(\frac{\omega_{21} + \omega_{32}\cos\lambda_{23}}{|\vec{\omega}_{31}|} \right). \qquad (8.9)$$

Lehrbeispiel Nr. 8.1: Räumliches Drehschubkurbelgetriebe

Aufgabenstellung:

Das in Bild 8.5 skizzierte viergliedrige Drehschubkurbelgetriebe ABCD besitzt in A ein Drehschubgelenk (f = 2), in B ein Drehgelenk (f = 1), in C ein Kugelgelenk (f = 3) und in D wiederum ein Drehschubgelenk (f = 2). Abgesehen von $f_{id} = 1$ des Glieds 4 hat das Getriebe den Freiheitsgrad F = 1.

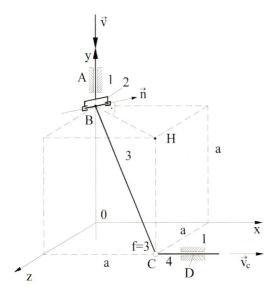

Bild 8.5
Räumliches Drehschubkurbelgetriebe

8.2 Der relative Geschwindigkeitszustand dreier starrer Körper

Für die skizzierte Lage des Getriebes, bei der der Richtungsvektor $\vec{n}$ senkrecht auf der Flächendiagonalen BH die relative Drehachse von Glied 3 gegenüber Glied 2 und die Koppel BC die Raumdiagonale eines Würfels der Kantenlänge a darstellen, sollen die MSA mit den zugeordneten Winkelgeschwindigkeiten sowie die Geschwindigkeit des Punktes C bzw. D auf Glied 4 ermittelt werden. Außer den Abmessungen ist die Geschwindigkeit $\vec{v}$ des Punktes B in negativer y-Richtung gegeben.

Lösung:

Es ist

$$\vec{n} = \begin{bmatrix} 1 \\ 0 \\ -1 \end{bmatrix}, \quad \vec{b} = \overrightarrow{BC} = a\begin{bmatrix} 1 \\ -1 \\ 1 \end{bmatrix}, \quad \vec{v}_B = \begin{bmatrix} 0 \\ -v \\ 0 \end{bmatrix}, \quad \vec{v}_C = \begin{bmatrix} v_C \\ 0 \\ 0 \end{bmatrix}.$$

Die MSA k_{12} ist mit AB, d.h. mit der y-Achse gegeben, der Richtungsvektor $\vec{n}$ gibt zugleich die MSA k_{23} an, die Flächendiagonale BH stellt die gemeinsame Normale dieser beiden MSA dar, folglich muss k_{13} mit $\vec{\omega}_{13}$ auch senkrecht auf BH stehen.

Die Starrheitsbedingung für die Koppel 3 liefert

$$\vec{b}(\vec{v}_C - \vec{v}_B) = 0 = a\begin{bmatrix} 1 \\ -1 \\ 1 \end{bmatrix}\begin{bmatrix} v_C \\ v \\ 0 \end{bmatrix}, \quad \text{d.h.} \quad v_C = v.$$

Nach dem Additionsgesetz für die drei Winkelgeschwindigkeiten gilt

$$\vec{\omega}_{31} = \vec{\omega}_{32} + \vec{\omega}_{21}, \quad \text{d.h.}$$

$$\vec{\omega}_{31} = \frac{\omega_{32}}{\sqrt{2}}\begin{bmatrix} 1 \\ 0 \\ -1 \end{bmatrix} + \omega_{21}\begin{bmatrix} 0 \\ 1 \\ 0 \end{bmatrix} = \frac{1}{\sqrt{2}}\begin{bmatrix} \omega_{32} \\ \omega_{21}\sqrt{2} \\ -\omega_{32} \end{bmatrix}.$$

Ferner ist

$$\vec{v}_C = \vec{v}_B + \vec{\omega}_{31} \times \vec{r}_{CB} = \vec{v}_B + \vec{\omega}_{31} \times \vec{b}, \quad \text{d.h.}$$

$$\begin{bmatrix} v \\ 0 \\ 0 \end{bmatrix} = \begin{bmatrix} 0 \\ -v \\ 0 \end{bmatrix} + \frac{1}{\sqrt{2}}\begin{bmatrix} \omega_{32} \\ \omega_{21}\sqrt{2} \\ -\omega_{32} \end{bmatrix} \times a\begin{bmatrix} 1 \\ -1 \\ 1 \end{bmatrix}.$$

Dies ist ein lineares Gleichungssystem für ω_{21} und ω_{32}; folglich wird

$$\omega_{21} = \frac{v}{2a}, \quad \omega_{32} = -\frac{v}{\sqrt{2}\,a} \quad \text{und auch}$$

$$\vec{\omega}_{32} = \frac{v}{2a}\begin{bmatrix}-1\\0\\1\end{bmatrix}, \quad \vec{\omega}_{21} = \frac{v}{2a}\begin{bmatrix}0\\1\\0\end{bmatrix}, \quad \vec{\omega}_{31} = \frac{v}{2a}\begin{bmatrix}-1\\1\\1\end{bmatrix}.$$

Die Lage der MSA k_{13} ist z.B. über

$$\vec{\rho}_n = \vec{\rho}_{C13}^n = \frac{\vec{\omega}_{31} \times \vec{v}_C}{\omega_{31}^2} = \frac{2a}{3}\begin{bmatrix}0\\1\\-1\end{bmatrix}$$

genau zu bestimmen, $\vec{\rho}_{C13}^n$ ist der Lotvektor von C auf k_{13}; der Steigungsparameter dazu beträgt momentan

$$p_{13} = \frac{\vec{\omega}_{31}\vec{v}_C}{\omega_{31}^2} = -\frac{2a}{3}.$$

8.3 Vektorielle Iterationsmethode

Die im Abschnitt 4.1 für ebene Getriebe vorgestellte analytisch-vektorielle Methode lässt sich problemlos auf räumliche Getriebe übertragen [8.3].

Die Geschlossenheits- und weitere Zwangsbedingungen werden sinngemäß mit **Kugelkoordinaten** formuliert, Bild 8.6:

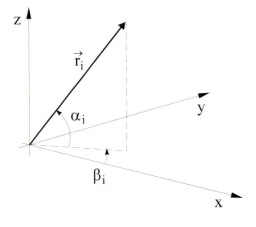

Bild 8.6
Kugelkoordinaten eines Getriebegliedvektors $\vec{r}_i$

8.3 Vektorielle Iterationsmethode

$$\vec{r}_i = r_i \vec{e}_i = r_i \begin{bmatrix} \cos\alpha_i \cdot \cos\beta_i \\ \cos\alpha_i \cdot \sin\beta_i \\ \sin\alpha_i \end{bmatrix} \tag{8.10}$$

Als Beispiel soll die federgeführte Vorderradaufhängung eines Pkw betrachtet werden, Bild 8.7a. Das zugrunde liegende Getriebe ist mit einem Drehgelenk 15, einem Schubgelenk 12, einem Drehschubgelenk 46 und vier Kugelgelenken ausgestattet, Bild 8.7b.

Aus der Anzahl g = 7 der Gelenke, der Anzahl n = 6 der Glieder lässt sich entsprechend Gl. (4.4) die Anzahl der aufzustellenden unabhängigen Polygonzüge (Schleifengleichungen oder Geschlossenheitsbedingungen) ermitteln:

$$p = g - (n-1) = 2.$$

Die Anwendung der Freiheitsgradgleichung (2.11) liefert

$$F = 6(n-1) - 6g + \sum_{i=1}^{g}(f_i)$$
$$= 6(6-1) - 6 \cdot 7 + 2 \cdot 1 + 1 \cdot 2 + 4 \cdot 3$$

zunächst F = 4 und nach Abzug der beiden identischen Freiheitsgrade der Glieder 3 und 6 F = 2. Der Antrieb des Getriebes erfolgt durch die beiden Zug-/Druckfedern in den Gelenken 12 und 46.

Mit Hilfe der Vektoren $\vec{r}_i$ wird das **vektorielle Ersatzsystem** aufgebaut; da hier auch sehr oft noch systembedingte feste Vektorzuordnungen zu berücksichtigen sind, kann die Nummerierung der Vektoren von den Gliednummern abweichen, Bild 8.7c.

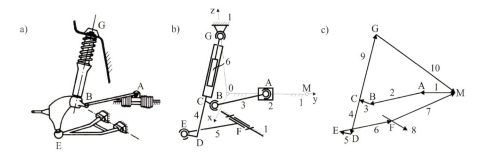

Bild 8.7
Beispiel einer Pkw-Vorderradaufhängung als räumliches Führungsgetriebe mit F = 2

Darüber hinaus ist es vorteilhaft, das vektorielle Ersatzsystem zu wählen, bevor das räumliche x-y-z-Koordinatensystem festgelegt wird, weil man so die Zahl der variablen Bewegungsgrößen nachträglich verringern kann.

Als Bezugspunkt für die Lenkbewegung des Schubgliedes 2 gegenüber dem Gestell 1 (z.B. mit Hilfe einer Zahnstange) wurde der Punkt M auf 1 willkürlich gewählt. Die Vektoren $\vec{r}_7$, $\vec{r}_8$ und $\vec{r}_{10}$ legen den Gestellrahmen fest, mit $\vec{r}_8$ ist zudem die Lage der Drehachse 15 fixiert.

Die beiden Geschlossenheitsbedingungen für die 10 Vektoren lauten:

$$\sum_{p,i} (\vec{r}_i) = \vec{0}, \text{ d.h.} \tag{8.11a}$$

$$p = 1: \quad \vec{r}_1 + \vec{r}_2 + \vec{r}_3 + \vec{r}_4 + \vec{r}_5 + \vec{r}_6 + \vec{r}_7 = \vec{0}, \tag{8.11b}$$

$$p = 2: \quad \vec{r}_1 + \vec{r}_2 + \vec{r}_3 + \vec{r}_9 + \vec{r}_{10} = \vec{0}. \tag{8.11c}$$

Dies führt über Gl. (8.10) auf 3p = 6 skalare trigonometrische Gleichungen in der Form

$$\sum_{p,i} (r_i \cos\alpha_i \cos\beta_i) \equiv \sum_{p,i} (r_i CC_i) = 0, \tag{8.12a}$$

$$\sum_{p,i} (r_i \cos\alpha_i \sin\beta_i) \equiv \sum_{p,i} (r_i CS_i) = 0, \tag{8.12b}$$

$$\sum_{p,i} (r_i \sin\alpha_i) \equiv \sum_{p,i} (r_i SA_i) = 0. \tag{8.12c}$$

In der Tabelle 8.1 sind alle Kugelkoordinaten r_i, α_i und β_i zusammengestellt worden, konstante Koordinaten (stellungsunabhängige Baugrößen) sind mit c, variable (stellungsabhängige) Bewegungsgrößen und damit auch alle unbekannten Koordinaten mit v gekennzeichnet.

i	1	2	3	4	5	6	7	8	9	10
r_i	v	c	c	c	c	c	c	c	v	c
α_i	c	v	v	v	v	v	c	c	v	c
β_i	c	v	v	v	v	v	c	c	v	c

Tabelle 8.1
Übersicht über alle Koordinaten des vektoriellen Ersatzsystems für die Vorderradaufhängung in Bild 8.7

8.3 Vektorielle Iterationsmethode

Den 14 v-Größen stehen zunächst einmal nur die 6 Gleichungen (8.11b) und (8.11c) gegenüber. Weitere Zwangsbedingungen lassen sich aus dauernd einzuhaltenden **Vektorzuordnungen** zwischen den Einheitsvektoren $\vec{e}_i$ ableiten. Mit Hilfe solcher Vektorzuordnungen werden meistens die durch die Art der Gelenke auferlegten Zwangsbedingungen berücksichtigt (relative Lage der Gelenkachsen). Im Wesentlichen betrifft dies das Skalarprodukt

$$\vec{e}_i \cdot \vec{e}_k = \cos \lambda_{ik} \tag{8.13}$$

zweier oder das Vektorprodukt

$$\vec{e}_i \times \vec{e}_k = \vec{e}_j \sin \lambda_{ik} \tag{8.14}$$

dreier Vektoren, Bild 8.8 (Kreuzungswinkel λ_{ik}).

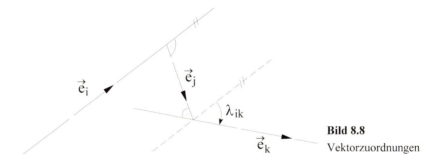

Bild 8.8
Vektorzuordnungen

Da beide Bedingungen bezüglich des Winkels λ_{ik} zweideutig sind, kann die gemeinsame Verwendung, die diese Zweideutigkeit ausschließt, vorteilhaft sein.

> **Hinweis:** Falls einer von zwei Einheitsvektoren eine konstante Richtung besitzt oder falls zwei Einheitsvektoren $\vec{e}_i$ und $\vec{e}_k$ demselben Getriebeglied zugeordnet sind, reicht i.a. das Skalarprodukt.

Jedes Skalarprodukt in der Form

$$\begin{aligned}
&\cos\alpha_i \cos\beta_i \cos\alpha_k \cos\beta_k + \cos\alpha_i \sin\beta_i \cos\alpha_k \sin\beta_k + \\
&+ \sin\alpha_i \sin\alpha_k - \cos\lambda_{ik} \equiv CC_i \cdot CC_k + CS_i \cdot CS_k + \\
&+ SA_i \cdot SA_k - \cos\lambda_{ik} = 0
\end{aligned} \tag{8.15}$$

liefert eine, jedes Vektorprodukt in der Form

$$\cos\alpha_i \sin\beta_i \sin\alpha_k - \sin\alpha_i \cos\alpha_k \sin\beta_k - \cos\alpha_j \cos\beta_j \sin\lambda_{ik} \equiv$$
$$\equiv CS_i \cdot SA_k - CS_k \cdot SA_i - CC_j \sin\lambda_{ik} = 0, \qquad (8.16a)$$

$$\sin\alpha_i \cos\alpha_k \cos\beta_k - \cos\alpha_i \cos\beta_i \sin\alpha_k - \cos\alpha_j \sin\beta_j \sin\lambda_{ik} \equiv$$
$$\equiv CC_K \cdot SA_i - CC_i \cdot SA_k - CS_j \sin\lambda_{ik} = 0, \qquad (8.16b)$$

$$\cos\alpha_i \cos\beta_i \cos\alpha_k \sin\beta_k - \cos\alpha_i \sin\beta_i \cos\alpha_k \cos\beta_k -$$
$$- \sin\alpha_j \sin\lambda_{ik} \equiv CC_i \cdot CS_k - CS_i \cdot CC_k - SA_j \sin\lambda_{ik} = 0 \qquad (8.16c)$$

liefert drei Zwangsbedingungen. Im Fall unseres Beispiels stehen die Vektoren $\vec{r}_6$ und $\vec{r}_8$ einerseits und die Vektoren $\vec{r}_3$, $\vec{r}_4$ und $\vec{r}_5$ andererseits stets senkrecht zueinander; außerdem sind $\vec{r}_4$ und $\vec{r}_9$ entgegengesetzt gerichtet:

$$\vec{e}_6 \cdot \vec{e}_8 = 0, \qquad (8.17a)$$

$$\vec{e}_3 \times \vec{e}_5 = \vec{e}_4 \sin\lambda_{35}, \quad \lambda_{35} = \text{konst.}, \qquad (8.17b)$$

$$\alpha_9 = \alpha_4 + \pi, \quad \beta_9 = \beta_4. \qquad (8.17c)$$

In der Tabelle 8.1 sind neben den Baugrößen c noch die Antriebsfunktionen (Federwege) r_1 und r_9 vorzugeben; die übrigen 12 v-Werte werden endgültig im Vektor

$$\vec{q} = (\alpha_2, \beta_2, ..., \alpha_9, \beta_9)^T \qquad (8.18)$$

der Unbekannten zusammengefasst. Andererseits bilden die Kugelkoordinaten r_i, α_i und β_i der Gln. (8.11b), (8.11c), (8.17a) bis (8.17c) die Komponenten Φ_j (j = 1,...,12) des Vektors $\vec{\Phi}$ der Zwangsbedingungen in der Form der Gln. (8.12a) bis (8.12c) (für p = 2 !), (8.15), (8.16a) bis (8.16c) und (8.17c).

Daraus lässt sich analog zum Abschnitt 4.1.2 eine Iterationsrechnung

$$\Delta\vec{q} = -\mathbf{J}^{-1}(\vec{q}_j) \cdot \vec{\Phi}(\vec{q}_j)$$

mit der JACOBI-Matrix $\mathbf{J} = \partial\vec{\Phi}(\vec{q})/\partial\vec{q}$ aufbauen.

Dieselbe JACOBI-Matrix dient als Koeffizientenmatrix zum Aufbau zweier linearer Gleichungssysteme

$$\mathbf{J} \cdot \dot{\vec{q}} = \vec{b}_v \quad \text{und} \quad \mathbf{J} \cdot \ddot{\vec{q}} = \vec{b}_a \qquad (8.19)$$

auf der Geschwindigkeits- bzw. Beschleunigungsstufe für die unbekannten Geschwindigkeiten $\dot{q}_i$ und unbekannten Beschleunigungen $\ddot{q}_i$.

8.4 Koordinatentransformationen

Bisher wurden hauptsächlich Getriebe aus geschlossenen kinematischen Ketten betrachtet. Bei der kinematischen Beschreibung von Getrieben aus offenen kinematischen Ketten werden oft Koordinatentransformationen benutzt. Diese erlauben, gleiche Vektoren in gegeneinander verschobenen und gedrehten Koordinatensystemen darzustellen. Während diese Aufgabe bei ebenen Problemen durch „Hinsehen" erledigt werden kann, benötigt man bei räumlichen Getrieben (beispielsweise Industrieroboter) **Transformationsmatrizen**.

Komplexe Transformationen, die eine Drehung um mehrere Achsen darstellen, werden aus Elementardrehungen um eine Achse durch Multiplikation zusammengesetzt. Im Folgenden werden zuerst die Elementardrehungen beschrieben.

8.4.1 Elementardrehungen

Gesucht ist eine Transformation, mit der ein Vektor in einem um die z-Achse gedrehten Koordinatensystem dargestellt werden kann.

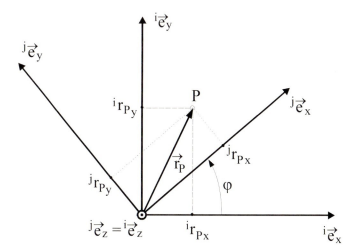

Bild 8.9
Drehung um die z-Achse

Das Koordinatensystem i wird gebildet aus den Einheitsvektoren

$$^i\vec{e}_x = \begin{bmatrix} 1 \\ 0 \\ 0 \end{bmatrix}, \quad ^i\vec{e}_y = \begin{bmatrix} 0 \\ 1 \\ 0 \end{bmatrix}, \quad ^i\vec{e}_z = \begin{bmatrix} 0 \\ 0 \\ 1 \end{bmatrix}. \tag{8.20}$$

Das Koordinatensystem j ist um den Winkel φ um $^i\vec{e}_z$ gedreht, so dass $^i\vec{e}_z = {}^j\vec{e}_z$ gilt. Für die Basisvektoren $^j\vec{e}_x$ und $^j\vec{e}_y$ lässt sich dann schreiben

$$^j\vec{e}_x = \begin{bmatrix} \cos\varphi \\ \sin\varphi \\ 0 \end{bmatrix}, \quad ^j\vec{e}_y = \begin{bmatrix} -\sin\varphi \\ \cos\varphi \\ 0 \end{bmatrix}. \tag{8.21}$$

Betrachtet man nun den Vektor $\vec{r}_P$, so lauten seine Koordinaten im Koordinatensystem i

$$^i\vec{r}_P = \begin{bmatrix} ^i r_{Px} \\ ^i r_{Py} \\ ^i r_{Pz} \end{bmatrix}. \tag{8.22}$$

Die Koordinaten sind nichts anderes als die Projektionen des Vektors auf die Einheitsvektoren, die das Koordinatensystem aufspannen.

Durch Projektion lassen sich auch die Koordinaten des Vektors $\vec{r}_P$ im Koordinatensystem j errechnen. Die Projektion erhält man durch Bildung des Skalarprodukts. Für die $^j r_{Px}$ -Koordinate gilt daher

$$^j r_{Px} = {}^j\vec{e}_x \cdot {}^i\vec{r}_P = \begin{bmatrix} \cos\varphi \\ \sin\varphi \\ 0 \end{bmatrix} \cdot \begin{bmatrix} ^i r_{Px} \\ ^i r_{Py} \\ ^i r_{Pz} \end{bmatrix} = {}^i r_{Px} \cdot \cos\varphi + {}^i r_{Py} \cdot \sin\varphi. \tag{8.23}$$

Die $^j r_{Py}$ - und $^j r_{Pz}$ -Koordinaten erhält man analog durch Projektion auf die $^j\vec{e}_y$ - und $^j\vec{e}_z$ -Achse:

$$^j r_{Py} = {}^j\vec{e}_y \cdot {}^i\vec{r}_P = \begin{bmatrix} -\sin\varphi \\ \cos\varphi \\ 0 \end{bmatrix} \cdot \begin{bmatrix} ^i r_{Px} \\ ^i r_{Py} \\ ^i r_{Pz} \end{bmatrix} = -{}^i r_{Px} \cdot \sin\varphi + {}^i r_{Py} \cdot \cos\varphi, \tag{8.24}$$

8.4 Koordinatentransformationen

$$^j r_{Pz} = {}^j \vec{e}_z \cdot {}^i \vec{r}_P = \begin{bmatrix} 0 \\ 0 \\ 1 \end{bmatrix} \cdot \begin{bmatrix} {}^i r_{Px} \\ {}^i r_{Py} \\ {}^i r_{Pz} \end{bmatrix} = {}^i r_{Pz} . \tag{8.25}$$

Wie zu erwarten ist, bleibt die z-Koordinate unverändert. Die drei Skalarprodukte lassen sich auch durch Multiplikation einer Matrix, deren Zeilenvektoren gleich den Einheitsvektoren des gedrehten Koordinatensystems sind, mit dem Vektor ${}^i \vec{r}_P$ darstellen:

$$^j \vec{r}_P = \begin{bmatrix} {}^j \vec{e}_x \\ {}^j \vec{e}_y \\ {}^j \vec{e}_z \end{bmatrix}^T \cdot {}^i \vec{r}_P = \begin{bmatrix} \cos\varphi & \sin\varphi & 0 \\ -\sin\varphi & \cos\varphi & 0 \\ 0 & 0 & 1 \end{bmatrix} \cdot \begin{bmatrix} {}^i r_{Px} \\ {}^i r_{Py} \\ {}^i r_{Pz} \end{bmatrix} =$$
$$= \begin{bmatrix} {}^i r_{Px} \cos\varphi + {}^i r_{Py} \sin\varphi \\ -{}^i r_{Px} \sin\varphi + {}^i r_{Py} \cos\varphi \\ {}^i r_{Pz} \end{bmatrix} \tag{8.26}$$

Diese Transformationsmatrix nennt man die **Drehmatrix** für die Drehung (Rotation) um die z-Achse. Offensichtlich ist es die Transformationsmatrix, mit der ein Vektor vom Koordinatensystem i auf das Koordinatensystem j transformiert wird:

$$^j \vec{r}_P = {}^j \mathbf{R}_i (z, \varphi) \cdot {}^i \vec{r}_P \tag{8.27}$$

Die Transformationsmatrix, die umgekehrt einen Vektor vom Koordinatensystem j ins Koordinatensystem i transformiert, muss die Inverse von ${}^j \mathbf{R}_i$ sein, wie man durch Multiplikation mit der Inversen ${}^j \mathbf{R}_i^{-1}$ leicht zeigt (**E** = Einheitsmatrix):

$$^j \mathbf{R}_i^{-1} \cdot {}^j \vec{r}_P = {}^j \mathbf{R}_i^{-1} \cdot {}^j \mathbf{R}_i \cdot {}^i \vec{r}_P = \mathbf{E} \cdot {}^i \vec{r}_P , \tag{8.28}$$

$$^i \mathbf{R}_j \cdot {}^j \vec{r}_P = {}^i \vec{r}_P . \tag{8.29}$$

Da die Matrix ${}^j \mathbf{R}_i$ orthogonal ist, ist die Inverse gerade die Transponierte, die sich durch Zeilen- und Spaltentausch ergibt:

$$^j \mathbf{R}_i^{-1} = {}^j \mathbf{R}_i^T \tag{8.30}$$

$$^j \mathbf{R}_i = \begin{bmatrix} \cos\varphi & \sin\varphi & 0 \\ -\sin\varphi & \cos\varphi & 0 \\ 0 & 0 & 1 \end{bmatrix} \rightarrow {}^j \mathbf{R}_i^{-1} = \begin{bmatrix} \cos\varphi & -\sin\varphi & 0 \\ \sin\varphi & \cos\varphi & 0 \\ 0 & 0 & 1 \end{bmatrix} = {}^i \mathbf{R}_j \tag{8.31}$$

Die Transformationsmatrizen für Drehungen des Koordinatensystems um die anderen Achsen erhält man analog zum Vorgehen bei der Drehung um die z-Achse (vgl. Bild 8.10, 8.11).

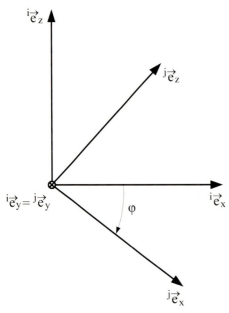

$$^{j}\mathbf{R}_{i}(y,\varphi) = \begin{pmatrix} \cos\varphi & 0 & -\sin\varphi \\ 0 & 1 & 0 \\ \sin\varphi & 0 & \cos\varphi \end{pmatrix}$$

Bild 8.10
Drehung um die y-Achse

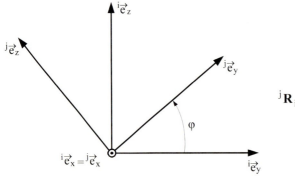

$$^{j}\mathbf{R}_{i}(x,\varphi) = \begin{pmatrix} 1 & 0 & 0 \\ 0 & \cos\varphi & \sin\varphi \\ 0 & -\sin\varphi & \cos\varphi \end{pmatrix}$$

Bild 8.11
Drehung um die x-Achse

8.4.2 Verschiebungen

Ist das Koordinatensystem j gegenüber dem Koordinatensystem i verschoben, muss nur der Verschiebungsvektor ${}^i\vec{r}_{ij}$, der vom Ursprung des Koordinatensystems i zum Ursprung des Koordinatensystems j zeigt, hinzuaddiert werden, Bild 8.12:

$$ {}^i\vec{r}_P = {}^i\vec{r}_{ij} + {}^j\vec{r}_P \tag{8.32}$$

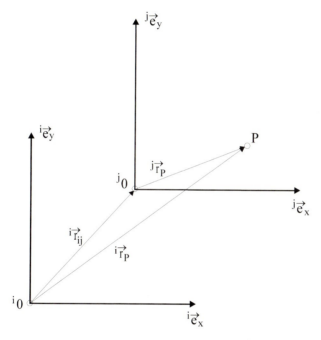

Bild 8.12
Verschiebung eines Koordinatensystems

8.4.3 Kombination mehrerer Drehungen

Natürlich können Transformationen miteinander kombiniert werden. Man betrachte als Beispiel die offene kinematische Kette in Bild 8.13 als vereinfachtes Strukturmodell eines Industrieroboters. Zwei gelenkig verbundene Getriebeglieder der Länge L sind jeweils um die Winkel φ_1 und φ_2 gegenüber dem vorhergehenden Glied verdreht. Gesucht ist der Ortsvektor ${}^0\vec{r}_P$ im ortsfesten Koordinatensystem 0.

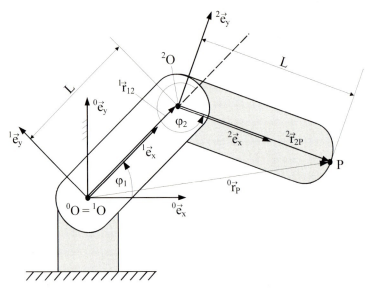

Bild 8.13
Kombination mehrerer Drehungen

$^0\vec{r}_P$ besteht aus zwei Teilvektoren $^1\vec{r}_{12}$ und $^2\vec{r}_{2P}$, deren Koordinaten in den jeweiligen körperfesten Koordinatensystemen leicht angegeben werden können:

$$^1\vec{r}_{12} = \begin{bmatrix} L \\ 0 \\ 0 \end{bmatrix} \qquad ^2\vec{r}_{2P} = \begin{bmatrix} L \\ 0 \\ 0 \end{bmatrix} \tag{8.33}$$

Um sie addieren zu können, müssen sie erst in eine gemeinsame Basis überführt werden, in diesem Fall das Koordinatensystem 0.

Zuerst wird der Vektor $^2\vec{r}_{2P}$ in die Basis 1 transformiert, d.h.

$$^1\vec{r}_{2P} = {}^1\mathbf{R}_2(z,\varphi_2) \cdot {}^2\vec{r}_{2P} = \begin{bmatrix} \cos\varphi_2 & -\sin\varphi_2 & 0 \\ \sin\varphi_2 & \cos\varphi_2 & 0 \\ 0 & 0 & 1 \end{bmatrix} \cdot \begin{bmatrix} L \\ 0 \\ 0 \end{bmatrix} = \begin{bmatrix} L\cos\varphi_2 \\ L\sin\varphi_2 \\ 0 \end{bmatrix}, \tag{8.34}$$

dann durch eine weitere Transformation in die Basis 0:

8.4 Koordinatentransformationen

$$^0\vec{r}_{2P} = {}^0\mathbf{R}_1(z,\varphi_1) \cdot {}^1\vec{r}_{2P} = \begin{bmatrix} \cos\varphi_1 & -\sin\varphi_1 & 0 \\ \sin\varphi_1 & \cos\varphi_1 & 0 \\ 0 & 0 & 1 \end{bmatrix} \cdot \begin{bmatrix} L\cos\varphi_2 \\ L\sin\varphi_2 \\ 0 \end{bmatrix} =$$
$$= \begin{bmatrix} L\cos\varphi_2 \cos\varphi_1 - L\sin\varphi_2 \sin\varphi_1 \\ L\cos\varphi_2 \sin\varphi_1 + L\sin\varphi_2 \cos\varphi_1 \\ 0 \end{bmatrix}. \tag{8.35}$$

Der Vektor $^1\vec{r}_{12}$ wird ebenfalls in die Basis 0 transformiert:

$$^0\vec{r}_{12} = {}^0\mathbf{R}_1(z,\varphi_1) \cdot {}^1\vec{r}_{12} = \begin{bmatrix} \cos\varphi_1 & -\sin\varphi_1 & 0 \\ \sin\varphi_1 & \cos\varphi_1 & 0 \\ 0 & 0 & 1 \end{bmatrix} \cdot \begin{bmatrix} L \\ 0 \\ 0 \end{bmatrix} = \begin{bmatrix} L\cos\varphi_1 \\ L\sin\varphi_1 \\ 0 \end{bmatrix}. \tag{8.36}$$

Der Vektor $^0\vec{r}_P$ ergibt sich also zu:

$$^0\vec{r}_P = {}^0\vec{r}_{12} + {}^0\vec{r}_{2P} = \begin{bmatrix} L\cos\varphi_1 + L\cos\varphi_2 \cos\varphi_1 - L\sin\varphi_2 \sin\varphi_1 \\ L\sin\varphi_1 + L\cos\varphi_2 \sin\varphi_1 + L\sin\varphi_2 \cos\varphi_1 \\ 0 \end{bmatrix} =$$
$$= L \cdot \begin{bmatrix} \cos\varphi_1 + \cos(\varphi_1 + \varphi_2) \\ \sin\varphi_1 + \sin(\varphi_1 + \varphi_2) \\ 0 \end{bmatrix}. \tag{8.37}$$

Allgemein lässt sich schreiben:

$$^0\vec{r}_P = {}^0\mathbf{R}_1(z,\varphi_1) \cdot {}^1\vec{r}_{12} + {}^0\mathbf{R}_1(z,\varphi_1) \cdot {}^1\mathbf{R}_2(z,\varphi_2) \cdot {}^2\vec{r}_{2P}. \tag{8.38}$$

Koordinatentransformationen werden also durch Multiplikation verknüpft; so lassen sich komplexe Drehungen, auch um verschiedene Achsen, darstellen.

Lehrbeispiel Nr. 8.2: Kinematische Analyse des viergliedrigen Drehgelenkgetriebes in Matrizenschreibweise [8.4]

Aufgabenstellung:

Für das vorgelegte ebene Problem werden analog zu Bild 8.13 zunächst geeignete Bezeichnungen entsprechend Bild 8.14 gewählt.

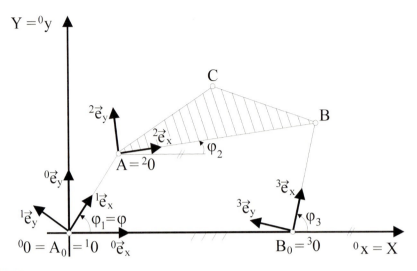

Bild 8.14

Bezeichnungen am viergliedrigen Drehgelenkgetriebe mit Einheitsvektoren in den verschiedenen Basen

Für die gegebenen Abmessungen $l_1 = \overline{A_0A}$, $l_2 = \overline{AB}$, $l_3 = \overline{B_0B}$, $l_4 = \overline{A_0B_0}$ und die gegebenen Koordinaten x_c, y_c des Koppelpunkts C im gliedfesten $^2\vec{e}_x - {^2}e_y$ – Koordinatensystem sind bei bekannten Antriebsgrößen φ, $\dot{\varphi} \equiv \omega$, $\ddot{\varphi} \equiv \alpha$ die Gleichungen für φ_2, φ_3, X_C, Y_C und die zugeordneten zeitlichen Ableitungen für Geschwindigkeit und Beschleunigung ansatzweise anzugeben.

Lösung:

Um die Einfachheit zu wahren, wird nur eine Drehmatrix angegeben, die für alle bewegten Glieder gegenüber dem Gestell (Glied 0) gültig ist:

$$^0\mathbf{R}_i = \begin{bmatrix} \cos\varphi_i & -\sin\varphi_i \\ \sin\varphi_i & \cos\varphi_i \end{bmatrix}, \quad i = 1, 2, 3. \tag{8.39}$$

Für den Punkt B lassen sich dann zwei Gleichungen in der Form der Gl. (8.38) aufstellen, nämlich

8.4 Koordinatentransformationen

$$^0\vec{r}_B = {^0\vec{r}_{12}} + {^0\mathbf{R}_2} \cdot \begin{bmatrix} l_2 \\ 0 \end{bmatrix} \text{ und}$$

$$^0\vec{r}_B = {^0\vec{r}_{13}} + {^0\mathbf{R}_3} \cdot \begin{bmatrix} l_3 \\ 0 \end{bmatrix}. \tag{8.40}$$

Die Vektoren $^0\vec{r}_{12}$ und $^0\vec{r}_{13}$ weisen vom Ursprung $^1 0$ zu den jeweiligen Ursprüngen $^2 0$ und $^3 0$. Auch sie lassen sich mit Hilfe einer Drehmatrix darstellen; gleichzeitig kann man beide Vektorgleichungen für den Punkt B zur Geschlossenheitsbedingung zusammenfassen ($\mathbf{E}$ = Einheitsmatrix):

$$^0\mathbf{R}_1 \begin{bmatrix} l_1 \\ 0 \end{bmatrix} + {^0\mathbf{R}_2} \begin{bmatrix} l_2 \\ 0 \end{bmatrix} - \mathbf{E} \begin{bmatrix} l_4 \\ 0 \end{bmatrix} - {^0\mathbf{R}_3} \begin{bmatrix} l_3 \\ 0 \end{bmatrix} = \begin{bmatrix} 0 \\ 0 \end{bmatrix}. \tag{8.41}$$

Diese Gleichung stellt den Vektor $\vec{\Phi}$ der Zwangsbedingungen dar, entsprechend Gl. (4.5).

Für den Koppelpunkt C ergibt sich analog

$$\begin{bmatrix} X_C \\ Y_C \end{bmatrix} = {^0\vec{r}_{12}} + {^0\mathbf{R}_2} \cdot \begin{bmatrix} x_C \\ y_C \end{bmatrix}. \tag{8.42}$$

Bei der Bildung der zeitlichen Ableitungen 1. und 2. Ordnung für die Gln. (8.41) und (8.42) verschwinden diejenigen für die gliedfesten Koordinaten, da die einzelnen Glieder starre Körper sind, es ist also z.B. $dl_1/dt = dx_C/dt = dy_C/dt = 0$. Für die Ableitungen der Drehmatrizen $^0\mathbf{R}_i$ entsprechend Gl. (8.39) gilt

$$^0\dot{\mathbf{R}}_i \equiv \frac{d\left(^0\mathbf{R}_i\right)}{dt} = \frac{d\left(^0\mathbf{R}_i\right)}{d\varphi_i} \cdot \frac{d\varphi_i}{d\varphi} \cdot \omega \tag{8.43}$$

und

$$^0\ddot{\mathbf{R}}_i \equiv \frac{d^2\left(^0\mathbf{R}_i\right)}{dt^2} = \frac{d\left(^0\mathbf{R}_i\right)}{d\varphi_i} \cdot \left(\frac{d\varphi_i}{d\varphi} \cdot \alpha + \frac{d^2\varphi_i}{d\varphi^2} \cdot \omega^2 \right) -$$
$$- \left(\frac{d\varphi_i}{d\varphi}\right)^2 \cdot \omega^2 \cdot {^0\mathbf{R}_i} \; ; \quad i = 1, 2, 3. \tag{8.44}$$

8.4.4 Homogene Koordinaten

Die eingeführten Transformationen unterscheiden zwischen Drehungen und Verschiebungen. Eine Verschiebung wird durch Addition eines Verschiebungsvektors dargestellt, d.h.

$$^0\vec{r}_P = {}^0\vec{r}_{01} + {}^1\vec{r}_P ,\qquad(8.45)$$

während eine Drehung des Koordinatensystems durch Multiplikation mit einer Drehmatrix ausgeführt wird:

$$^0\vec{r}_P = {}^0\vec{r}_{01} + {}^0\mathbf{R}_1\,{}^1\vec{r}_P .\qquad(8.46)$$

Der Verschiebungsvektor $^0\vec{r}_{01}$ zeigt also die Lage und die Drehmatrix $^0\mathbf{R}_1$ die Orientierung des Koordinatensystem 1 gegenüber dem Koordinatensystem 0 an, Bild 8.15.

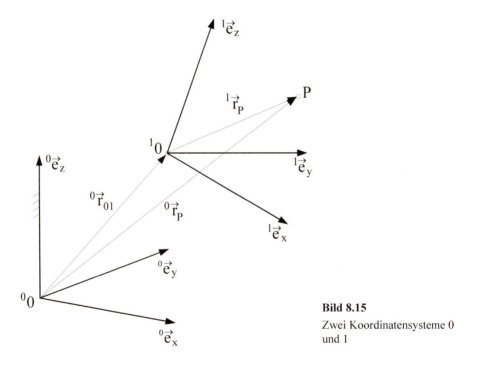

Bild 8.15
Zwei Koordinatensysteme 0 und 1

Beide Transformationen können mit sog. **homogenen Koordinaten** in einer besonderen Transformationsmatrix zusammengefasst werden.

8.4 Koordinatentransformationen

Es handelt sich dabei um eine 4×4-Matrix mit folgendem Aufbau:

$$^0T_1 = \begin{bmatrix} & ^0R_1 & & ^0\vec{r}_{01} \\ 0 & 0 & 0 & 1 \end{bmatrix} \quad (8.47)$$

Die Matrix $^0T_1$ enthält sowohl die Drehmatrix $^0R_1$ und den Verschiebungsvektor $^0\vec{r}_{01}$, jeweils bezogen auf das Koordinatensystem 0. Die ersten drei Elemente der 4. Zeile sind Nullen, das 4. Element dieser Zeile enthält den sog. **Maßstabsfaktor** t_{44}, der üblicherweise auf den Wert „1" gesetzt wird.

Wird der Maßstabsfaktor ungleich „1" gewählt, so besteht zwischen den kartesischen Koordinaten x, y, z des Ursprungs vom Koordinatensystem 1 und den Elementen des Vektors $^0\vec{r}_{01}$ folgender Zusammenhang:

$$x = \frac{^0r_{01x}}{t_{44}}, \quad y = \frac{^0r_{01y}}{t_{44}}, \quad z = \frac{^0r_{01z}}{t_{44}}. \quad (8.48)$$

> **Satz:** Werden mehrere Transformationen hintereinander ausgeführt, so errechnet sich die Gesamttransformation durch Multiplikation der Einzel-Transformationsmatrizen. Auch hier muss die Reihenfolge der Drehungen beachtet werden.

Der Vorteil der homogenen Koordinaten besteht in der einheitlichen Darstellung der Drehung und Verschiebung, was sehr „programmierfreundlich" ist. Dafür müssen jeweils einige Koordinaten gespeichert werden, die stets null sind; dies erhöht den Speicherbedarf.

8.4.5 HARTENBERG-DENAVIT-Formalismus (HD-Notation)

Der HD-Formalismus legt eine spezielle Abfolge von Transformationen fest, die besonders für Getriebe auf der Grundlage offener kinematischer Ketten und mit Gelenken vom Freiheitsgrad f = 1 geeignet ist. Bei Industrierobotern ist er weit verbreitet. Der Formalismus nutzt aus, dass die Bewegungsachsen (Gelenkachsen) immer eine gemeinsame Normale haben [8.5].

Bei der Festlegung der gliedfesten Koordinatensysteme gelten folgende Konventionen:

- Die $^j\vec{e}_z$-Achse liegt in der Bewegungsachse j.
- Die $^j\vec{e}_x$-Achse liegt in Richtung der gemeinsamen Normalen $\vec{n}_j$ der Bewegungsachsen von Gelenk i und j.
- Die $^j\vec{e}_y$-Achse wird so gelegt, dass $^j\vec{e}_x$, $^j\vec{e}_y$, $^j\vec{e}_z$ ein Rechtssystem bilden.

Im allgemeinen Fall sind beim Übergang vom Koordinatensystem i zum Koordinatensystem j folgende Teiltransformationen durchzuführen, Bild 8.16:

- Rotation um die $^i\vec{e}_z$-Achse mit dem Winkel δ_{ij}, so dass $^j\vec{e}_x$ schließlich parallel ist zur Normalen $\vec{n}_j$,
- Verschiebung um d_{ij} in Richtung der $^i\vec{e}_z$-Achse (sind die Bewegungsachsen i und j parallel, wird das Koordinatensystem j so gelegt, dass $d_{ij} = 0$ ist).
- Verschiebung um l_{ij} in Richtung der (gedrehten) $^j\vec{e}_x$-Achse.
- Rotation um die (gedrehte) $^j\vec{e}_x$-Achse mit dem Winkel λ_{ij}, so dass $^j\vec{e}_z$ in Richtung der Drehachse j zu liegen kommt.

δ_{ij} und d_{ij} sind der Winkel und Abstand zwischen den Normalen $\vec{n}_i$ und $\vec{n}_j$, während λ_{ij} und l_{ij} der (Kreuzungs-)Winkel und (Kreuzungs-)Abstand der Bewegungsachsen i und j sind.

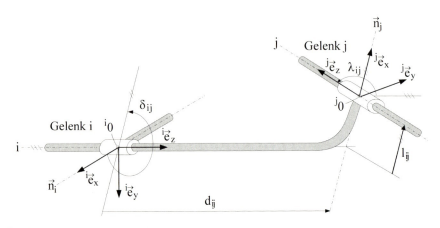

Bild 8.16
Winkel und Strecken bei der HD-Notation

8.4 Koordinatentransformationen

Der Verschiebungsvektor $^i\vec{r}_{ij}$ vom Ursprung $^i0$ der Basis i zum Ursprung $^j0$ der Basis j, bezogen auf das Koordinatensystem i, ist nach einer Drehung um die $^i\vec{e}_z$-Achse mit δ_{ij}:

$$^i\vec{r}_{ij} = \begin{bmatrix} \cos\delta_{ij} & -\sin\delta_{ij} & 0 \\ \sin\delta_{ij} & \cos\delta_{ij} & 0 \\ 0 & 0 & 1 \end{bmatrix} \cdot \begin{bmatrix} l_{ij} \\ 0 \\ d_{ij} \end{bmatrix} = \begin{bmatrix} l_{ij} \cdot \cos\delta_{ij} \\ l_{ij} \cdot \sin\delta_{ij} \\ d_{ij} \end{bmatrix} \tag{8.49}$$

Die Dreh- oder Orientierungsmatrix lautet nach zwei Drehungen um die $^j\vec{e}_x$-Achse mit λ_{ij} und um die $^i\vec{e}_z$-Achse mit δ_{ij}:

$$^i R_j = \begin{bmatrix} \cos\delta_{ij} & -\sin\delta_{ij} & 0 \\ \sin\delta_{ij} & \cos\delta_{ij} & 0 \\ 0 & 0 & 1 \end{bmatrix} \cdot \begin{bmatrix} 1 & 0 & 0 \\ 0 & \cos\lambda_{ij} & -\sin\lambda_{ij} \\ 0 & \sin\lambda_{ij} & \cos\lambda_{ij} \end{bmatrix} =$$
$$= \begin{bmatrix} \cos\delta_{ij} & -\cos\lambda_{ij}\sin\delta_{ij} & \sin\lambda_{ij}\sin\delta_{ij} \\ \sin\delta_{ij} & \cos\delta_{ij}\cos\lambda_{ij} & -\cos\delta_{ij}\sin\lambda_{ij} \\ 0 & \sin\lambda_{ij} & \cos\lambda_{ij} \end{bmatrix} \tag{8.50}$$

Somit ergibt sich als Transformationsmatrix von der Basis j zur Basis i in der HD-Notation:

$$^i T_j = \begin{bmatrix} \cos\delta_{ij} & -\cos\lambda_{ij}\sin\delta_{ij} & \sin\lambda_{ij}\sin\delta_{ij} & l_{ij}\cos\delta_{ij} \\ \sin\delta_{ij} & \cos\delta_{ij}\cos\lambda_{ij} & -\cos\delta_{ij}\sin\lambda_{ij} & l_{ij}\sin\delta_{ij} \\ 0 & \sin\lambda_{ij} & \cos\lambda_{ij} & d_{ij} \\ 0 & 0 & 0 & 1 \end{bmatrix} \tag{8.51}$$

In Bild 8.16 ist der Winkel δ_{ij} variabel (z.B. mit einem Antrieb versehen). Der Winkel λ_{ij} und die Längen d_{ij} und l_{ij} sind dagegen konstant. In der Robotertechnik nennt man die konstanten Größen **Maschinenparameter**.

Ist ein Winkel δ_{ij} variabel, hat man es mit einem Drehgelenk zu tun. Bei einer variablen Länge d_{ij} handelt es sich um ein Schubgelenk.

Lehrbeispiel Nr. 8.3: Vertikalknickarmroboter

Der Industrieroboter in Bild 8.17 ist ein Vertikalknickarmroboter mit dem Freiheitsgrad F = 6, der ausschließlich Drehgelenke besitzt.

Die ersten drei Achsen ab Grundgestell sind für die Positionierung, die anderen drei für die Orientierung des Endeffektors (meist ein Greifer) vorgesehen.

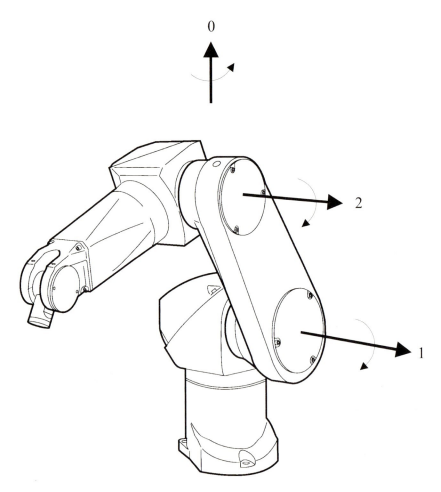

Bild 8.17
Industrieroboter „RX90" (Werkbild: Stäubli Unimation Deutschland, Bayreuth)

Im Folgenden werden nur die drei Positionierungsachsen 0, 1, 2 des Roboters betrachtet. Die kinematische Struktur mit den notwendigen Koordinatensystemen für den HD-Formalismus zeigt Bild 8.18.

8.4 Koordinatentransformationen

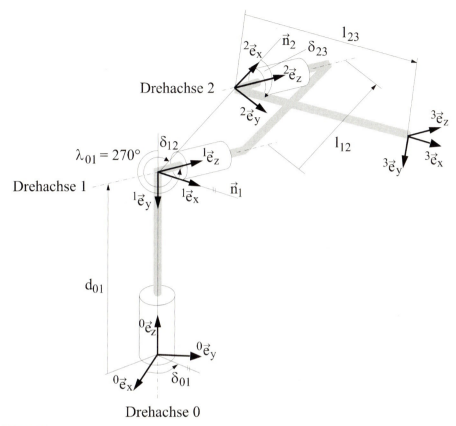

Bild 8.18
Kinematisches Schema des Lehrbeispiels „Industrieroboter RX90"

Das Koordinatensystem 0 muss um den Winkel δ_{01} verdreht werden, um die ^{0}x-Achse mit der Normalen $\vec{n}_1$ auszurichten. Danach dreht man mit dem festen Winkel $\lambda_{01} = 270°$ um die ^{1}x-Achse. Für die Drehtransformation gilt daher

$$^0\mathbf{R}_1 = \begin{bmatrix} \cos\delta_{01} & -\sin\delta_{01} & 0 \\ \sin\delta_{01} & \cos\delta_{01} & 0 \\ 0 & 0 & 1 \end{bmatrix} \cdot \begin{bmatrix} 1 & 0 & 0 \\ 0 & \cos 270° & -\sin 270° \\ 0 & \sin 270° & \cos 270° \end{bmatrix} =$$
$$= \begin{bmatrix} \cos\delta_{01} & 0 & -\sin\delta_{01} \\ \sin\delta_{01} & 0 & \cos\delta_{01} \\ 0 & -1 & 0 \end{bmatrix}.$$
(8.52)

Der Verschiebungsvektor $^0\vec{r}_{01}$ ist

$$^0\vec{r}_{01} = \begin{bmatrix} \cos\delta_{01} & -\sin\delta_{01} & 0 \\ \sin\delta_{01} & \cos\delta_{01} & 0 \\ 0 & 0 & 1 \end{bmatrix} \cdot \begin{bmatrix} 0 \\ 0 \\ d_{01} \end{bmatrix} = \begin{bmatrix} 0 \\ 0 \\ d_{01} \end{bmatrix}, \qquad (8.53)$$

so dass die Gesamttransformation

$$^0\mathbf{T}_1 = \begin{bmatrix} \cos\delta_{01} & 0 & -\sin\delta_{01} & 0 \\ \sin\delta_{01} & 0 & \cos\delta_{01} & 0 \\ 0 & -1 & 0 & d_{01} \\ 0 & 0 & 0 & 1 \end{bmatrix} \qquad (8.54)$$

lautet.

Da die Achsen 1 und 2 parallel sind, ist bei $^1\mathbf{R}_2$ kein Maschinenparameter λ zu berücksichtigen. Für $^1\mathbf{R}_2$ gilt daher

$$^1\mathbf{R}_2 = \begin{bmatrix} \cos\delta_{12} & -\sin\delta_{12} & 0 \\ \sin\delta_{12} & \cos\delta_{12} & 0 \\ 0 & 0 & 1 \end{bmatrix} \qquad (8.55)$$

Der Verschiebungsvektor von Basis 1 zu Basis 2 ist

$$^1\vec{r}_{12} = \begin{bmatrix} \cos\delta_{12} & -\sin\delta_{12} & 0 \\ \sin\delta_{12} & \cos\delta_{12} & 0 \\ 0 & 0 & 1 \end{bmatrix} \cdot \begin{bmatrix} l_{12} \\ 0 \\ 0 \end{bmatrix} = \begin{bmatrix} l_{12}\cos\delta_{12} \\ l_{12}\sin\delta_{12} \\ 0 \end{bmatrix}. \qquad (8.56)$$

Die Transformationsmatrix $^1\mathbf{T}_2$ lautet daher

$$^1\mathbf{T}_2 = \begin{bmatrix} \cos\delta_{12} & -\sin\delta_{12} & 0 & l_{12}\cos\delta_{12} \\ \sin\delta_{12} & \cos\delta_{12} & 0 & l_{12}\sin\delta_{12} \\ 0 & 0 & 1 & d_{12}=0 \\ 0 & 0 & 0 & 1 \end{bmatrix}. \qquad (8.57)$$

Analog gelangt man zur Transformationsmatrix $^2\mathbf{T}_3$:

$$^2\mathbf{T}_3 = \begin{bmatrix} \cos\delta_{23} & -\sin\delta_{23} & 0 & l_{23}\cos\delta_{23} \\ \sin\delta_{23} & \cos\delta_{23} & 0 & l_{23}\sin\delta_{23} \\ 0 & 0 & 1 & d_{23}=0 \\ 0 & 0 & 0 & 1 \end{bmatrix} \qquad (8.58)$$

8.4 Koordinatentransformationen

Die Multiplikation der drei Matrizen ergibt die **Gesamttransformationsmatrix** $^0\mathbf{T}_3$:

$$^0\mathbf{T}_3 = {}^0\mathbf{T}_1 \cdot {}^1\mathbf{T}_2 \cdot {}^2\mathbf{T}_3 = \begin{bmatrix} {}^0\mathbf{R}_3 & {}^0\vec{r}_{03} \\ \vec{0}^T & 1 \end{bmatrix} \tag{8.59}$$

In der Robotertechnik sind nun zwei Fragen interessant:

1) Zu einem gegebenen Satz Antriebskoordinaten (im Beispiel δ_{01}, δ_{12}, δ_{23}) ist die zugehörige Position und Orientierung des Endeffektors (genauer: des Koordinatensystems 3) gesucht. Dies nennt man das **Direkte Kinematische Problem (DKP)**, das durch Einsetzen der Winkel δ_{01}, δ_{12}, δ_{23} in die Matrix $^0\mathbf{T}_3$ gelöst wird.

2) Zu einer gegebenen Position und Orientierung des Endeffektors ist der zugehörige Satz Antriebskoordinaten gesucht. Dies wird als **Inverses Kinematisches Problem (IKP)** bezeichnet und ist oft schwieriger lösbar als das DKP. Jede Robotersteuerung muss das IKP in Echtzeit lösen, um den Roboter eine programmierte Bahn verfahren zu lassen. Dazu müssen die Komponenten der Matrix $^0\mathbf{T}_3$ nach den Antriebskoordinaten aufgelöst werden, was nur für wenige Roboterstrukturen analytisch möglich ist. Ist die analytische Lösung nicht möglich, bieten sich numerische Lösungsverfahren an, wie das in Abschnitt 4.1 beschriebene NEWTON-RAPHSON-Verfahren.

Anhang

Lösungen zu den Übungsaufgaben

Der erläuternde Text zu den Lösungen ist bewusst knapp gehalten, da in den Lehrbeispielen die entsprechenden Lösungswege bereits ausführlich dargestellt wurden.

Folgende Abkürzungen werden verwendet:

$A_0 A$	Gerade durch die Punkte A_0 und A
$\overline{A_0 A}$	Abstand zwischen den Punkten A_0 und A (Strecke)
$\vec{A_0 A}$	Vektor vom Punkt A_0 zum Punkt A (Betrag: $\overline{A_0 A}$)
$A \to B$	Vektor, gerichtet vom Punkt A zum Punkt B
$\vec{v}_A \perp A_0 A$	Der Vektor $\vec{v}_A$ steht senkrecht auf der Geraden $A_0 A$.
$\vec{a}_A^n \parallel A_0 A$	Der Vektor $\vec{a}_A^n$ ist parallel zur Geraden $A_0 A$.
WL($\vec{F}_{an}$)	Wirkungslinie des Vektors $\vec{F}_{an}$
$\langle \vec{F}_{an} \rangle$	Vektor $\vec{F}_{an}$ im Zeichnungsmaßstab

Lösungen zu Kapitel 2

Aufgabe 2.1:

S_i = Schubbewegung in Richtung i $\qquad D_i$ = Drehbewegung um Achse i

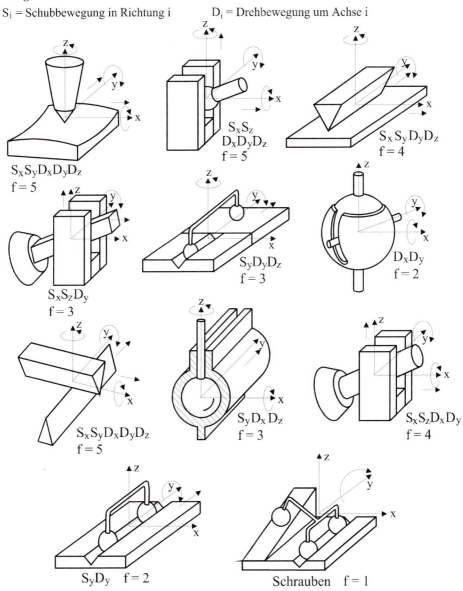

Aufgabe 2.2:

a)

EP	12	23	31	Σ
u_i	5	4	3	12

$b = 6, n = 3$

$F = 6(3-1) - 12 = 0$

EP: Elementenpaar (Gelenk)

b)

EP	12	23	34	41	Σ
u_i	5	4	3	5	17

$b = 6, n = 4$

$F = 6(4-1) - 17 = 1$

c)

EP	12	23	34	41	Σ
u_i	5	3	3	5	16

$b = 6, n = 4, f_{id} = 1$

$F = 6(4-1) - 16 - 1 = 1$

($f_{id} = 1$, Glied 3 kann gedreht werden, ohne gesamtes Getriebe zu bewegen.)

Aufgabe 2.3:

EP	12	23	34	41	Σ
u_i	5	5	4	4	18

$b = 6, n = 4, s = 1$

$F = 6(4-1) - 18 + 1 = 1$

($s = 1$, Glieder 2 und 4 müssen parallel sein.)

Aufgabe 2.4:

EP	12	23	34	41	Σ
u_i	5	5	2	5	17

$b = 6, n = 4$

$F = 6(4-1) - 17 = 1$

Aufgabe 2.5:

EP	12	23	31	Σ
u_i	5	1	5	11

$b = 6, n = 3$

$F = 6(3-1) - 11 = 1$

Anhang 255

Aufgabe 2.6:

a)

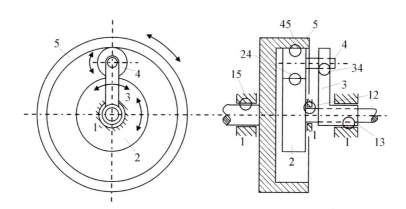

b)

EP	12	13	24	15	34	45	Σ
u_i	2	2	1	2	2	1	10
	NEP	NEP	HEP	NEP	NEP	HEP	

NEP: Niederes Elementenpaar – Flächenberührung

HEP: Höheres Elementenpaar – Linien- oder Punktberührung

c)

$F = 3(5-1) - 10 = 12 - 10 = 2$

d)

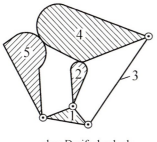
ohne Dreifachgelenk

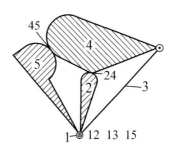
mit Dreifachgelenk

e)

Kurvengelenk kann ersetzt werden durch ein binäres Glied mit Drehgelenken, die in den momentanen Krümmungsmittelpunkten der sich berührenden Kurvenglieder liegen.

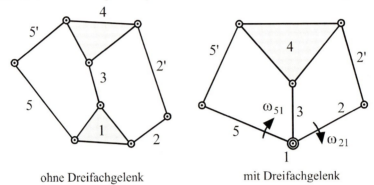

ohne Dreifachgelenk   mit Dreifachgelenk

Aufgabe 2.7:

a), b)

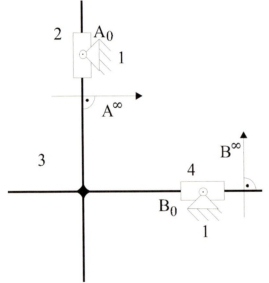

A_0, B_0: Drehgelenke 12, 14

A^∞, B^∞: Schleifengelenke 23, 34

Geradenbewegung → Drehachse im Unendlichen, senkrecht zur Geraden

c)

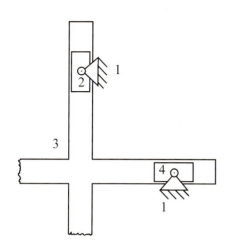

Gestaltliche Umkehrung → Glied 3 wird zum Hohlelement.

d)

Kinematische Umkehrung: Gleiten in 3 statt in 2, 4

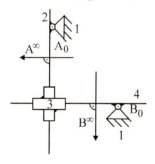 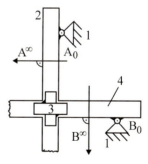

3 wird Doppel-Schiebehülse;   3 wird Doppel-Schieber;

2, 4 werden Stangen   2, 4 werden Schiebehülsen

Aufgabe 2.8:

a)

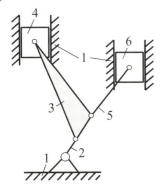

b)

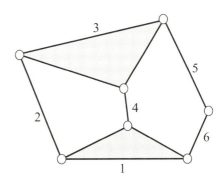

6 Glieder (STEPHENSONsche Kette)

c)

EP	12	23	34	14	35	56	61	Σ
u_i	2	2	2	2	2	2	2	14

$F_G = b(n-1) - \sum u_i$

$F_G = 3(6-1) - 14 = 1$ (Getriebe)

Kette: $\sum(u_i) = 7 \cdot 2 = 14$

$F_K = b \cdot n - \sum(u_i) = 3 \cdot 6 - 14 = 4$ (weil kein Gestell vorhanden!)

Ohne Gestell besitzt die kinematische Kette von vornherein drei Freiheiten in der Ebene – wie eine starre Scheibe.

Anhang   259

d)

WATTsche Kette

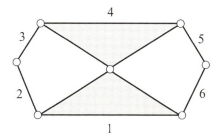

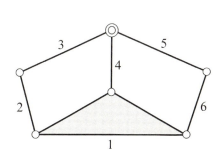

mit 1 Doppelgelenk

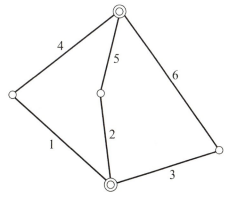

mit 2 Doppelgelenken

Lösungen zu Kapitel 3

Aufgabe 3.1:

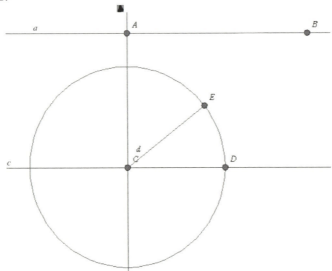

a) verstellbare Strecke

① eine horizontale Linie a zeichnen. Punkte A und B ergeben sich durch die Konstruktion.

② eine senkrechte Linie b zu Linie a in Punkt A zeichnen.

③ eine parallele Linie c zu Linie a auf der Linie b erstellen. Punkt C ergibt sich durch die Konstruktion.

④ einen Punkt D auf der Linie c erstellen. Dieser Punkt ist nun nur auf der Linie c verstellbar --> Getriebeelement mit verstellbarer Länge

b) verstellbare Winkel

⑤ einen Kreis mit dem Mittelpunkt C und dem Radius CD erstellen.

⑥ auf dem Kreis den Punkt E zeichnen. Nun kann man mit dem Punkt E den Winkel DCE verstellen.

⑦ Punkt C und E verbinden und anschließend über das Kontextmenü die Linie d kürzen.

Anhang   261

Über das Eigenschaftsfenster (Strg + 6) können weitere Eigenschaften wie Farbe, Strichstärke, Sichtbarkeit etc. eingestellt werden.

Aufgabe 3.2:

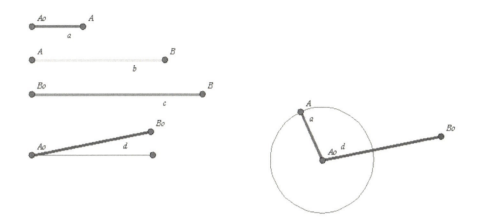

①   verstellbare Getriebelängen und Winkel (linke Seite) wie unter Aufgabe 3.1 erstellen.

②   einen frei verstellbaren Punkt A_0 erstellen.

③   Gestell A_0B_0 in A_0 (aus ②) übertragen. Dazu wird die Linie d (linke Seite) in Punkt A_0 (aus ②) parallel verschoben und anschließend mit dem Zirkel die Strecke A_0B_0 abgegriffen und in Punkt A_0 (aus ②) übertragen. Damit ergibt sich der Punkt B_0.

④   die Strecke A_0A mit dem Zirkel abgreifen und in Punkt A_0 (aus ②) übertragen.

⑤   auf dem Kreis den Punkt A erstellen und anschließend die Punkte A_0 und A verbinden. --> Kurbel

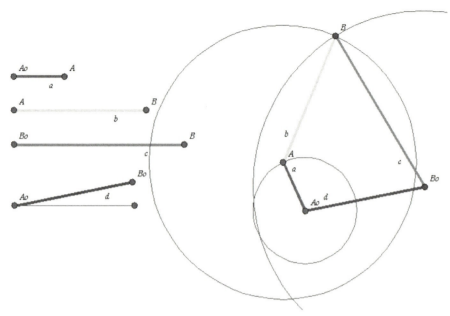

⑥ die Strecke AB mit dem Zirkel abgreifen und in Punkt A (aus ⑤) übertragen.

⑦ die Strecke B_0B mit dem Zirkel abgreifen und in Punkt B_0 (aus ③) übertragen.

⑧ der Schnittpunkt der beiden Kreise aus ⑥ und ⑦ ergibt den Punkt B.

⑨ nun noch die Punkte A und B sowie B_0 und B verbinden.

Anhang

Aufgabe 3.3:

a)

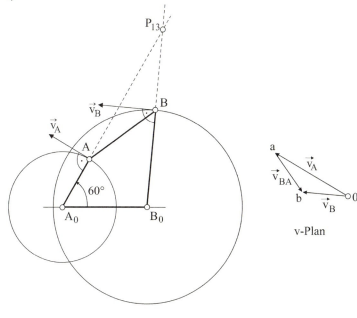

Lageplan

$\vec{v}_A$ beliebig wählen!

$\vec{v}_A \perp A_0A$, $\vec{v}_{BA} \perp AB$

$\vec{v}_B \perp B_0B \Rightarrow$ Vektorzug im v-Plan schließen

$$i_{24} = \frac{\omega_{21}}{\omega_{41}} = \frac{v_A / \overline{A_0A}}{v_B / \overline{B_0B}} = 3{,}26$$

Pol P_{13} als Schnittpunkt von $\ulcorner \vec{v}_A$, $\ulcorner \vec{v}_B$

b)

äußere Totlage

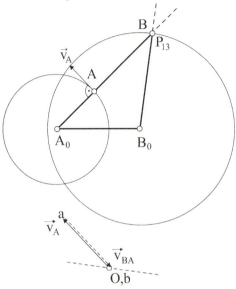

$\vec{v}_B = \vec{0}$

$\Rightarrow i_{24} = \dfrac{v_A / \overline{A_0 A}}{v_B / \overline{B_0 B}} = \infty$

$\Rightarrow$ Getriebe in „Kniehebelstellung"

$P_{13} = B$

Aufgabe 3.4:

Fall I:

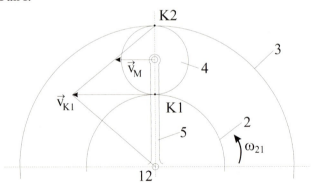

$v_{K1} = \omega_{21} \cdot r_2$

a, c) $P_{14} = K2 \Rightarrow v_M = \dfrac{1}{2} v_{K1} = \dfrac{1}{2} \omega_{21} r_2$

Anhang

b) $\quad \omega_{41} = \dfrac{v_M}{r_4} = \dfrac{1}{2} \omega_{21} \dfrac{r_2}{r_4}$

d) $\quad \omega_{51} = \dfrac{v_M}{r_5} = \dfrac{1}{2} \omega_{21} \dfrac{r_2}{r_5}$

$\quad\quad i = \dfrac{\omega_{21}}{\omega_{51}} = \dfrac{\omega_{21}}{\dfrac{1}{2} \omega_{21} \dfrac{r_2}{r_5}} = \dfrac{2 r_5}{r_2}$

Fall II:

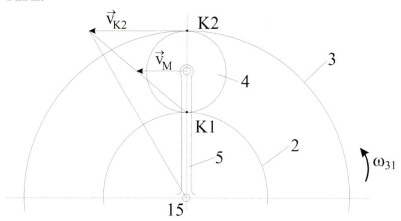

$v_{K2} = \omega_{31} \cdot r_3$

a, c) $\quad P_{14} = K1 \Rightarrow v_M = \dfrac{1}{2} v_{K2} = \dfrac{1}{2} \omega_{31} r_3$

b) $\quad \omega_{41} = \dfrac{v_M}{r_4} = \dfrac{1}{2} \omega_{31} \dfrac{r_3}{r_4}$

d) $\quad \omega_{51} = \dfrac{v_M}{r_5} = \dfrac{1}{2} \omega_{31} \dfrac{r_3}{r_5}$

$\quad\quad i = \dfrac{\omega_{31}}{\omega_{51}} = \dfrac{\omega_{31}}{\dfrac{1}{2} \omega_{31} \dfrac{r_3}{r_5}} = \dfrac{2 r_5}{r_3}$

Aufgabe 3.5:

a)

$$|\vec{v}_A| = \omega_{21} \cdot \overline{A_0A}, \quad \vec{v}_A \perp A_0A$$

$$\vec{v}_B = \vec{v}_A + \vec{v}_{BA}$$

$$\vec{v}_B \parallel \text{Schubrichtung}$$

$$\vec{v}_{BA} \perp AB$$

b)

$$\lceil \vec{v}_A \parallel A_0A$$

$$\lceil \vec{v}_B \perp \text{Schubrichtung}$$

$$\lceil \vec{v}_{BA} \parallel AB$$

c)

$$a_A^n = \frac{v_A^2}{\overline{A_0A}}, \quad \vec{a}_A^n \parallel A_0A, \; A \to A_0$$

$$a_A^t = \dot{\omega}_{21} \cdot \overline{A_0A}, \quad \vec{a}_A^t \perp A_0A$$

$$\vec{a}_B = \vec{a}_A + \vec{a}_{BA}$$

$$\vec{a}_B^n + \vec{a}_B^t = \vec{a}_A + \vec{a}_{BA}^n + \vec{a}_{BA}^t$$

$$a_B^n = 0 \quad \text{(geradlinige Bewegung)}$$

$$\vec{a}_B^t \parallel \text{Schubrichtung}$$

$$a_{BA}^n = \frac{v_{BA}^2}{\overline{AB}}, \quad \vec{a}_{BA}^n \parallel AB, \; B \to A$$

$$\vec{a}_{BA}^t \perp AB$$

Anhang

Lageplan

Gewählter Längenmaßstab: $M_z = 1\dfrac{cm}{cm_z}$

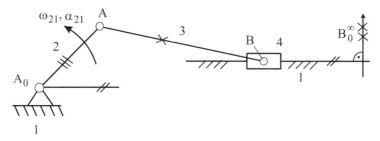

v-Plan   ⌐v-Plan

Gewählter Geschwindigkeitsmaßstab: $M_v = 1\dfrac{cm/s}{cm_z}$

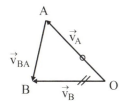   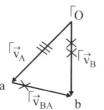

a-Plan

(Beschleunigungsmaßstab: $M_a = M_v^2/M_z$)

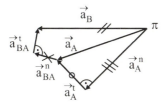

Aufgabe 3.6:

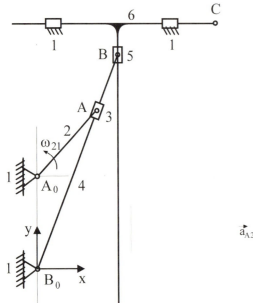
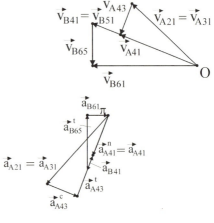

a)

$$\vec{v}_{A31} = \vec{v}_{A21} + \vec{v}_{A32}$$

$\vec{v}_{A21}$ ist gegeben, $\vec{v}_{A32} = \vec{0}$ (Drehgelenk)

$$\vec{v}_{A41} = \vec{v}_{A31} + \vec{v}_{A43}$$

$\vec{v}_{A41} \perp B_0 A$, $\vec{v}_{A43} \parallel$ Schleifenrichtung

$$\vec{v}_{B41} = \frac{\overline{B_0 B}}{\overline{B_0 A}} \cdot \vec{v}_{A41}$$

$$\vec{v}_{B61} = \vec{v}_{B51} + \vec{v}_{B65} = \vec{v}_C$$

$\vec{v}_{B61} \parallel$ Schubrichtung

$$\vec{v}_{B51} = \vec{v}_{B41} + \vec{v}_{B54} \quad \text{mit} \quad \vec{v}_{B54} = \vec{0} \quad \text{(Drehgelenk)}$$

$\vec{v}_{B65} \parallel$ Schubrichtung

Anhang

b) $\quad M_a = \dfrac{M_v^2}{M_z} = 1\,\dfrac{cm/s^2}{cm_z}$

$\left|\vec{a}_{A21}^n\right| = \dfrac{(\vec{v}_{A21})^2}{\overline{A_0 A}}, \quad \vec{a}_{A21}^n \parallel A_0 A,\ A \to A_0$

$a_{A21}^t = \dot{\omega}_{21} \cdot \overline{A_0 A} = 0 \quad (\dot{\omega}_{21} = 0)$

$\vec{a}_{A41} = \vec{a}_{A31} + \vec{a}_{A43}$

$\vec{a}_{A41}^n + \vec{a}_{A41}^t = \vec{a}_{A31}^n + \vec{a}_{A31}^t + \vec{a}_{A43}^n + \vec{a}_{A43}^t + \vec{a}_{A43}^c$

$\vec{a}_{A31} = \vec{a}_{A21}$ (Drehgelenk)

$a_{A41}^n = \dfrac{(v_{A41})^2}{\overline{B_0 A}}, \quad \vec{a}_{A41}^n \parallel B_0 A,\ A \to B_0$

$\vec{a}_{A41}^t \perp B_0 A$

$\vec{a}_{A43}^n = \vec{0}$ (geradlinige Bewegung, $\vec{\omega}_{34} \equiv 0$, d.h. $\vec{\omega}_{31} \equiv \vec{\omega}_{41}$)

$\vec{a}_{A43}^t \parallel$ Schleifenrichtung

$\vec{a}_{A43}^c = 2 \cdot \vec{\omega}_{31} \times \vec{v}_{A43}$ mit $\vec{\omega}_{31} \equiv \vec{\omega}_{41}$ und $\omega_{41} = \dfrac{v_{A41}}{\overline{B_0 A}}$

$\vec{a}_{A43}^c \perp \vec{\omega}_{31}, \perp \vec{v}_{A43}$ (rechtwinkliges Dreibein)

$\vec{a}_{B41} = \dfrac{\overline{B_0 B}}{\overline{B_0 A}} \cdot \vec{a}_{A41}$

$\vec{a}_{B61} = \vec{a}_{B51} + \vec{a}_{B65} = \vec{a}_C$

$\vec{a}_{B61}^n + \vec{a}_{B61}^t = \vec{a}_{B51}^n + \vec{a}_{B51}^t + \vec{a}_{B65}^n + \vec{a}_{B65}^t + \vec{a}_{B65}^c$

$\vec{a}_{B51} = \vec{a}_{B41}$ (Drehgelenk)

$\vec{a}_{B61}^n = \vec{0}$ (geradlinige Bewegung)

$\vec{a}_{B61}^t \parallel$ Schubrichtung

$\vec{a}_{B65}^n = \vec{0}$ (geradlinige Bewegung)

$\vec{a}_{B65}^t \parallel$ Schubrichtung

$\vec{a}_{B65}^c = 2 \cdot \vec{\omega}_{51} \times \vec{v}_{B65} = \vec{0}$, da $\vec{\omega}_{51} = \vec{0}$

Aufgabe 3.7:

a) Mit den zugeordneten Krümmungsmittelpunkten A_0, A und B_0, B kann die Polbahntangente t der Koppelbewegung nach BOBILLIER bestimmt werden. Die Polbahntangente gilt für die gesamte Koppelebene, also z. B. auch für die Punktepaare A_0, A und C_0, C.

$\rho_C = \overline{C_0 C}$

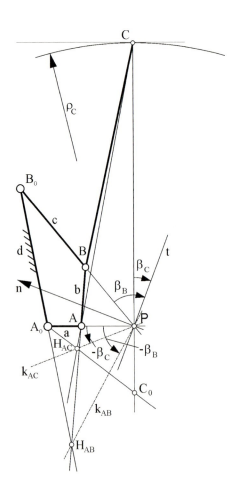

Anhang 271

b) Lösung i

Entsprechend der Aufgabenstellung soll der Punkt C momentan geradlinig bewegt werden, d. h. der Krümmungsradius ρ_C ist momentan unendlich groß. Der dazugehörige Krümmungsmittelpunkt C_0 liegt demnach im Unendlichen auf einer Senkrechten durch den Punkt C zur momentanen Bewegungsrichtung des Punktes C. Mit den nun zugeordneten Krümmungsmittelpunkten A_0, A und C_0, C kann die Polbahntangente t der Koppelbewegung nach BOBILLIER bestimmt werden. Die Polbahntangente gilt für die gesamte Koppelebene b, also z.B. auch für die Punktepaare A_0, A und B_0, B. Durch Anwenden des Verfahrens von BOBILLIER erhält man schließlich den dazugehörigen Krümmungsmittelpunkt B_0.

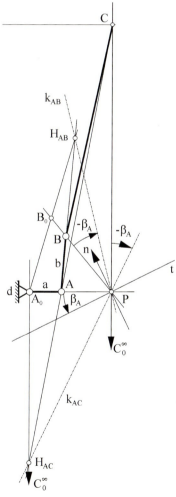

b) Lösung ii

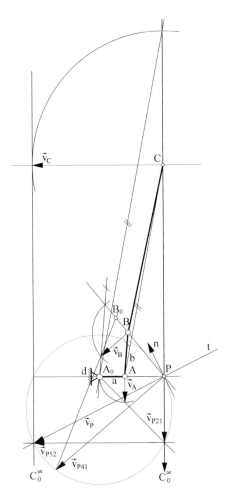

Nach der Aufgabenstellung soll der Punkt C momentan geradlinig bewegt werden, d. h. der Krümmungsradius ρ_C ist momentan unendlich groß. Der dazugehörige Krümmungsmittelpunkt C_0 liegt demnach im Unendlichen auf einer Senkrechten zur momentanen Bewegungsrichtung des Punktes C. Mit den nun zugeordneten Krümmungsmittelpunkten A_0, A und C_0, C kann die Polbahntangente t der Koppelbewegung nach HARTMANN bestimmt werden. Die Polbahntangente gilt für die gesamte Koppelebene b, also z.B. auch für die Punktepaare A_0, A und B_0, B. Durch Anwenden des Verfahrens von HARTMANN erhält man schließlich den dazugehörigen Krümmungsmittelpunkt B_0.

Lösungen zu Kapitel 4

Aufgabe 4.1:

a)

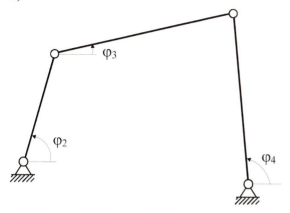

Variable gemäß Zeichnung, Startwerte aus Zeichnung.

b)

2 Unbekannte φ_3 und φ_4, also ist eine Schleife erforderlich.

c)

$$\Phi_1 = l_2 \cos\varphi_2 + l_3 \cos\varphi_3 - l_4 \cos\varphi_4 - a = 0$$
$$\Phi_2 = l_2 \sin\varphi_2 + l_3 \sin\varphi_3 - l_4 \sin\varphi_4 + b = 0$$

d)

$$\mathbf{J} = \frac{\partial \vec{\Phi}(\vec{q})}{\partial \vec{q}} \quad \text{mit} \quad \vec{\Phi}(\vec{q}) = \begin{pmatrix} \Phi_1(\vec{q}) \\ \Phi_2(\vec{q}) \end{pmatrix} \quad \text{und} \quad \vec{q} = \begin{pmatrix} \varphi_3 \\ \varphi_4 \end{pmatrix}$$

$$\mathbf{J} = \begin{bmatrix} \dfrac{\partial \Phi_1}{\partial \varphi_3} & \dfrac{\partial \Phi_1}{\partial \varphi_4} \\ \dfrac{\partial \Phi_2}{\partial \varphi_3} & \dfrac{\partial \Phi_2}{\partial \varphi_4} \end{bmatrix} = \begin{bmatrix} -l_3 \sin\varphi_3 & l_4 \sin\varphi_4 \\ l_3 \cos\varphi_3 & -l_4 \cos\varphi_4 \end{bmatrix}$$

Aufgabe 4.2:

a)

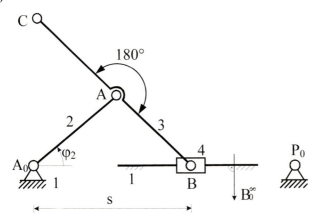

1) φ_2, A_0, A, B, C, P_0

2) Für Antrieb an der Kurbel ergibt sich folgende Modulaufrufreihenfolge:

Antriebskurbel A_0A	DAN (l_2, A_0, P_0, φ_2, A)
Abtriebsschieber B	DDS (l_3, 0, +1, A, A_0, P_0, B)
Koppelpunkt C	DAN (l_3', A, B, 180°, C)
oder	
Koppelpunkt C	FGP (180°, l_3', A, A, B, C)

b)

1) s, A_0, A, B, φ_2, C, P_0

2) Für Antrieb am Schubglied ergibt sich folgende Modulaufrufreihenfolge:

Antriebsschieber B	SAN (0, A_0, P_0, s, B)
Zweischlag A_0AB	DDD (l_2, l_3, +1, A_0, B, A)
Koppelpunkt C	DAN (l_3', A, B, 180°, C)
oder	
Koppelpunkt C	FGP (180°, l_3', A, A, B, C)

Anhang

Aufgabe 4.3:

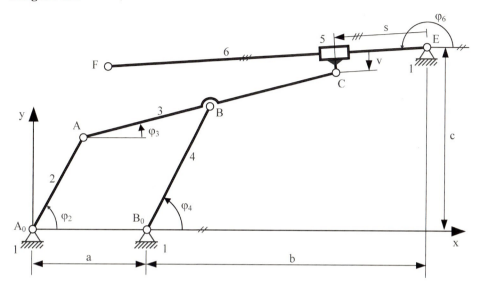

a) A_0, A, B, B_0, C, E, F, φ_2, φ_3, φ_4, φ_6, s

b) $\Phi_1 = l_2 \cos \varphi_2 + l_3 \cos \varphi_3 - l_4 \cos \varphi_4 - a = 0$

$\Phi_2 = l_2 \sin \varphi_2 + l_3 \sin \varphi_3 - l_4 \sin \varphi_4 = 0$

$\Phi_3 = l_2 \cos \varphi_2 + (l_3 + l_3') \cos \varphi_3 + v \sin \varphi_6 - s \cos \varphi_6 - b - a = 0$

$\Phi_4 = l_2 \sin \varphi_2 + (l_3 + l_3') \sin \varphi_3 - v \cos \varphi_6 - s \sin \varphi_6 - c = 0$

c)

$$\mathbf{J} = \frac{\partial \vec{\Phi}(\vec{q})}{\partial \vec{q}} \quad \text{mit} \quad \vec{\Phi}(\vec{q}) = \begin{pmatrix} \Phi_1(\vec{q}) \\ \Phi_2(\vec{q}) \\ \Phi_3(\vec{q}) \\ \Phi_4(\vec{q}) \end{pmatrix} \quad \text{und} \quad \vec{q} = \begin{pmatrix} \varphi_3 \\ \varphi_4 \\ \varphi_6 \\ s \end{pmatrix}$$

$$J = \begin{bmatrix} \dfrac{\partial \Phi_1}{\partial \varphi_3} & \dfrac{\partial \Phi_1}{\partial \varphi_4} & \dfrac{\partial \Phi_1}{\partial \varphi_6} & \dfrac{\partial \Phi_1}{\partial s} \\ \dfrac{\partial \Phi_2}{\partial \varphi_3} & \dfrac{\partial \Phi_2}{\partial \varphi_4} & \dfrac{\partial \Phi_2}{\partial \varphi_6} & \dfrac{\partial \Phi_2}{\partial s} \\ \dfrac{\partial \Phi_3}{\partial \varphi_3} & \dfrac{\partial \Phi_3}{\partial \varphi_4} & \dfrac{\partial \Phi_3}{\partial \varphi_6} & \dfrac{\partial \Phi_3}{\partial s} \\ \dfrac{\partial \Phi_4}{\partial \varphi_3} & \dfrac{\partial \Phi_4}{\partial \varphi_4} & \dfrac{\partial \Phi_4}{\partial \varphi_6} & \dfrac{\partial \Phi_4}{\partial s} \end{bmatrix}$$

$$= \begin{bmatrix} -l_3 \sin\varphi_3 & l_4 \sin\varphi_4 & 0 & 0 \\ l_3 \cos\varphi_3 & -l_4 \cos\varphi_4 & 0 & 0 \\ -(l_3 + l_3')\sin\varphi_3 & 0 & v\cos\varphi_6 + s\sin\varphi_6 & -\cos\varphi_6 \\ (l_3 + l_3')\cos\varphi_3 & 0 & v\sin\varphi_6 - s\cos\varphi_6 & -\sin\varphi_6 \end{bmatrix}$$

d) Die Modulaufrufreihenfolge ist:

Antriebskurbel $A_0 A$	DAN (l_2, A_0, B_0, φ_2, A)
Gelenkpunkt B	DDD (l_3, l_4, +1, A, B_0, B)
Gelenkpunkt C	DAN (l_3', B, A, 180°, C)
oder	
Gelenkpunkt C	FGP (0°, l_3', B, A, B, C)
Punkt F	DSD (l_6, v, +1, E, C, F)
Schubweg s	RKA (E, F, C, s, ^{r}s)

Lösungen zu Kapitel 5

Aufgabe 5.1:

$$F_p = p \cdot A = 10^6 \, \text{Pa} \cdot 10 \, \text{cm}^2 = 10^6 \, \frac{\text{N}}{\text{m}^2} \cdot 0{,}001 \, \text{m}^2 = 1000 \, \text{N}$$

$$\langle F_p \rangle = \frac{F_p}{M_F} = \frac{1000 \, \text{N}}{333{,}33 \, \frac{\text{N}}{\text{cm}_z}} = 3 \, \text{cm}_z$$

Gelenkkraftverfahren: Gleichgewicht am Glied 4:

$$\vec{G}_{14} + \vec{G}_{34} + \vec{F}_p = \vec{0}$$

$\vec{G}_{14} \perp$ Schubrichtung (Lagerkraft)

$\vec{F}_p \parallel$ Schubrichtung

Gleichgewicht am Glied 3:

$$\vec{G}_{43} = \vec{G}_{32} \quad \text{(masseloser Stab)}$$

Gleichgewicht am Glied 2:

$$\vec{G}_{32} + \vec{G}_{12} + \vec{F}_{an} = \vec{0}$$

$\vec{G}_{12} \parallel A_0 A$ (als Stabkraft)

Gewählt: $\vec{F}_{an} \perp A_0 A$ (Antriebskraft)

Abgelesen: $\langle F_{an} \rangle = 2{,}2 \, \text{cm}_z \implies F_{an} = M_F \cdot \langle F_{an} \rangle = 733 \, \text{N}$

$$M_{an} = 733 \, \text{N} \cdot 10 \, \text{cm} = 7330 \, \text{Ncm}$$

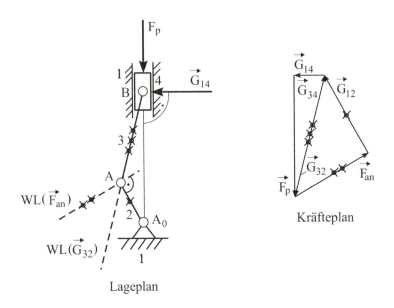

Lageplan

Kräfteplan

Aufgabe 5.2:

1a)

Gleichgewicht am Glied 3:

$\vec{F}_{ab} + \vec{G}_{43} + \vec{G}_{23} + \vec{F}_{an} = \vec{0}$

4 Kräfte an einem Glied → CULMANN-Verfahren

$\vec{F}_{ab} + \vec{G}_{43} + \vec{R} = \vec{0}$ (1)

$\vec{G}_{23} + \vec{F}_{an} - \vec{R} = \vec{0}$ (2)

$\Rightarrow \vec{F}_{ab}, \vec{G}_{43}, \vec{R}$ und $\vec{F}_{an}, \vec{G}_{23}, -\vec{R}$ haben jeweils einen gemeinsamen Schnittpunkt S bzw. T, → CULMANN-Gerade

$\Rightarrow$ 2 Gleichgewichtsbedingungen: (1), (2)

Abgelesen: $F_{an} = F_{ab} = 5000$ N

Anhang

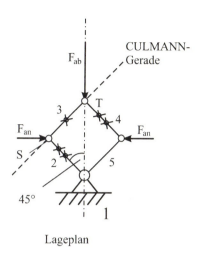
Lageplan

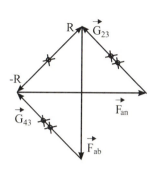
Kräfteplan

1b)

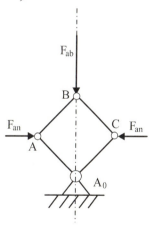
Lageplan

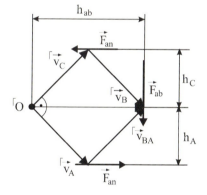
$^\ulcorner$v - Plan

$^\ulcorner\vec{v}_A$ beliebig wählen:

$^\ulcorner\vec{v}_B = {^\ulcorner\vec{v}_A} + {^\ulcorner\vec{v}_{BA}}$

Eintragen der JOUKOWSKY-Hebelarme:

$F_{an} \cdot h_C + F_{an} \cdot h_A = F_{ab} \cdot h_{ab}$

$$\rightarrow F_{an} = F_{ab} \cdot \frac{h_{ab}}{h_C + h_A} = 5000\,N$$

2)

$$M_{an} = F_u \cdot \frac{d}{2} = F_{an} \cdot \tan\alpha \cdot \frac{d}{2}$$
$$= 5000\,N \cdot 0{,}005\,m \cdot \tan 15° = 6{,}7\,Nm$$

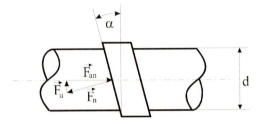

Aufgabe 5.3:

Es reicht, die rechte Greiferhälfte zu betrachten.

1a)

$$^\Gamma\vec{v}_B = {^\Gamma\vec{v}_A} + {^\Gamma\vec{v}_{BA}}$$

$$^\Gamma\vec{v}_B \parallel B_0B, \quad ^\Gamma\vec{v}_{BA} \parallel BA$$

$^\Gamma\vec{v}_C$ über den Satz von MEHMKE: $\Delta B_0BC \sim \Delta\,^\Gamma Obc$

$$^\Gamma\vec{v}_D = {^\Gamma\vec{v}_C} + {^\Gamma\vec{v}_{DC}}$$

$$^\Gamma\vec{v}_D \parallel D_0D, \quad ^\Gamma\vec{v}_{DC} \parallel DC$$

$^\Gamma\vec{v}_G$ über den Satz von MEHMKE: $\Delta D_0DG \sim \Delta\,^\Gamma Odg$

Kräfte und JOUKOWSKY-Hebelarme eintragen lt. $^\Gamma$v-Plan

$$\frac{1}{2} \cdot F_A \cdot h_a = F_G \cdot h_g \rightarrow \frac{F_G}{F_A} = \frac{1}{2} \cdot \frac{h_a}{h_g} = \frac{1}{2} \cdot \frac{4\,cm_z}{5{,}8\,cm_z} = 0{,}35$$

Anhang

1b)

Gleichgewicht am Glied 6:

$\vec{F}_G + \vec{G}_{16} + \vec{G}_{56} = \vec{0}$

$\vec{G}_{16} \parallel D_0D$, $\vec{G}_{56} \parallel CD$, da gemeinsamer Schnittpunkt in D

Gleichgewicht am Glied 4:

$\vec{G}_{34} + \vec{G}_{14} + \vec{G}_{54} = \vec{0}$ (gemeinsamer Schnittpunkt S_4)

$\vec{G}_{54} = -\vec{G}_{56}$ (masseloser Stab)

Gleichgewicht am Glied 2:

$\vec{G}_{32} + \vec{G}_{12} + \vec{F}_A = \vec{0}$ (gemeinsamer Schnittpunkt A)

$\vec{G}_{32} = -\vec{G}_{34}$ (masseloser Stab); $\vec{G}_{12} \perp$ Schubrichtung

2)

Abgelesen: $\langle F_A \rangle = 2{,}8 \text{ cm}_z$

$\dfrac{\langle F_G \rangle}{\langle F_A \rangle} = \dfrac{1}{2} \cdot \dfrac{2{,}0 \text{ cm}_z}{2{,}8 \text{ cm}_z} = 0{,}36$

$F_A = 2 \cdot 2{,}8 \text{ cm}_z \cdot 50 \dfrac{N}{\text{cm}_z} = 280 \text{ N}$ (Gelenkkraftverfahren)

$F_A = \dfrac{F_G}{0{,}35} = \dfrac{100 \text{ N}}{0{,}35} = 285{,}7 \text{ N}$ (JOUKOWSKY – Hebel)

Abweichung ist durch Zeichenungenauigkeiten bedingt.

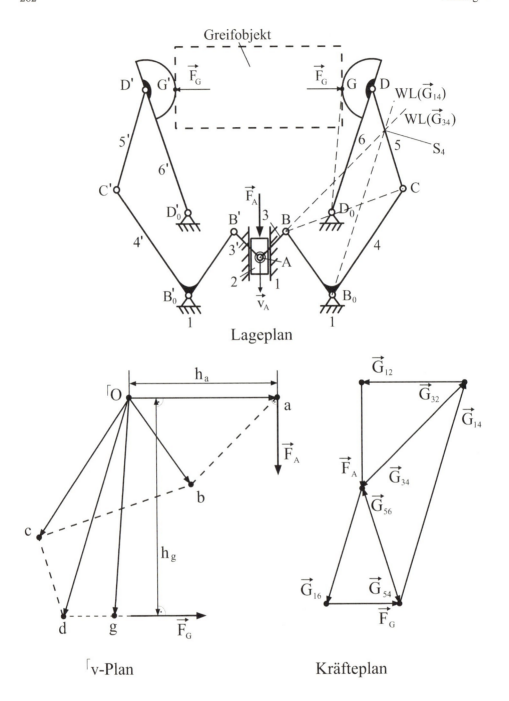

Aufgabe 5.4:

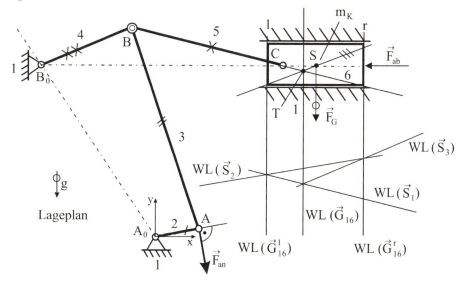

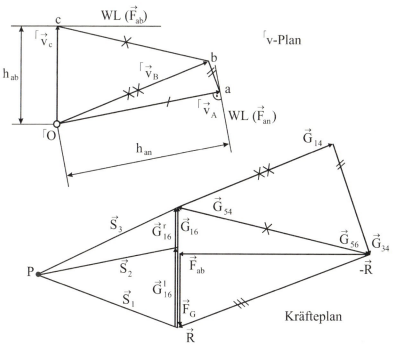

a)

$^\Gamma\vec{v}_A$ beliebig wählen (in Lösungsblatt vorgegeben)

$^\Gamma\vec{v}_B = {}^\Gamma\vec{v}_A + {}^\Gamma\vec{v}_{BA}$

mit $^\Gamma\vec{v}_B \parallel B_0B$; $^\Gamma\vec{v}_{BA} \parallel BA$; $^\Gamma\vec{v}_A \parallel A_0A$

$^\Gamma\vec{v}_C = {}^\Gamma\vec{v}_B + {}^\Gamma\vec{v}_{CB}$

mit $^\Gamma\vec{v}_C \parallel B_0C$ (Schubrichtung); $^\Gamma\vec{v}_{CB} \parallel BC$

Kräfte und JOUKOWSKY-Hebelarme eintragen und ablesen:

$F_{an} \cdot h_{an} = F_{ab} \cdot h_{ab}$

$F_{an} = F_{ab} \cdot \dfrac{h_{ab}}{h_{an}} = 6{,}4 \, kN \cdot \dfrac{2{,}5 \, cm_z}{4{,}5 \, cm_z} = 3{,}55 \, kN$

$M_{an} = F_{an} \cdot \overline{A_0A} = 3{,}55 \, kN \cdot 1{,}2 \, cm_z \cdot 8{,}4 \, \dfrac{cm}{cm_z} = 35{,}784 \, kNcm$

b)

Gleichgewicht am Glied 6:

$\vec{F}_{ab} + \vec{F}_G + \vec{G}_{16} + \vec{G}_{56} = \vec{0}$

$\vec{F}_{ab}, \vec{F}_G$ bekannt

$\vec{G}_{56} \parallel BC$, $\vec{G}_{16} \perp B_0C$ (Schubrichtung)

Angriffspunkt der Kraft $\vec{G}_{16}$ mit CULMANN-Verfahren:

$\vec{F}_{ab} + \vec{F}_G = \vec{R} = -\vec{G}_{16} - \vec{G}_{56}$ (WL($\vec{R}$) durch S)

WL($\vec{G}_{16}$) geht durch den Schnittpunkt T von $\vec{R}$ und $\vec{G}_{56}$

Gleichgewicht am Glied 4:

$\vec{G}_{14} + \vec{G}_{34} + \vec{G}_{54} = \vec{0}$

$\vec{G}_{14} \parallel B_0B$; $\vec{G}_{34} \parallel AB$; $\vec{G}_{54} = -\vec{G}_{56}$ (masseloser Stab)

Abgelesen: $G_{14} = 5{,}76 \, kN$
$\qquad\qquad G_{16} = 3{,}97 \, kN$

Anhang 285

c)

Kantenkräfte sind die Lagerkräfte, die am linken und rechten Rand des Kolbens wirken. Es gilt:
$$\vec{G}_{16}^l + \vec{G}_{16}^r = \vec{G}_{16}$$

Bekannt: Wirkungslinien von $\vec{G}_{16}^l, \vec{G}_{16}^r$

$\vec{G}_{16}^l, \vec{G}_{16}^r \perp$ Schubrichtung, Angriffspunkte linker bzw. rechter Kolbenrand

WL($\vec{G}_{16}$) aus Teil b)

Anwendung des Kraft- und Seileckverfahrens:

Wahl eines beliebigen „Kraftpols" P sowie zweier Seilkräfte $\vec{S}_1$ und $\vec{S}_3$ im Kräfteplan. Es soll gelten $\vec{S}_1 + \vec{S}_3 + \vec{G}_{16} = \vec{0}$,

d.h. $\vec{S}_1$, $\vec{S}_3$ und $\vec{G}_{16}$ haben gemeinsamen Schnittpunkt auf WL($\vec{G}_{16}$); im Lageplan Einführen einer neuen Seilkraft $\vec{S}_2$, so daß $\vec{S}_2$ und $\vec{S}_1$ mit $\vec{G}_{16}^l$ sowie $\vec{S}_2$ und $\vec{S}_3$ mit $\vec{G}_{16}^r$ jeweils einen gemeinsamen Schnittpunkt haben.

Dann gilt
$$\vec{S}_1 + \vec{S}_2 + \vec{G}_{16}^l = \vec{0} \text{ und}$$
$$\vec{S}_2 + \vec{S}_3 + \vec{G}_{16}^r = \vec{0},$$

wenn die Kraftecke im Kräfteplan geschlossen sind. Damit erhält man die Beträge von $\vec{G}_{16}^r$ und $\vec{G}_{16}^l$.

Abgelesen:
$$G_{16}^r = 1,1 \text{ cm}_z \cdot M_F = 1,408 \text{ kN}$$
$$G_{16}^l = 2 \text{ cm}_z \cdot M_F = 2,65 \text{ kN}$$

Es ist: $G_{16}^r + G_{16}^l = G_{16} = 3,968 \text{ kN}$

Lösungen zu Kapitel 6

Aufgabe 6.1:

a)

Schubkurbel, beschleunigungsgünstigst (Trägheitswirkungen!)

b)

$$\frac{\varphi_0}{360°-\varphi_0} = \frac{t_{auf}}{t_{ab}} = 2{,}6 \quad \rightarrow \quad \varphi_0 = \frac{936°}{3{,}6} = 260° \text{ (für } \omega = \text{const.)}$$

$s_0 = 100$ mm

Auslegung nach VDI 2130 (Bild 6.6)

$$\gamma = \frac{\varphi_0}{2} = 130°$$

$$r_A = \frac{s_0}{4 \cdot \sin\gamma} = 32{,}635 \text{ mm}$$

$$r_B = \frac{r_A}{\cos\gamma} = -50{,}77 \text{ mm}$$

$\beta = 95°$ (Aus Bild 6.11 für $\varphi_0 = 260°$, $\psi_0 = 0°$)

$$\vartheta = 180° - \beta - \frac{\varphi_0}{2} = -45°$$

$$r = 2 \cdot r_A \cdot \cos\vartheta = 46{,}153 \text{ mm}$$

$$b = 2 \cdot r_B \cdot \cos(\vartheta - \gamma) - r = 55 \text{ mm}$$

$$e = (r + b) \cdot \cos\beta = -8{,}82 \text{ mm} \quad \text{(siehe Skizze, nicht maßstabsgerecht)}$$

Anhang

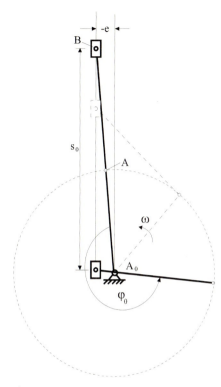

c)

Es gilt: $\ddot{s}_{max} = s''_{max} \cdot \omega^2$ (für ω = konst.)

und $\delta_{aH} = \left(\dfrac{\pi}{360°}\right)^2 \cdot \dfrac{\varphi_0^2}{s_0} \cdot s''_{max,H}$ (für Hingang = Aufwärtshub, Gl. (6.10a))

$s''_{max,H} = \dfrac{\delta_{aH} \cdot s_0}{\varphi_0^2} \cdot \left(\dfrac{360°}{\pi}\right)^2 = 87{,}41\,mm$

(mit $\delta_{aH} = 4{,}5$ aus Bild 6.11 für $\varphi_0 = 260°$, $\psi_0 = 0°$)

$\omega = \sqrt{\dfrac{\ddot{s}_{max}}{s''_{max}}} = \sqrt{\dfrac{9{,}81\,m/s^2}{0{,}08741\,m}} = 10{,}59\,\dfrac{rad}{s}$

$f = \dfrac{\omega}{2\pi} = 1{,}685\,\dfrac{1}{s}$

$\Rightarrow \approx 1{,}7$ Dosen pro Sekunde können geschlossen werden.

Aufgabe 6.2:

a)

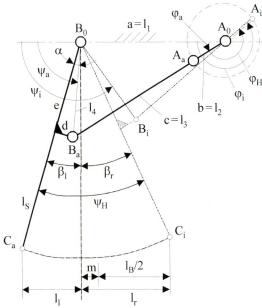

Die An- und Abtriebswinkel für die innere und äußere Totlage sind durch die Dreiecke $A_0B_0B_i$ bzw. $A_0B_0B_a$ mit den Seitenlängen $\overline{A_0B_i} = l_3 - l_2$ und $\overline{A_0B_a} = l_3 + l_2$ bestimmt. Für diese Dreiecke gilt:

$$(l_3 \mp l_2)^2 = l_4^2 + l_1^2 - 2l_4 l_1 \cos(180° - \psi_{i,a}),$$

sowie $\sin(\varphi_i - 180°)/l_3 = \sin(180° - \psi_i)/(l_3 - l_2),$
$\sin(\varphi_a)/l_4 = \sin(180° - \psi_a)/(l_3 + l_2).$

Daraus folgt:

$$\psi_{i,a} = \arccos[(l_3 \mp l_2)^2 - l_4^2 - l_1^2]/(2 l_4 l_1),$$
$$\varphi_{i,a} = \arcsin[\mp l_4 \sin\psi_{i,a}]/(l_3 \mp l_2).$$

Aus den Antriebswinkeln ψ_i und ψ_a ergeben sich die Winkel $\beta_r = \psi_i - \alpha - 90°$, $\beta_l = 90° - \psi_i - \alpha$ mit $\alpha = \arctan(d/e)$ und daraus die Teile $l_r = l_S \sin \beta_r$ und $l_l = l_S \sin \beta_l$ der Legebreite, die rechts und links der Mittellinie liegen, und schließlich die Legebreite und die Unsymmetrie des Warenstapels zu $l_B = l_r + l_l$, $m = l_r - l_B/2$.

Während des Antriebswinkelbereiches $\varphi_H = \varphi_i - \varphi_a$ bewegt sich die Schwinge von der äußeren in die innere Umkehrlage und damit ergibt sich für das Verhältnis der Zeiten für Hin- und Rücklauf $t_H / t_R = \varphi_H / (360° - \varphi_H)$.

Mit den Zwischenergebnissen $\psi_i = 136{,}3°$, $\psi_a = 83{,}7°$, $\varphi_i = 227{,}9°$, $\varphi_a = 34{,}3°$, $\varphi_H = 193{,}8°$ folgt $l_B = 784$ mm, $m = 120$ mm, $t_H / t_R = 1{,}16$.

b)

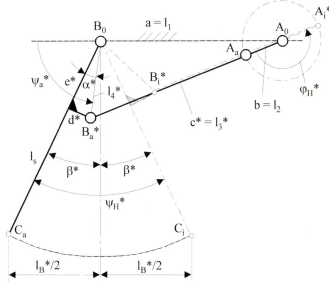

Getriebeentwurf für symmetrische Legebreite von 1000 mm und gleiche Zeiten für Hin- und Rücklauf. Damit für Hin- und Rücklauf gleiche Zeiten eingehalten werden, muss die Kurbelschwinge zentrisch sein, d.h., dass $\varphi_{H^*} = 180°$ beträgt und die Verbindungsgerade der Endlagen B_aB_i durch A_0 geht.

Aufgrund der geforderten Breite und Symmetrie des Warenstempels gilt
$$\beta^* = \beta_r^* = \beta_l^* = \arcsin(l_B^*/2\, l_S).$$
Bei zentrischen Kurbelschwingen gilt
$$\sin(\psi_H/2) = l_2/l_4 \text{ und } l_3^2 + l_4^2 = l_2^2 + l_1^2.$$
Mit der Bedingung $\psi_H^* = 2\,\beta^*$ folgt daraus
$$l_4^* = 2\, l_S\, l_2/l_B^* \text{ und } l_3^{*2} = l_2^2 + l_1^2 - l_4^{*2}.$$

Die Lage des Gelenkpunktes B^* auf der Legeschwinge B_0C ist bestimmt durch
$$\alpha^* = \beta^* + \psi_a^* - 90°$$
mit $\quad \psi_a^* = \arccos[(l_3^* + l_2)^2 - l_4^{*2} - l_1^2]/(2\, l_4^*\, l_1),$
daraus folgen die neuen Konstruktionsmaße $e^* = l_4^* \cos \alpha^*$ und $d^* = l_4^* \sin \alpha^*$.

Mit den Zwischenergebnissen $\beta^* = 33{,}7°$, $l_4^* = 306$ mm, $\psi_a^* = 83{,}9°$, $\alpha^* = 27{,}6°$ folgt $c^* = l_3^* = 487{,}6$ mm, $d^* = 141{,}8$ mm, $e^* = 271{,}2$ mm.

Aufgabe 6.3:

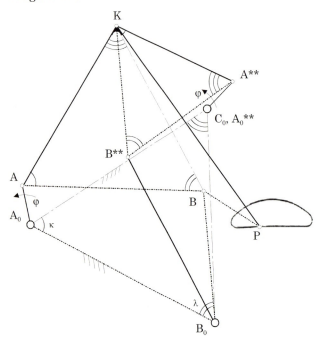

$\Delta A_0 B_0 C_0$ zeichnen und die Winkel $\kappa = 60°$ und $\lambda = 60°$ ablesen. Geometrisch ähnliches ΔABK zu $\Delta A_0 B_0 C_0$ zeichnen. Parallelogramm $B_0 BKB^{**}$ und anschließend geometrisch ähnliches $\Delta KB^{**}A^{**}$ zu $\Delta A_0 B_0 C_0$ zeichnen. C_0 entspricht A_0^{**}, Kurbel $A_0^{**}A^{**}$ eintragen mit Antriebswinkel φ.

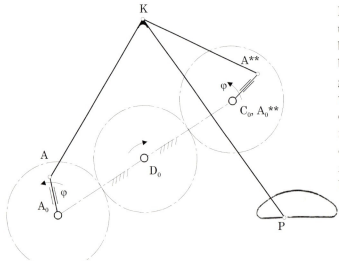

Der synchrone Antrieb über ein Zahnradgetriebe, wie es in dem nebenstehenden Bild dargestellt ist, erfolgt, wenn der Durchmesser der Zahnräder $\overline{A_0 C_0}/2$ ist. Das Zahnrad in D_0 dreht entgegengesetzt zu den Rädern in A_0 bzw. C_0.

Aufgabe 6.4:

a)

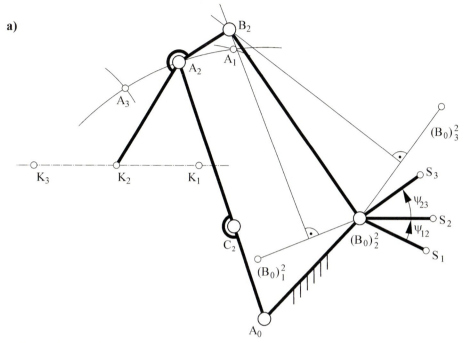

Lagen A_1, A_2, A_3

b) Koppelgelenk B
$$b = \overline{AB}$$
$$c = \overline{B_0 B}$$

(Die Abmessungen sind aus der Zeichnung zu a) abzulesen.)

c)

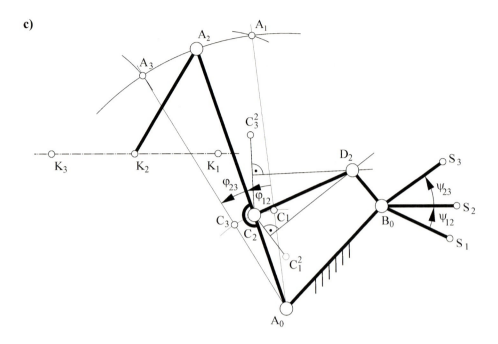

Lagen C_1, C_2, C_3
  siehe φ_{12}
  siehe φ_{23}

(Die Abmessungen sind aus der Zeichnung abzulesen.)

d) Koppelgelenk D
  $e = \overline{CD}$
  $f = \overline{B_0 D}$

(Die Abmessungen sind aus der Zeichnung zu c) abzulesen.)

Aufgabe 6.5:

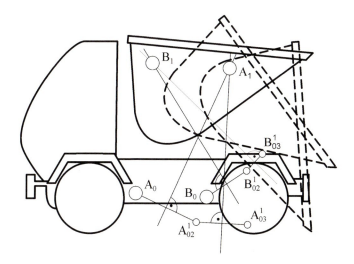

Die Aufgabe ist so zu lösen, wie es in Abschnitt 6.2.3.1 beschrieben wird.

Lösungen zu Kapitel 7

Aufgabe 7.1:

Das Bewegungsgesetz des Abschnitts 01 ist bereits durch eine Gerade mit der Steigung $s' = (s_1-s_0) \cdot (180/\pi)/(\varphi_1-\varphi_0) = 9{,}549$ mm/rad = konst. vorgegeben. Die Winkelgeschwindigkeit der Kurvenscheibe errechnet sich aus $\Omega = \pi \cdot n/30 = 10{,}471976$ rad/s = konst.

Tabelle der Randwerte

Punkt	φ in Grad	s in mm	Typ der Bewegungsaufgabe	s´ in mm/rad	s´´ in mm/rad²
0	0	0	G	9,549	0
1	180	30	G	9,549	0
2	360	0	G	9,549	0

Den Randwerten folgend liegt für den Bewegungsabschnitt 12 ebenso wie schon für den Bewegungsabschnitt 01 die Aufgabe G-G vor. Entsprechend [7.3] wird für diesen Abschnitt das Bewegungsgesetz „Polynom 5. Grades" $f(z) = A_0 + A_1 \cdot z + ... + A_5 \cdot z^5$ gewählt.

a) Bewegungsabschnitt 01: Gerade

$S_{01} = s_1 - s_0 = 30$ mm, $\Phi_{01} = \varphi_1 - \varphi_0 = 180°$, $z = \dfrac{\varphi}{\Phi_{01}}$, $0 \leq z \leq 1$ oder $\varphi_0 \leq \varphi \leq \varphi_1$

$s(\varphi) = s_0 + f_{01} \cdot S_{01} = 0 + z \cdot S_{01} = 30 \cdot z$,

$s'(\varphi) = \dfrac{df_{01}}{dz} \cdot \dfrac{S_{01}}{\Phi_{01}} = 1 \cdot \dfrac{30}{\pi} = 9{,}549 \cdot \dfrac{mm}{rad} =$ konst.,

$s''(\varphi) = 0$ mm/rad².

Bewegungsabschnitt 12: Polynom 5. Grades

$S_{12} = s_2 - s_1 = -30$ mm, $\Phi_{12} = \varphi_2 - \varphi_1 = 180°$, $z = \dfrac{\varphi - \varphi_1}{\Phi_{12}}$, $0 \leq z \leq 1$ oder $\varphi_1 \leq \varphi \leq \varphi_2$

$s(\varphi) = s_1 + f_{12} \cdot S_{12} = 30 + (-z + 20z^3 - 30z^4 + 12z^5) \cdot (-30) =$
$= 30 \cdot (1 + z - 20z^3 + 30z^4 - 12z^5)$,

$s'(\varphi) = \dfrac{df_{12}}{dz} \cdot \dfrac{S_{12}}{\Phi_{12}} = (1 - 60z^2 + 120z^3 - 60z^4) \cdot \dfrac{30}{\pi}$,

$s''(\varphi) = \dfrac{d^2 f_{12}}{dz^2} \cdot \dfrac{S_{12}}{\Phi_{12}^2} = (-z + 3z^2 - 2z^3) \cdot \dfrac{3600}{\pi^2}$.

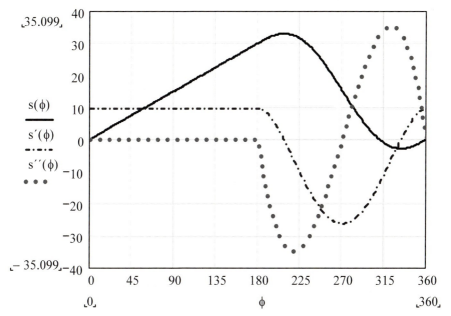

b) $S_H = (s_{max} - s_{min}) \neq (s_1 - s_0)$; da das Polynom 5. Grades wegen der zu erfüllenden Randbedingungen zwangsläufig überschwingt, was auch bei der Ermittlung der Hauptabmessungen, der Kurvenkontur und des Bauraums berücksichtigt werden muss, ist zunächst eine Extremalaufgabe zu lösen (Nullsetzen von $s'(\varphi)$ bzw. df/dz):

$S_H = 32{,}903 - (-2{,}903) = 35{,}806$ mm

c) Der Skizze oben ist zu entnehmen, dass v_{max} – unabhängig vom Vorzeichen – im Bewegungsabschnitt 12 bei $z = 0{,}5$ bzw. $\varphi = 270°$ auftreten wird:

$$v_{max} = C_v \cdot \frac{S_{12}}{\Phi_{12}} \cdot \Omega = 2{,}75 \cdot \frac{0{,}030}{\pi} \cdot 10{,}471976 = 0{,}275 \text{ m/s}$$

d) Aus Symmetriegründen gibt es zwei gleiche Werte für a_{max} mit unterschiedlichem Vorzeichen, die sich durch Nullsetzen von $s'''(\varphi)$ bzw. d^3f/dz^3 leicht an den Stellen $z = 0{,}2113$ bzw. $\varphi = 218{,}034°$ und $z = 0{,}7887$ bzw. $\varphi = 321{,}966°$ lokalisieren lassen. Es ist

$$a_{max} = C_a \cdot \frac{S_{12}}{\Phi_{12}^2} \cdot \Omega^2 = 11{,}5470 \cdot \frac{0{,}030}{\pi^2} \cdot (10{,}471976)^2 = 3{,}849 \text{ m/s}^2.$$

e) Der Übergang an den Punkten 0, 1 und 2 (= 0) ist stoß- und ruckfrei, da die Übertragungsfunktionen $s'(\varphi)$ und $s''(\varphi)$ an diesen Punkten für beide Bewegungsabschnitte übereinstimmen.

Aufgabe 7.2:

a) $v_B = l_2 \cdot \psi \Rightarrow v_{BW} = v_{B\overline{W}} = l_2 \cdot \psi_W$

$$\psi_W = \max(\psi) = \frac{\Psi_H}{\Phi_{P1}} \cdot \omega_{21} \cdot \underbrace{\max[f'(z)]}_{C_v}$$

$$C_v = \frac{\Phi_{P1}}{\Psi_H} \cdot \frac{1}{\omega_{21}} \cdot \max(\psi) = \frac{\Phi_{P1}}{\Psi_H} \cdot \frac{1}{\omega_{21}} \cdot \frac{v_{BW}}{l_2}$$

$$C_v = \frac{\pi}{2} \cdot \frac{6}{\pi} \cdot \frac{1}{2s^{-1}} \cdot \frac{75 \text{mms}^{-1}}{60 \text{mm}} = \frac{75}{40} = \frac{15}{8} = \underline{\underline{1{,}875}}$$

b) $M_v = \frac{M_z}{\omega_{21}} \Rightarrow v_{BW_z} = v_{B\overline{W}_z} = 75 \text{ mms}^{-1} \cdot \frac{1}{2 \text{ s}^{-1}} = \underline{\underline{37{,}5 \text{ mm}}}$

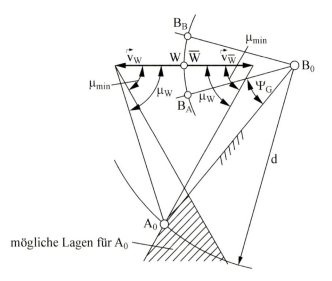

c) $\underline{\underline{\Psi_G = 35°}}$

Literaturverzeichnis

[1] Dizioglu, B.: Getriebelehre. Braunschweig: Vieweg Bd. 1: Grundlagen 1965, Bd. 2: Maßbestimmung 1967, Bd. 3: Dynamik 1966

[2] Hain, K.: Atlas für Getriebe-Konstruktionen (Text- und Tafelteil). Braunschweig: Vieweg 1972

[3] Hain, K.: Getriebebeispiel-Atlas. Düsseldorf: VDI 1973

[4] Hain, K.: Getriebetechnik - Kinematik für AOS- und UPN-Rechner. Braunschweig/Wiesbaden: Vieweg 1981

[5] Hain, K.: Gelenkgetriebe für die Handhabungs- und Robotertechnik. Braunschweig/Wiesbaden: Vieweg 1984

[6] Volmer, J. (Hrsg.): Getriebetechnik - Lehrbuch, 5. Aufl. Berlin: VEB Verlag Technik 1987

[7] Volmer, J. (Hrsg.): Getriebetechnik - Koppelgetriebe. Berlin: VEB Verlag Technik 1979

[8] Volmer, J. (Hrsg.): Getriebetechnik - Kurvengetriebe, 2. Aufl. Heidelberg: Hüthig 1989

[9] Volmer, J. (Hrsg.): Getriebetechnik - Aufgabensammlung, 2. Aufl. Braunschweig/Wiesbaden: Vieweg 1979

[10] Volmer, J. (Hrsg.): Getriebetechnik - Grundlagen, 2. Aufl. Berlin/München: Verlag Technik 1995

[11] Beyer, R.: Technische Raumkinematik. Berlin/Göttingen/Heidelberg: Springer 1963

[12] Dresig, H.; Vulfson, I. I.: Dynamik der Mechanismen. Berlin: Deutscher Verlag der Wissenschaften 1989

[13] Dittrich, G.; Braune, R.: Getriebetechnik in Beispielen, 2. Aufl. München/Wien: Oldenbourg 1987

[14] Luck, K.; Modler, K.-H.: Getriebetechnik, 2. Aufl. Berlin/Heidelberg: Springer 1995

[15] Lohse, P.: Getriebesynthese, 4. Aufl. Berlin: Springer 1986

[16]   Steinhilper, W.; Hennerici, H.; Britz, S.: Kinematische Grundlagen ebener Mechanismen und Getriebe. Würzburg: Vogel 1993

[17]   Hain, K.; Schumny, H.: Gelenkgetriebe-Konstruktion mit HP Serie 40 und 80. Braunschweig/Wiesbaden: Vieweg 1984

[18]   Hagedorn, L.; Thonfeld, W.; Rankers, A.: Konstruktive Getriebelehre, 5. Aufl. Berlin/Heidelberg: Springer 1997

[19]   Kerle, H. u. a.: Berechnung und Optimierung schnellaufender Gelenk- und Kurvengetriebe. Grafenau 1: Expert 1981

[20]   Kerle, H.: Getriebetechnik - Dynamik für UPN- und AOS-Rechner. Braunschweig/Wiesbaden: Vieweg 1982

[21]   Mallik, A. K.; Ghosh, A.; Dittrich, G.: Kinematic Analysis and Synthesis of Mechanisms. Boca Raton (Fla.), USA: CRC Press, Inc. 1994

[22]   Husty, M. u. a.: Kinematik und Robotik. Berlin/Heidelberg: Springer 1997

[23]   Waldron, K. J.; Kinzel, G. L.: Kinematics, Dynamics, and Design of Machinery. New York: Wiley 1999

[24]   Richter-Gebert, J.; Kortenkamp, K. H.: Benutzerhandbuch für die interaktive Geometrie-Software Cinderella, Version 1.2. Berlin: Springer 2000

[1.1] Hain, K.: Das gegenläufige Konstanz-Gelenkviereck als Greifergetriebe. Werkstatt und Betrieb 122 (1989) 4, S. 306-308

[1.2] Hesselbach, J.; Pittschellis, R.: Greifer für die Mikromontage. wt-Produktion und Management 85 (1995), S. 595-600

[1.3] Hesse, S.: Montagemaschinen. Würzburg: Vogel 1993

[1.4] Kerle, H.: Parallelroboter in der Handhabungstechnik - Bauformen, Berechnungsverfahren, Einsatzgebiete. VDI-Ber. Nr. 1111, S. 207-227, 1994

[1.5] Hesselbach, J.; Thoben, R.; Pittschellis, R.: Parallelroboter für hohe Genauigkeiten. wt-Produktion und Management 86 (1996), S. 591-595

[2.1] Dittrich, G.: Systematik der Bewegungsaufgaben und grundsätzliche Lösungsmöglichkeiten. VDI-Ber. Nr. 576, S. 1-20, 1985

[2.2] Dittrich, G.: Vergleich von ebenen, sphärischen und räumlichen Getrieben. VDI-Ber. Nr. 140, S. 25-34, 1970

Literaturverzeichnis

[2.3] Feldhusen, J.; Grote, K.-H. (Hrsg.): DUBBEL - Taschenbuch für den Maschinenbau, 21. Aufl., S. G163 - G174 und S. G201 – G202. Berlin: Springer 2005

[2.4] Hain, K.: Getriebesystematik. Beitrag Nr. BW 881 des VDI-Bildungswerks Düsseldorf, 1965

[2.5] Richtlinie VDI 2145: Ebene viergliedrige Getriebe mit Dreh- und Schubgelenken; Begriffserklärungen und Systematik. Düsseldorf: VDI 1980

[2.6] Richtlinie VDI 2147: Ebene Kurvengetriebe; Begriffserklärungen. Düsseldorf: VDI 1962

[2.7] Duditza, F.: Querbewegliche Kupplungen. Antriebstechnik 10 (1971) 11, S. 409-419

[4.1] Engeln-Müllges, G.; Reutter, F.: Numerik-Algorithmen, 8.Aufl. Düsseldorf: VDI 1996

[4.2] Gosselin, C.; Angeles, J.: Singularity Analysis of Closed-Loop Kinematic Chains. Trans. on Robotics and Automation 6 (1990) 3, S. 281-290

[4.3] Richtlinie VDI 2729: Modulare kinematische Analyse ebener Gelenkgetriebe mit Dreh- und Schubgelenken. Düsseldorf: VDI 1995

[6.1] Kristen, M.: Greiferkonstruktion mit Hilfe der computergestützten Lagensynthese. Maschinenbautechnik 39 (1990) 7, S. 303-308

[6.2] Richtlinie VDI 2130: Getriebe für Hub- und Schwingbewegungen; Konstruktion und Berechnung viergliedriger ebener Gelenkgetriebe für gegebene Totlagen. Düsseldorf: VDI 1984

[6.3] Alt, H.: Der Übertragungswinkel und seine Bedeutung für das Konstruieren periodischer Getriebe. Werkstatttechnik 26 (1932), S. 61-64

[6.4] Marx, U.: Ein Beitrag zur kinetischen Analyse ebener viergliedriger Gelenkgetriebe unter dem Aspekt Bewegungsgüte. VDI-Fortschr.-Ber. Nr. 144, Reihe 1, 1986

[6.5] Gasse, U.: Beitrag zur mehrfachen Erzeugung der Koppelkurve. Wiss. Zeitschrift d. TH Magdeburg 11 (1967), S. 307-311

[6.6] Hain, K.: Erzeugung von Parallel-Koppelbewegungen mit Anwendungen in der Landtechnik. Grundlagen d. Landtechnik 20 (1964), S. 58-68

[7.1] Richtlinie VDI 2142, Blatt 1: Auslegung ebener Kurvengetriebe – Grundlagen, Profilberechnung und Konstruktion. Düsseldorf: VDI 1994

[7.2] Richtlinie VDI 2142, Blatt 2: Auslegung ebener Kurvengetriebe - Berechnungsmodule für Kurven- und Koppelgetriebe. Düsseldorf: VDI 2007

[7.3] Richtlinie VDI 2143, Blatt 1: Bewegungsgesetze für Kurvengetriebe – Theoretische Grundlagen. Düsseldorf: VDI 1980

[7.4] Richtlinie VDI 2143, Blatt 2: Bewegungsgesetze für Kurvengetriebe – Praktische Anwendung. Düsseldorf: VDI 1987

[7.5] Richtlinie VDI 2741: Kurvengetriebe für Punkt und Ebenenführung. Düsseldorf: VDI 2004

[7.6] Tesar, D.; Matthew, G. K.: The Dynamic Synthesis, Analysis, and Design of Modeled Cam Systems. Suffolk, U. K.: Mechanical Publications Ltd. 1978

[7.7] Lohse, G.: Konstruktion von Kurvengetrieben. Renningen-Malmsheim: Expert 1994

[7.8] Koloc, Z.; Václavík, M.: Cam Mechanisms. Amsterdam: Elsevier 1993

[7.9] Flocke, K. A.: Zur Konstruktion von Kurvengetrieben bei Verarbeitungsmaschinen. VDI-Forschungsheft 345, Berlin: 1931

[8.1] Falk, S.: Technische Mechanik, 2. Bd.: Mechanik des starren Körpers. Berlin: Springer 1968

[8.2] Rosenauer, N.: Bestimmung der resultierenden momentanen Schraubbewegung einer beliebigen Anzahl von Dreh- und Translationsbewegungen im Raume. Konstruktion 16 (1964) 10, S. 422-424

[8.3] Lohe, R.: Berechnung und Ausgleich von Kräften in räumlichen Mechanismen. Fortschr.-Ber. VDI-Z, Reihe 1, Nr. 103, 1983

[8.4] Luck, K.: Kinematische Analyse ebener Grundgetriebe in Matrizenschreibweise. Wiss. Zeitschr. TU Dresden 19 (1970) 6, S. 1467-1474

[8.5] Paul, R. P.: Robot Manipulators: Mathematics, Programming and Control. Cambridge (MA), USA: MIT Press 1981

Sachverzeichnis

Absolutbeschleunigung 81
Absolutbewegung 77
Absolutgeschwindigkeit 78
Abtriebsfunktion 15
Abtriebsglied 21
Antiparallelkurbelgetriebe 38
Antriebsfunktion 15
Antriebsglied 21
Arbeitskurve... 210
Bahnkurve... 60
Beschleunigungsgrad 151, 159, 163
Beschleunigungsmaßstab 68
Beschleunigungsplan 73
Beschleunigungspol 66, 74
Beschleunigungsvektor 59
Bewegungsabschnitte 199
Bewegungsachse 4, 7, 17, 245
Bewegungsdiagramm 198
Bewegungsfunktion 15
Bewegungsgesetz 198
    normiertes 200
    stoß- und ruckfrei 202
Bewegungsgrad 23
Bewegungsplan 198
Bindung
    passive 28, 29
BOBILLIER
    Satz von 88, 92
Bogenlänge 84
BURMESTER
    Satz von 70
BURMESTERsche Kurven 179
CORIOLISbeschleunigung 80, 83
COULOMBsche Reibung 126, 136

CULMANN-Verfahren 132, 135, 137
d'ALEMBERTsches Prinzip . 125, 128, 140
Decklage.. 155
Diagramm
    kinematisches..................................... 60
Differentialgetriebe 54
Direktes Kinematisches Problem.......... 251
Doppeldrehgelenk 33
Doppelkurbel... 38
Doppelschieber................................. 44, 75
Doppelschleife.. 44
Doppelschwinge 38
Drehachse.............................. 4, 17, 18, 49
Drehgelenk 125
Drehmatrix 237, 242, 244
Drehpol.. 169
    endlicher 74
    momentaner 64
Drehschieber... 50
Dreigelenkbogen 133
Dreilagenkonstruktion 171, 172
Drei-Lagen-Synthese............................ 171
Dreipolsatz 79
Dreistandgetriebe 146
Eingriffsglied.. 46
Elementarbewegung 64
Elementardrehung 235
Elementargruppe ... 113, 130, 131, 133, 134
Elementarschraubung 226
Elementenpaar...................... 22, 27, 52, 54
    höheres 23
    niederes 23
Epizykloide 75
Ersatzgelenkgetriebe 48

Ersatzgetriebe 185
   Abmessungen 186
   fünfgliedrige 189, 191
Ersatzsystem
   vektorielles 231
EULER-Formel 57, 62
EULER-SAVARY
   Gleichung von 87, 95
Evolventenverzahnung 76
Exzentrizität 39, 167
   kinematische 39
   statische 39
Fachwerk 130
FLOCKE
   Näherungsverfahren von 209
Formschluss 48
Freiheit
   identische 29
Freiheitsgrad
   identischer 31
Führungsbeschleunigung 81
Führungsbewegung 77
Führungsgeschwindigkeit 78
Führungsgetriebe 14, 17, 151, 166, 168
   räumliches 231
Führungsglied 21
Führungskurve 210
Fünfgelenkgetriebe 26
Gangpolbahn 74, 86
Gegenlaufphase 152, 163, 165
Gelenk
   stoffschlüssiges 4
Gelenkelement 21, 22, 125, 126
Gelenkfreiheitsgrad 23
Gelenkfünfeck 26
Gelenkkette 10
Gelenkkraftverfahren 129, 147, 148
Gelenkviereck 25
Geradführung 45, 120
Geschlossenheitsbedingung ....
.... 101, 230, 232, 243
Geschwindigkeiten

Plan der gedrehten 71
Plan der um 90° gedrehten 146
Satz der gedrehten 91
Geschwindigkeitsmaßstab 68
Geschwindigkeitsplan 70
Geschwindigkeitspol 63, 89
Geschwindigkeitsvektor 59
   gedrehter 63
Gestell 21
Gestelllage 160
Gestellwechsel 34, 47
Getriebe
   beschleunigungsgünstigstes ....
   .... 159, 164, 165, 194
   durchschlagendes 38
   übergeschlossenes 28
   übertragungsgünstigstes 159, 162
Getriebeanalyse 2
Getriebedynamik 2
Getriebefreiheitsgrad 25
Getriebefunktion 15
Getriebekinematik 2
Getriebeorgan 20
Getriebesynthese 2, 151, 166
Getriebesystematik 2
G-Getriebe 1, 15
Gleichgangkupplung 49
Gleichlaufphase 152, 163, 164
Gleiten 22, 28
Gleitwälzen 22, 28, 29
Gliedlagen 166, 167
   drei allgemeine 171
Globoid 4
GRASHOF
   Satz von 38, 42
GRASHOFsche Umlaufbedingung ....
.... 155, 157
Greifer 4
Haftkraft 126
Haftzahl 126
HARTENBERG-DENAVIT-Formalismus
.... 245

Sachverzeichnis

HARTMANNkreis 91
HARTMANNsche Konstruktion 89
Hodografenkurve 60
Hodografenverfahren 205
Homogene Koordinaten 244
Hub 152, 163
Industrieroboter 4, 7, 10, 235, 245, 247
Inverses Kinematisches Problem 251
Iterationsmethode 103, 119, 230
JACOBI-Matrix ....
.... 104, 106, 107, 109, 111, 112, 234
JOUKOWSKY-Hebel 128, 144, 148, 150
Kardangelenk 50
Keilgetriebe 30
KENNEDY/ARONHOLD
    Satz von 79
Kette
    kinematische 4, 5, 21, 32
    offene kinematische 235, 239
    STEPHENSONsche 33
    WATTsche 33
Kinemate 225
Kniehebelgetriebe 113
Kniehebelpresse 5, 9, 150
Kollineationsachse 89
Konchoidenlenker 45
Koppeldreieck 185
Koppelglied 21
Koppelkurven 44, 110, 120, 173, 190
    Mehrfache Erzeugung von 184
Koppelpunkt 185
Kraft- und Seileckverfahren ... 131, 133, 138
Kräfte
    äußere 123, 128
    eingeprägte 123, 131, 140
    innere 123
Krafteck 132
Krafteckverfahren 150
Kräfteplan 129, 131, 132, 137
Kraftschluss 48
Kreispunktkurve 179
Kreuzgelenk 50

Kreuzschubkurbel 44, 136, 152, 154
Kreuzungsabstand 18, 223, 246
Kreuzungswinkel ... 5, 18, 51, 223, 233, 246
Krümmung von Bahnkurven 84
Krümmungskreis 59
Krümmungsmittelpunkt ....
.... 46, 47, 59, 65, 66, 85, 116
Krümmungsradius 46, 59, 84
Kugelkoordinate 230
Kurbelgetriebe
    fünfgliedrige 195
Kurbelschleife 152, 154
    schwingende 42, 43
    umlaufende 42, 43
    zentrische 81
Kurbelschwinge ....
.... 38, 152, 154, 156, 158, 161
Kurvengelenk 125
Kurvengetriebe 3, 5, 46
Kurvenglied 46
Kurvenschrittgetriebe 8
Lagegleichung 103, 106, 108
Lagen
    homologe 166
Lagensynthese 166
Lageplan 70, 82, 129, 131, 132, 137, 145
Längenmaßstab 68
Laufgrad
    partieller 34
Leistungssatz 143, 146
Malteserkreuzgetriebe 45
Massendrehmoment 125, 144
Massenträgheitsmoment 124, 142
Maßsynthese 2, 151
Mechanismus 32
Mechatronik 3
MEHMKE
    Satz von 70, 74
Mehrachsensystem 5, 8
Mehrfachgelenk 33
Mehrlagen-Synthese 178
Mittelpunktkurve 179

Modulmethode 113
Momentanpol ....
................63, 71, 75, 79, 81, 96, 97, 169
Nachlaufrechnung 110
NEWTON-RAPHSON-Verfahren ....
...............................103, 106, 109, 251
NEWTONsche Reibung 126
Normalbeschleunigungsvektor 59
Normalkraft 125, 136
Nutkurve 5
OLDHAM-Kupplung 55
Orientierung 4, 17, 248
Orientierungsmatrix 247
Ortsvektor 59, 225
Parallelgreifer 4
Parallelkurbelgetriebe 30, 38
Parallelroboter 10
Planetengetriebe 97
Polbahnnormale 86
Polbahntangente 86
Polbeschleunigung 66
Polstrahlen 89
Polwechselgeschwindigkeit 88, 90
Positionierung 4, 17, 248
Prinzip der virtuellen Leistungen 143
Projektionssatz 61
Punktlagen 166, 167
Punktreihenfolge
    homologe 166
Rastgetriebe 46
Rastpolbahn 74, 86
Raumgetriebe 223
Reibkraft 136
Reibmoment 128
Reibungskraft 125, 137
Reibungskreis 127
Reibungszahl 126, 136
Relativbeschleunigung 81
Relativbewegung 77, 85
Relativgeschwindigkeit 78, 126, 137
Relativlagen 166, 177
Relativwinkelgeschwindigkeit 128

Relativ-Winkellage 167
ROBERTS
    Satz von 185, 188
Rollen 22, 28, 30
Rollenhebel 48
Rollenstößel 48
Rundtaktautomat 4
Schleifengelenk 42, 167, 168
Schleifengleichung 102, 108, 231
Schraubachse 18
    momentane 226, 227
Schrauben 22
Schrittgetriebe 4
Schroten 22
Schubgelenk 125
Schubkurbel 101, 152, 154, 157, 161
    zentrische 43, 111, 158
Schubkurbelgetriebe 3, 5, 39, 147
    räumliches 228
Schubschleife 44
Schubschwinge 42, 43
Schwingschleife 43
Seileck 132
Seileckverfahren 150
Starrheitsbedingung 61, 225, 229
Steglage 160
Steigung
    momentane 226
Stellung
    singuläre 112
Strecklage 155
Strömungsreibung 126
Synthese durch iterative Analyse 3
Synthetische Methode 139
Tachografenkurve 60
Tangenteneinheitsvektor 59
Tangentenrichtung 84
Tangentenwinkel 84
Tangentialbeschleunigungsvektor 59
Totalschwinge 38
Totlage 5, 11, 96, 112, 151
Totlagenkonstruktion 151, 156, 157

Sachverzeichnis

Totlagenwinkel 153, 154, 163
Trägheitskraft 122, 124, 128, 140, 144
Transformationsmatrix 237, 244, 247
Translationspunkt 225
Typensynthese 2, 151
Übersetzungsverhältnis 4, 15, 79, 96, 97
Übertragungsfunktion 15, 174
    partielle 111
Übertragungsgetriebe ....
    .... 14, 151, 166, 170, 176, 177
Übertragungsglied 21
Übertragungswinkel ....
    .... 151, 154, 156, 159, 160, 161
U-Getriebe 2
Umkehrlage 151
Umkehrung
    gestaltliche 55
    kinematische 55
Unfreiheit 23
Verschiebung 239
Versetzung 157, 167, 177
Viergelenkgetriebe 25, 37
Wagenheber 148

Wälzen 22, 30
Wellenkupplung 49, 50, 53
Wendekreis 94
Wendekreisdurchmesser 88
Wendepunkt 59, 84, 92
Wertigkeitsbilanz ....
    .... 151, 167, 168, 169, 170, 171, 173, 177
Winkelgeschwindigkeitsvektor 62, 225
Wirkungsgrad 136
Wulstkurve 5
Zangengreifer 148
Zapfenerweiterung 56
Zeitmaßstab 68
Zentrifugalbewegung 204
Zentripetalbewegung 204
Zwanglauf 25
Zwanglaufgleichung 27, 49
Zwangsbedingung 101, 230, 233, 243
Zwei-Lagen-Synthese 168
Zweischlag 46, 114, 115, 116, 133
Zwillingskurbelgetriebe 38
Zykloidenverzahnung 76

Teubner Lehrbücher: einfach clever

▶ Dankert, Jürgen / Dankert, Helga
Technische Mechanik
Statik, Festigkeitslehre,
Kinematik/Kinetik

4., korr. und erg. Aufl. 2006.
XIV, 721 S. Geb. € 49,90
ISBN 3-8351-0006-8

▶ Magnus, Kurt / Popp, Karl
Schwingungen
Eine Einführung in physikalische
Grundlagen und die theoretische
Behandlung von Schwingungs-
problemen

7. Aufl. 2005. 404 S.
(Leitfäden der angewandten Mathematik
und Mechanik 3; hrsg. von Hotz, Günter /
Kall, Peter / Magnus, Kurt / Meister,
Erhard) Br. € 29,90
ISBN 3-519-52301-9

▶ Silber, Gerhard /
Steinwender, Florian
**Bauteilberechnung und
Optimierung mit der FEM**
Materialtheorie, Anwendungen,
Beispiele

2005. 460 S. mit 148 Abb. u. 5 Tab.
Br. € 36,90
ISBN 3-519-00425-9

Stand Juli 2006.
Änderungen vorbehalten.
Erhältlich im Buchhandel
oder beim Verlag.

Teubner

B. G. Teubner Verlag
Abraham-Lincoln-Straße 46
65189 Wiesbaden
Fax 0611.7878-400
www.teubner.de